生命科学前沿

蛋白质组学研究——概念、技术及应用

（原书第二版）

Proteome Research

Concepts, Technology and Application

(Second Edition)

〔澳大利亚〕M. R. 威尔金斯
〔瑞士〕R. D. 阿佩尔
〔澳大利亚〕K. L. 威廉斯
〔瑞士〕D. F. 霍赫斯特拉塞尔
著

张丽华　梁　振　张玉奎　等　译

科学出版社

北　京

图字：01-2008-2166

内 容 简 介

在蛋白质组学水平上，对生命活动的功能执行体——蛋白质进行深入系统的研究，不仅有助于全景式地揭示生命活动的本质，而且对于研究疾病机制、发展预警、诊断和治疗方法均具有重要意义。本书在综述蛋白质组学近10年的发展历程基础上，探讨了蛋白质组在样品预处理、质谱鉴定、定量分析、成像分析、数据处理、相互作用等方面的技术发展，并介绍了蛋白质组学在生物、医学领域的应用。此外，还对蛋白质组学未来的发展方向进行了展望。

本书可供生物、医学、化学、药学等领域的研究人员参考，也可作为高等院校相关专业本科生和研究生的参考书。

图书在版编目(CIP)数据

蛋白质组学研究：概念、技术及应用/（澳）威尔金斯（Wilkins, M. R.）等著；张丽华，梁振，张玉奎等译. —北京：科学出版社，2010
（生命科学前沿）
Proteome Research: Concepts, Technology and Application, Second Edition
ISBN 978-7-03-027218-8

Ⅰ.①蛋… Ⅱ.①威…②张… Ⅲ.①蛋白质-基因-研究 Ⅳ.①Q51

中国版本图书馆 CIP 数据核字（2010）第 065139 号

责任编辑：罗 静 席 慧/责任校对：赵桂芬
责任印制：赵 博/封面设计：耕者设计工作室

科学出版社出版
北京东黄城根北街16号
邮政编码：100717
http://www.sciencep.com
北京富资园科技发展有限公司印刷
科学出版社发行 各地新华书店经销
*
2010年5月第 一 版 开本：787×1092 1/16
2025年1月第十二次印刷 印张：11 1/2
字数：249 000

定价：75.00元

（如有印装质量问题，我社负责调换）

《蛋白质组学研究——概念、技术及应用》

翻译和校对人员名单

（按姓氏汉语拼音排序）

梁　玉　梁　振　刘晋湘　马俊锋

乔晓强　单亦初　孙良亮　陶定银

王婷婷　杨开广　袁辉明　张丽华

张维冰　张玉奎　朱贵杰

译　者　序

随着人类基因组全序列测定的完成，人类基因的注释与功能确认已成为生命科学面临的最重要任务之一。在蛋白质组学水平上，对生命活动的功能执行体——蛋白质进行深入系统的研究，不仅有助于全景式地揭示生命活动的本质，而且对于研究疾病机制、发展预警、诊断和治疗方法均具有重要意义。因此，基于组学技术发现具有重要生物学意义的蛋白质已成为21世纪最重要的研究领域之一，也是国际生物科技关注的战略制高点和竞争焦点。

自20世纪以来，我国的蛋白质组学研究发展十分迅速，并取得了显著成绩。此外，《国家中长期科学和技术发展规划纲要》指出，“对蛋白质复杂多样的结构功能、相互作用和动态变化的深入研究，将在分子、细胞和生物体等多个层次上全面揭示生命现象的本质，是后基因组时代的主要任务。同时，蛋白质科学研究成果将催生一系列新的生物技术，带动医药、农业和绿色产业的发展，引领未来生物经济”。因此，我们相信，随着蛋白质组学研究成果的不断涌现，必将促进更多的科研人员投入到该领域的研究之中。

译者希望通过对《蛋白质组学研究——概念、技术及应用》一书的翻译，将原著作者——一些活跃在国际蛋白质组研究领域前沿的科研人员，对近10年来蛋白质组研究在样品预处理、质谱鉴定、定量分析、成像分析、数据处理、相互作用等方面的技术发展、生物医学领域的应用，以及未来发展方向的展望介绍给大家。以期能为国内从事蛋白质组研究的研究者提供一些信息，并吸引更多的青年学者加入研究队伍。

本书统稿人张丽华研究员、梁振博士和张玉奎院士对参与本书翻译和校对的人员深表感谢。也非常感谢科学出版社在本书出版过程中给予的理解、支持和帮助。

张丽华　梁　振　张玉奎

中国科学院大连化学物理研究所

2010年1月

再 版 序

10 年前，本书的主编出版了蛋白质组学的第一本著作。书的名字不是《蛋白质组学》，而是《蛋白质组学研究——功能基因组学的新前沿》。旨在延续基因组分析计划，尤其是人类基因组测序计划。然而，我们中很多人已经清楚地意识到在生物学领域正在掀起一场新革命——研究重点将从 DNA 测序转移到蛋白质的结构和功能、蛋白质之间以及蛋白质与其他分子（包括 DNA）间的相互作用等。随着人类和其他物种 DNA 测序的完成，这场科学革命变得越来越清晰。正如科学史上的许多案例一样，以 DNA 技术为主导的科学研究发展最终颠覆了自己。蛋白质组学，即研究细胞和组织中全部蛋白质的科学，已和更常用的“生物多样性”以及“系统生物学”一起，被用来命名这一新的时代。但是人们不要将蛋白质组误解为基因组的简单延续。尽管 DNA 序列是决定蛋白质一级结构必不可少的数据来源，但是这只是显示了一个新故事的开始。相同的蛋白质在不同组织中，甚至是在同一细胞的不同定位和细胞活性状态下，其功能也是不同的。DNA 序列既不能反映蛋白质的三级结构，也不能反映细胞微环境下的蛋白质修饰，更不能揭示蛋白质的合成过程、激活以及失活等。而这些都和蛋白质的功能密切相关。蛋白质组的知识并不仅局限于从基于 DNA 微阵列获得的 DNA 序列来推断表达蛋白质的模式。蛋白质组促进了整个生物学界思维方式的改变。自 20 世纪 60 年代 DNA 结构和功能被揭示以来，在过去的几十年里，人们一直在沿用分子遗传学和基因组学来解释诸如新陈代谢和生命繁衍等与生命本质相关的世纪难题。

这些解释主要基于类似由 DNA 序列编写的“程序”——基因程序。尽管这种方法有些过于简单，但是由于很有启发价值，大多数的生物学家对这些解释还是认可的。由于 DNA 技术简单易行，并且在当时看来很有发展前途，蛋白质物理化学，这个在 20 世纪 50 年代很活跃的研究领域，逐渐失去了活力，甚至走向了被抛弃的边缘。在这种情况下，本书第一版和第二版的作者仍旧在不断发展用于蛋白质以及细胞和组织中蛋白质表达分析的二维凝胶电泳与质谱技术。当人们逐渐认识到基因组学本身只能提供一维结构信息，且几乎不能提供功能信息时，这些作者的研究已经处于生物学研究的最前沿了。

本书阐述了此领域内近 10 年来的进步。不仅在生物信息学和 DNA 数据库的帮助下，发展了各种新技术，而且在接近体内环境下，逐步揭示蛋白质修饰和功能等难题。人们利用不断发展的各项技术，研究了在特定组织中正常和病理状态下细胞内的蛋白质差异。与此同时，也更加清楚地意识到如果蛋白质的结构和生物功能密切相关，必须尽可能地考虑到蛋白质的翻译后修饰。除了研究磷酸化、糖基化、甲基化以及其他共价键相关的修饰外，还应该研究分子间的弱相互作用。目前人们已开始开展蛋白质-蛋白质相互作用网络图的研究工作。所有这些方面的研究产生了大量的数据，这也进一步揭示了功能调控的复杂性。这些相互作用网络如何被调控？它们如何协同作用从而产生可见的功能化？对于这个问题，不会有类似于基因编码那样，可以用“从细菌到大象均相同”这个谚语来简单地回答。而是针对具体问题会有特定的模型。已经有一些模型应用于临床和药物开发。将来，当个性化的基因组和个性化蛋白质组都变为现实后，人们将发展个性化的医疗。

总而言之，蛋白质组学属于后基因组学的范畴。随着这一全新领域的发展，越来越多的问题被提出，蛋白质组学也展示出其令人吃惊的复杂性。就人类而言，在200多种细胞类型中，有着不同的蛋白质组需要研究，并且蛋白质的表达随时间和条件而不断变化。

正如George Klein在一次“癌症中细胞通路可能被扰乱”的讨论会中提到的那样“生物学家不仅要接受与复杂性共存的事实，更应该爱上复杂性”。他同时引用了Tony Pawson在细胞信号转导中的一句话“我们看到的复杂性在其本身真正的复杂性面前显得微不足道”。

本书中讲述的蛋白质组学将帮助生物学家爱上这种“复杂性”。本书将通过讲述新出现的问题、介绍新的技术和理论工具以激励生物学家发展更高效的方法来解决这一领域内的诸多新问题。

Henri Atlan
“Emeritus 教授”荣誉获得者（生物物理学，巴黎和耶路撒冷）
耶路撒冷Hadassah大学人类生物学研究中心主任
巴黎高等社会科学研究学校研究中心主任
2007年2月

再版前言

来自澳大利亚悉尼和瑞士日内瓦的两个研究组的长期密切合作促成了这本书的出版。1997 年我们出版了这本书的第一版。这也激励着我们继续前进，力争再版。许多第一版的作者又加入到再版的工作中，并且还带来了最近 10 年的研究成果。在这 10 年中，本书的作者发展了许多蛋白质组学的新技术和新手段；通过不同途径将诸多新技术商品化；成立了蛋白质组学及生物信息学公司，并将蛋白质组学知识应用于解决重要的学术、临床以及工业问题。我们相信这些不寻常的、独特的亲身经历将使这本书能够满足生物学和医学领域内蛋白质组学研究者的需求。

我们要感谢所有章节作者付出的辛勤而细致的努力，是他们的认真工作才使此书得以顺利出版。我们感谢来自澳大利亚和瑞士的大学与研究所，以及瑞士生物信息研究所、Proteome Systems 公司和 Genveva Bioinformatics（GeneBio）公司给予的大力支持，是他们组织起众多的作者参与此书的写作。同时感谢近年来澳大利亚国家健康与医学研究委员会（NHMRC）以及瑞士国家自然科学基金委员会（SNSF）对我们研究工作的资助。

最后，我们要感谢全球蛋白质组学研究者的努力，是他们为我们提供了可以讲述、讨论或者偶尔批评的工作。蛋白质组学是一个快速发展，却也充满着挑战的领域。我们希望此书能够进一步促进本领域的发展，并鼓励无论是资深还是初级的科研人员投身到此领域，去做更多的工作。

Marc Wilkins
Ron Appel
Keith Williams
Denis Hochstrasser
2007 年 4 月

目　录

第 1 章　蛋白质组学的 10 年
Marc R. Wilkins and Ron D. Appel

摘要

到目前为止，蛋白质组学概念的提出已 10 年有余。每个周年纪念日都是回顾和思考我们称之为蛋白质组学的这个领域取得的新进展的良好时机。哪些方面做得好？哪些方面做得不好？哪些方面取得了新的突破？哪些方面我们还不太清楚？本章将简要对蛋白质分离、质谱鉴定，以及蛋白质组生物信息学等方面的问题进行探讨。

1.1　蛋白质组学导引

本书编者们从事蛋白质组学研究皆已超过 20 年。他们发展了分析蛋白质和蛋白质表达谱的技术（Williams et al. 1991；Hochstrasser et al. 1988），以及对应用这些技术得到的结果进行解释的软件算法和工具（Appel et al. 1988；Wilkins et al. 1995）。尽管随着二维凝胶电泳的出现，研究人员可以一次性观察到基因组所能表达的全部蛋白质，而不再是一种蛋白质，然而蛋白质组的概念直到 1994 年才由 Marc Wilkins 在意大利 Siena 的一次会议上提出（第一届 Siena 会议，二维电泳：从蛋白质图谱到基因组，1994 年 9 月 5～7 日）。该术语是他和他的博士导师 Keith Williams 在 1994 年初创造的。此后不久，使用这一术语的第一批论文发表了（Wilkins et al. 1995；Wasinger et al. 1995），关于蛋白质组学的第一本书也于 1997 年出版（Wilkins et al. 1997）。自第一本书出版后，已经过去的 10 多年里，每个周年纪念日都是我们回顾和思考被称之为蛋白质组学的这个领域所取得的新进展的好时机。哪些方面做得好？哪些方面做得不好？哪些方面取得了新的突破？哪些方面我们还不太清楚？在这里我们尝试就这些问题给出答案。同时，也会对本书的内容加以简单评述。

1.1.1　蛋白质组学的含义是什么？

“蛋白质组”和“蛋白质组学”的概念已被生物学界广泛采用。自 10 年前被提出后，其使用频率快速增加（图 1.1）。事实上，仅在 2005 年，就有超过 4000 篇关于蛋白质组学的研究报告和综述文章发表。针对该领域的杂志种类的增加是导致这种现象产生的主要原因，这类杂志包括 *Proteomics*、*Proteomics-Clinical Application*、*Practical Proteomics*、*Journal of Proteome Research*、*Molecular and Cellular Proteomics*、*Proteome Science*、*Current Proteomics*、*Genomics and Proteomics*、*Briefings in Functional Genomics and Proteomics*、*Genomics Proteomics Bioinformatics* 和 *Expert Review of Proteomics*。此外，有些关于蛋白质组学研究的论文也发表在其他杂志上。这预示

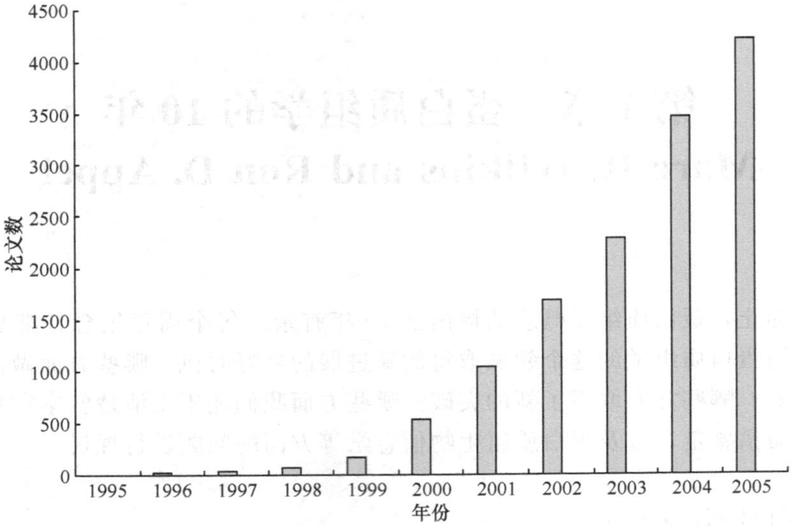

图 1.1　过去的 10 年中，在蛋白质组学和蛋白质组研究领域的论文数量迅速增长。这个数据是查询每年的 NCBI PubMed 数据库时使用关键词“蛋白质组”或者“蛋白质组学”得到的。但是按照这种方法，有一些文章可能被计算了两次。

着蛋白质组学已成为探索复杂生物系统的一种有价值的手段。

假如我们通过某一领域所使用的语言来简单地衡量其发展状况，或许我们会问蛋白质组学的快速发展是否仅仅是所谓的组学革命的一个体现？这能代表该领域的真实发展吗？与之相比，另外两个新的组学领域——代谢组学和糖组学的文献相对较少。2005 年发表的论文数量分别是 433 篇和 115 篇。显然，蛋白质组学的研究更为广泛和深入。

1.1.2　事情是否会有所不同？

这样看来，如果“蛋白质组学”的概念没有被提出，这个世界会有所不同吗？一些评论家认为分离技术（基于凝胶电泳和色谱）和质谱技术的发展，结合由基因组测序计划获得的海量信息，显著提高了研究人员对蛋白质化学的兴趣（Blackstock 2004）。

也有一些评论家认为，蛋白质组概念的提出为以前被基因组和其他核酸研究方法所掩盖的蛋白质化学带来了新的复苏机会。它将生物化学的思维方式从曾经的“一次一个蛋白质”转向一个更加全面的考虑。从语言学的角度讲，如果没有语言，思想也就不复存在（Ferdinand de Saussure，日内瓦大学语言学教授，1901～1913）。蛋白质组和蛋白质组学就是一个很好的实例。其他随后提出的组学术语也是如此［见 Chitty（2006）的新组学列表］。新的语言和术语的出现提升了分析技术在科学和文献方面的地位。其他领域的新语言也同样会促进技术发展和凝练思维方式并帮助这些领域的研究得到资助。

1.2　技术推动了蛋白质组学的发展

假如要问到目前为止蛋白质组学领域哪些方面做得较好，人们可能会对新技术的发展和推广给予特别的关注。在过去的 10 年中，许多重大的技术进步共同使得蛋白质化学转变为蛋白质组科学。重要的是，正是概念的突破与分离、质谱、蛋白质化学和生物信息学领域技术进步的结合才使得这种转变成为可能。序列数据库中可获得的大量核酸序列和基因组信息是另外一个重要的先决条件。

1.2.1　蛋白质分离

最初，蛋白质组学研究人员有一个目标，即从整个或者酸性和碱性范围的双向聚丙烯酰胺凝胶上发现一个蛋白质组样品中的所有蛋白质。电泳在 20 世纪 80 年代晚期，人们对可能看到一个蛋白质组样品中的所有蛋白质感到非常兴奋。然而，人们不久就意识到从一个蛋白质组样品中分离并看到全部的蛋白质并非易事。在 20 世纪 90 年代中期，人们将第一个基因组序列和预测的蛋白质组结合，实现了对蛋白质组双向凝胶分离的理论计算，从而显示每个蛋白质应该出现的斑点位置（Urquhart et al. 1998）。结果显示蛋白质主要分布在两个区域，一部分为等电点（pI）在 4～6.5 的蛋白质，另一部分为等电点在 8～12 的蛋白质。而且大多数蛋白质的分子质量小于 100 kDa。将理论上的图谱与实际的双向凝胶电泳的分离图谱进行比较，很快就突显了双向凝胶在极酸性、极碱性或极高分子质量的蛋白质分离方面的不足。将根据大肠杆菌、酿酒酵母和枯草芽孢杆菌的基因组得到的理论图谱与由双向凝胶电泳得到的图谱进行再分析，人们又发现了双向凝胶电泳的另外两个缺陷（Wilkins et al. 1998）——大部分疏水性蛋白质在双向凝胶电泳上缺失以及受双向凝胶电泳的上样量和染色法检测的灵敏度限制，每个细胞中低于 1000 个拷贝数的低丰度蛋白质很可能检测不到。

从那以后，一系列重要的技术突破开始帮助人们看到蛋白质组中的更多种蛋白质。有关双向凝胶电泳的新进展将在第 2 章中探讨。广义上说，人们发展了一系列新策略，包括运用窄 pH 范围的胶条以放大蛋白质组的特定区域；将样品按照生物学（如细胞器）或者物理化学性质的差异（如膜蛋白质）进行分级；从样品中富集或提取感兴趣的蛋白质，以及将新的增溶作用和凝胶电泳技术结合，辅助分析更多难以分析的蛋白质。值得一提的是，分级技术提供了一种可以将样品中更多感兴趣的组分上样到双向凝胶电泳的方法，从而有助于低丰度蛋白质的检测。

为了完全应对复杂蛋白质混合物分析所带来的诸多挑战，人们可能是从 1998 年 Venter 等发展的 DNA 鸟枪测序法得到灵感，提出了一个全新的策略——鸟枪法。它首先采用具有已知特异性切割位点的蛋白酶将复杂的蛋白质混合物或者全蛋白质组解成肽段。然后再将与蛋白质相比虽然数量更多，但在物理化学性质上更相近的肽段，用二维液相色谱和串联质谱进行分析。最后将肽段碎片与序列数据库（Wolters et al. 2001）相比对，从而确定样品中有哪些蛋白质。尽管该方法也具有局限性，尤其是蛋白质异构体的丢失（见第 5 章），但是它提供了一种有别于凝胶电泳分析的分离和鉴定蛋白质组中大量蛋白质的方法。

1.2.2 质谱分析

在最近 20 年中，质谱技术的快速发展推动了蛋白质组组学的建立。尽管质谱仪器很昂贵，但它不仅具有高质量精确性和分辨率，而且可以分析飞摩尔级的肽段和蛋白质。此外，自动化程度也在逐步提高。目前蛋白质和肽段最常用的离子化方式是电喷雾和基质辅助激光解析离子化。它们可以与多种质量分析器和检测器相匹配（见第 3 章）。

质谱作为蛋白质的鉴定方法几乎完全取代了 Edman 降解法。现在有两种技术，即肽质量指纹谱和肽段碎片，可用于蛋白质的鉴定。肽质量指纹谱已被应用在许多研究中。例如，在酵母蛋白质组的大规模分析中，采用该方法分析了 20 000 多个蛋白质（Gavin et al. 2002）。然而，与高可信度的肽段碎片法相比，采用肽质量指纹谱无法将同一蛋白质碎裂为多个肽段。不过，需要注意的是质谱通常本身不能对肽段或蛋白质进行测序。它们只允许通过将肽段碎片数据与序列数据库相匹配来推断出蛋白质序列。从头测序依然较为复杂，相关工作仍在进行中（见第 3 章）。

除了蛋白质鉴定，对两个或者更多个样品进行定量分析的质谱新方法已被发展。将定量结果加以比较不仅有助于发现生物标记物，而且可以研究内外因微扰引起的蛋白质组的内在变化。早期在两个或者更多样品中蛋白质表达差异的比较主要基于二维凝胶电泳和计算机图像分析（见第 4.2 节）。该方法已被成功用于大量的研究中，现在仍然被广泛使用。新的基于质谱的方法是一项重要突破，其原理为使用不同的稳定同位素来标记两个样品或者多个样品中的蛋白质（Gygi et al. 1999），而后将样品混合并共同分析。质谱的高质量准确性不仅可使同位素得以分离，而且能够进行相对定量。这个概念已经被发展成多种方法（见第 4.3 节）。尽管尚不太完善，但其为两个或者多个样品的比较分析提供了一条新途径。

在蛋白质表征方面，质谱也发挥了重要的作用。由于已证实蛋白质的翻译后修饰对细胞内的多个过程起到关键的调控作用，因而该领域的研究近年来备受关注。最近，蛋白质翻译后修饰在蛋白质-蛋白质相互作用网络中的作用也引起了人们的兴趣（Pawson and Nash 2003）。这已成为该领域的研究热点。现在已经发展了多种分析翻译后修饰的成熟策略（见第 5 章），并被应用于蛋白质组的规模分析。蛋白质的磷酸化分析就是焦点之一（Beausoleil et al. 2004）。这些翻译后修饰分析尽管规模较大且尚不完善，然而它们却是蛋白质组翻译后修饰动态分析的最初尝试。

1.2.3 数据解析

毫无疑问，蛋白质组分析的新策略，以及分离分析技术的发展增加了蛋白质组数据的产出量和复杂性。但是，正是这些分析方法与新的成熟的生物信息学的结合，才能使得研究人员可以更好地产生、分析和研究蛋白质组数据，从而更好地了解生物系统的本质。

在二维凝胶上定量分析蛋白质表达的软件，特别是与新的荧光染色法相关的软件，已经极大地提高了发现两块胶板或两个样品的定性和定量表达差异的能力（见第 4.6

节）。对蛋白质组研究诸多方面都至关重要的蛋白质鉴定软件与统计学方法结合，可以确保鉴定结果的可信度。贝叶斯统计学和非贝叶斯统计学已经被用于解决在基于肽质量指纹图谱鉴定蛋白质时遇到的难题（Perkins et al. 1999）。对于鸟枪法蛋白质组实验结果，数千种蛋白质的鉴定不可能靠人工完成。通过搜索“正常”或者“随机”序列数据库可以评估结果的假阳性率和总体鉴定结果的置信度。人们对蛋白质鉴定置信度的问题争议较大。蛋白质组学杂志现已发布了蛋白质鉴定的准则，希望科研工作者据此规范发表的数据（Wilkins et al. 2006；Carr et al. 2004）。除了改进蛋白质的鉴定策略外，用于大规模蛋白质组实验产生的成千上万质谱数据的峰提取和峰匹配的自动化数据处理流程也得到了发展。此外，人们还发展了用于对海量数据进行管理和储存的工作区（Rauch et al. 2006）。

用于蛋白质翻译后修饰研究的生物信息学技术近年来也取得了极大的进展。在质谱数据中发现蛋白质修饰的软件工具已被用于肽质量和肽段碎片数据分析（见第 3 章和第 5 章），以期找出甲基化、乙酰化、氧化和磷酸化等修饰蛋白质。最近，人们已经开发了糖链结构数据库和糖链质量指纹图谱的结构归属工具，因此将加快分析大量复杂质谱碎片谱的蛋白质糖基化的进程。

蛋白质组生物信息学最具意义深远的进步在于其弥补了技术和生物学之间的鸿沟。采用质谱对细胞和组织进行激光扫描成像后，利用生物信息学技术能够将结果可视化。这个惊人的新进展将有助于洞察在细胞中蛋白质表达的微观和宏观不均一性（见第 6

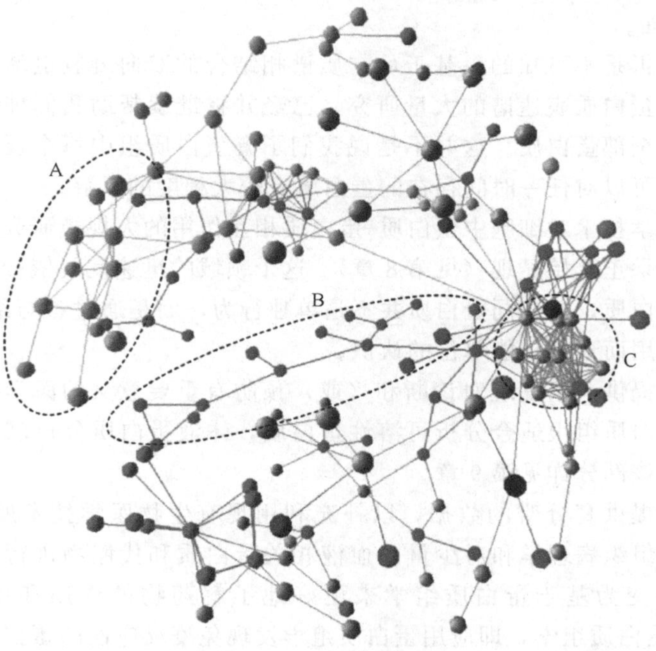

图 1.2　蛋白质-蛋白质相互作用和蛋白质功能的共同可视化。有直接相互作用的一组蛋白质标有相同的颜色，表明有共同的分子功能。这些组中显示的分子功能包括 A：RNA 结合（黄色）；B：结构分子活性（绿色）；C：蛋白质结合（黄色）。（引自 Ho 2006）（另见图版）

章)。在差异显示实验中，可视化工具已经成为分析微小变化所不可缺少的工具，而这些变化在单独分析每个数据时往往无法观察到（见第 6 章)。生物信息学具有将所有差异表达蛋白质与其基因相对应的能力，为理解与表型变化相关的分子功能和生物学过程提供了“大图片”（见第 7 章)。“大图片”能够显示蛋白质中哪些变化可能与功能相关。蛋白质组学研究发现酶的差异表达，通过代谢组学或者“反应组学”（Reactome 2006）中这些蛋白质在生物信息学中的关联可以揭示细胞中蛋白质组学与代谢物之间的直接关系。生物信息学也能使人们更好地理解蛋白质-蛋白质相互作用和相互作用网络的复杂性，以及这些变化与疾病的关系（见第 8 章)。例如，图 1.2 是蛋白质功能与相互作用网络关系图。这些及其他日益丰富的可视化工具将有助于理解蛋白质组和细胞的复杂性。

1.3 蛋白质组学传达了什么信息？

当评估新出现的生物医学技术时，必须始终记住的一个问题是迄今其已经或可能传达什么信息？对于蛋白质组学，新方法诞生而带来的激动是否已经转变成了有重要科学意义的生物学研究？就目前而言，这是一个困难的问题。由于技术已将生物学研究范式从一次一个蛋白质的观点转变到一个新的、“全局”的观点，随着时间的推移或许有可能回答。然而，清楚的是，蛋白质组学已经对许多关键领域产生了深远的影响。具体表现在以下几个方面。

1. 蛋白质组学不再是不可知的。基于从与质谱相结合的双向凝胶电泳法到鸟枪法和串联质谱方法的蛋白质表达谱的大量研究，已经并将继续帮助我们理解在特定细胞或组织中存在的全部蛋白质。这并不是说我们了解蛋白质组中每个蛋白质的功能，而是说至少现在可以对任一时间存在的蛋白质有较大程度的了解。
2. 采用蛋白质组学技术对细胞中蛋白质-蛋白质相互作用的大规模研究所产生的高层次蛋白质组学结果正开始显现（见第 8 章)。这个领域的迅速发展依赖于人们要全面看待细胞中的蛋白质，并认同蛋白质并不是单独行为，而是通过参与细胞中的蛋白质-蛋白质相互作用而形成功能单位的认识。
3. 蛋白质组学正提供一条发现对诊断和（或）预防有重要意义的医学生物标记物的新途径。由于蛋白质组很适合分析可溶性蛋白质，体液蛋白质分析已经并将继续得到大幅度发展。该部分详见第 9 章。
4. 蛋白质组学正提供高分辨的数据，以补充利用现有生物医学技术所能获得的结果。传统上依赖于组织病理学和对少量的血液相关蛋白质和代谢物进行评价的毒理学研究，目前正转变为基于蛋白质组学来更好地了解药物的作用和副作用（Wilkins 2006）。免疫蛋白质组学，即应用蛋白质组学发现免疫反应性的蛋白质和肽段，正使我们很好地了解机体如何将自身和非自身区分开来，以及当无法区分时，又会发生什么（Purcell and Gorman 2004)。
5. 宏蛋白质组学（metaproteomics），一个用来描述采用鸟枪法蛋白质组学分析微生物物种混合物的新术语，已被用于研究采用其他方法很难探索的微生物多样性及相互作用。在实验室中很难培养的微生物物种可以通过鸟枪法直接进行环境样品的蛋白质组学分析。尽管现在需要进行平行的宏蛋白质组分析（Venter et al. 2004）以鉴定蛋白质，但这种方法有望变得日益普遍。

1.4　什么尚不清楚？

最终，我们也许想问蛋白质组的哪些方面仍然没有研究过？蛋白质组学已经有效地应用于哪些领域？针对这个问题同样没有详尽的答案，但可以通过下面几点加以说明。

1. 蛋白质组中所有蛋白质的分离和检测仍然是一个挑战。低丰度蛋白质的分析尤其困难，因为许多样品中蛋白质丰度都存在着巨大差异。尽管就像采用新的“均衡器”技术一样，对样品进行分级有助于解决这个问题（见第 2 章），然而该领域依然需要不断发展新的方法。二维凝胶电泳法仍然难以分析分子质量极大、极碱性和极酸性蛋白质。
2. 不可能将一个蛋白质相互作用组与另一个进行比较。蛋白质相互作用组难以置信的复杂性以及由数千个单独的实验结果建立起来的相互作用网络，使得一个相互作用网络与另一个的比较非常困难。可在温和条件下分离大量蛋白质复合物的蓝绿温和胶电泳法（Schagger 2001）或许是解决该问题的一种有效手段。
3. 蛋白质的从头测序仍然困难。对于只有很少核酸序列数据的生物体，研究人员仍然不能鉴定出感兴趣的蛋白质。使用鸟枪蛋白质组学方法来进行分析也有困难。从头测序应该能解决这个问题，相关工作仍在进行中。在其成为稳定和普遍性的技术之前，进一步改进质谱和生物信息学，如“开放式修饰探究”策略（见第 3 章），是有必要的。
4. 无法实时监测蛋白质组发生的变化。蛋白质组学分析需要破坏细胞，而除了质谱外又缺少可供选择的技术，使得了解细胞中不断发生的多种变化变得十分困难。尽管我们不是很清楚是否会取得这样的成果，高放大倍率的显微镜在活细胞分析中的进展将可能为未来的技术进步奠定坚实的基础。
5. 当前的蛋白质组学是半定量而非定量的。与相对定量结果相比，绝对定量更有意义。免疫分析技术已经用来定量每个细胞拷贝的酿酒酵母蛋白质组中的高丰度蛋白质（Ghaemmaghami et al. 2003）。这为蛋白质组研究提供了第一个（尽管不完全）分子水平的清晰轮廓。在质谱分析时，将已知量的标记肽段加入到一个样品中可以进行定量分析（第 4.3.6 节）。不幸的是，这些方法都不是常规的定量蛋白质组学研究手段。因此尚期待将来的技术进展能够解决这个问题。
6. 产生普通型和标准型蛋白质组数据，并因此拥有一些真正大型合作项目的能力比较有限。联合二维凝胶电泳数据库和共享网络信息（Appel et al. 1996）的早期方法部分解决了这个问题（Appel et al. 1996）。然而，因为绝大多数实验室使用不同的二维凝胶电泳分析和质谱技术，大多数蛋白质组数据处理平台和分析软件也使用不同的文件格式或不兼容的算法，因此直接比较不同实验室之间的二维凝胶电泳图谱或者共享鸟枪蛋白质组实验的数据仍然困难。承担人类蛋白质组组织（HUPO）计划的多个中心实验室的数据存在的很大差异也令人担忧。数据标准，如那些由 HUPO 蛋白质组学标准计划（Human Proteome Organisation 2006）为分子相互作用、质谱、凝胶电泳、蛋白质组信息学或者蛋白质修饰而设计的数据标准，提供了一种共享数据的方法（见第 7 章）。但如果不同实验室的分析技术产生的结果不一致，这些标准几乎毫无用处。总之，这是该领域的一个主要障碍。

7. 采用先进的统计学方法进行实验设计和数据分析仍然进展缓慢。对于生物标记物研究而言，这会产生严重后果，可能很多生物标记物研究只分析了很少量的患者，或者用不充分的统计学方法分析数据而得出了认为可信的结果（Hunt et al. 2005）。对于其他方面的研究，除非使用统计学技术找出具有重要意义的蛋白质表达差异，否则得到的结果也难以进行生物学解释。同样，基因表达分析领域采用统计学方法以了解微阵列数据的复杂性，蛋白质组学也必须更多地应用统计学方法。绝大多数情况下，针对该问题的工具都可获得，但是部分研究者不情愿进行这些必需步骤。可能只有持续采用更严格的同行评审程序才能促使这一点得到实现。
8. 数据解释，即从蛋白质组分析实验产生的大量数据中提取知识，仍然是一个主要的瓶颈问题。特别是蛋白质组实验每天产生多达千张串联质谱图，并通过软件计算与数据库中的蛋白质或者肽段的序列相匹配。尽管有几种程序可用于常规鉴定，但并不能完全解决这一问题。第一，蛋白质鉴定的几个方面需手工操作。串联质谱图必须输入鉴定软件且必须设定许多鉴定参数。在一个特定的实验中，那些参数通常只设定一次，而串联质谱图的质量和内容变化却非常大。必须选择肽段预料中的翻译后修饰，这样就排除了检测到新修饰的可能性。必须对结果进行认真核对。然而因为数据的极度复杂性并缺少时间，这一步骤经常被研究者忽略。第二，也是最重要的一点，许多（常是大多数）串联质谱图根本不能用于鉴定。可能的原因有许多，如谱图的质量不高、搜索参数设置不正确、肽段带有预料之外的修饰或突变、数据库中的序列有错误或者不适当的质量误差。需要发展新的算法以鉴定和表征更大比例的质谱数据。总之，尽管针对蛋白质鉴定的生物信息学近年来已经成为许多研究的焦点并取得了一些进展，然而仍不能使用那些可以获得的工具对数据进行证实和比较。

1.5 本书内容和相关结论

这是本关于蛋白质组学概念、技术和实践的书。我们探求捕获思想艺术，提供一些已经获得的有益观点，并阐述一些关于蛋白质组学发展趋势的见解。这本书本身不涉及方法学问题，但是其强调技术不断变化的本质。技术可以继续提供研究的新途径，并可能有助于产生新的生物学启示。与作者的第一本蛋白质组学著作一样（Wilkins et al. 1997），我们希望这本书能够成为该领域的一个适时的转折点和未来的参考点。希望读者能与我们一样兴奋地感知蛋白质组学和这本书。

致谢： Keith Williams 和 Denis Hochstrasser 是幻想家，不仅对我们的思想产生了

深刻的影响，给了我们不寻常的机会，而且在关键问题上给予了明智的建议。能与他们长时间合作是我们的荣幸。希望在将来能和他们继续一同工作。

参考文献

Appel R, Hochstrasser D, Roch C, Funk M, Muller AF, Pellegrini C (1988) Automatic classification of two-dimensional gel electrophoresis pictures by heuristic clustering analysis: a step toward machine learning. Electrophoresis 9:136–142

Appel RD, Bairoch A, Sanchez JC, Vargas JR, Golaz O, Pasquali C, Hochstrasser DF (1996) Federated two-dimensional electrophoresis database: a simple means of publishing two-dimensional electrophoresis data. Electrophoresis 17:540–546

Beausoleil SA, Jedrychowski M, Schwartz D, Elias JE, Villen J, Li J, Cohn MA, Cantley LC, Gygi SP (2004) Large-scale characterization of HeLa cell nuclear phosphoproteins. Proc Natl Acad Sci USA 101:12130–12135

Blackstock W (2004) A surfeit of '-omics'. Drug Discov Today Targets 3:125–127

Carr S, Aebersold R, Baldwin M, Burlingame A, Clauser K, Nesvizhskii A (2004) The need for guidelines in publication of peptide and protein identification data: working group on publication guidelines for peptide and protein identification data. Mol Cell Proteomics 3:531–353

Chitty M (2006) -Omes and -omics gloassary. http://www.genomicglossaries.com/content/omes.asp. Cited 1 Nov 2006

Gavin AC, Bosche M, Krause R, Grandi P, Marzioch M, Bauer A, Schultz J, Rick JM, Michon AM, Cruciat CM, Remor M, Hofert C, Schelder M, Brajenovic M, Ruffner H, Merino A, Klein K, Hudak M, Dickson D, Rudi T, Gnau V, Bauch A, Bastuck S, Huhse B, Leutwein C, Heurtier MA, Copley RR, Edelmann A, Querfurth E, Rybin V, Drewes G, Raida M, Bouwmeester T, Bork P, Seraphin B, Kuster B, Neubauer G, Superti-Furga G (2002) Functional organization of the yeast proteome by systematic analysis of protein complexes. Nature 415:141–147

Ghaemmaghami S, Huh WK, Bower K, Howson RW, Belle A, Dephoure N, O'Shea EK, Weissman JS (2003) Global analysis of protein expression in yeast. Nature 425:737–741

Gygi SP, Rist B, Gerber SA, Turecek F, Gelb MH, Aebersold R. (1999) Quantitative analysis of complex protein mixtures using isotope-coded affinity tags. Nat Biotechnol 17:994–999

Ho E (2006) Visualization of protein-protein interaction networks using GEOMI. Honours thesis, University of New South Wales, Sydney

Hochstrasser DF, Harrington MG, Hochstrasser AC, Miller MJ, Merril CR (1988) Methods for increasing the resolution of two-dimensional protein electrophoresis. Anal Biochem 173:424–435

Human Proteome Organisation (2006) HUPO Proteomics Standards Initiative. http://psidev.sourceforge.net/. Cited 1 Nov 2006

Hunt SM, Thomas MR, Sebastian LT, Pedersen SK, Harcourt RL, Sloane AJ, Wilkins MR (2005) Optimal replication and the importance of experimental design for gel-based quantitative proteomics. J Proteome Res 4:809–819

Pawson T, Nash P (2003) Assembly of cell regulatory systems through protein interaction domains. Science 300:445–452

Perkins DN, Pappin DDJ, Creasy DM, Cottrell JS (1999) Probability-based protein identification by searching sequence databases using mass spectrometry data. Electrophoresis 20:3551–3567

Purcell AW, Gorman JJ (2004) Immunoproteomics: mass spectrometry-based methods to study the targets of the immune response. Mol Cell Proteomics 3:193–208

Rauch A, Bellew M, Eng J, Fitzgibbon M, Holzman T, Hussey P, Igra M, Maclean B, Lin CW, Detter A, Fang R, Faca V, Gafken P, Zhang H, Whiteaker J, States D, Hanash S, Paulovich A, McIntosh MW (2006) Computational Proteomics Analysis System (CPAS): an extensible, open-source analytic system for evaluating and publishing proteomic data and high throughput biological experiments. J Proteome Res 5:112–121

Reactome (2006) Cold Spring Harbor Laboratory, Cold Springer Harbor, The European Bioinformatics Institute, Cambridge, and The Gene Ontology Consortium. http://www.reactome.org. Cited 1 Nov 2006

Schagger H (2001) Blue-native gels to isolate protein complexes from mitochondria. Methods Cell Biol 65:231–244

Urquhart BL, Cordwell SJ, Humphery-Smith I (1998) Comparison of predicted and observed properties of proteins encoded in the genome of Mycobacterium tuberculosis H37Rv. Biochem Biophys Res Commun 253:70–79

Venter JC, Adams MD, Sutton GG, Kerlavage AR, Smith HO, Hunkapiller M (1998) Shotgun sequencing of the human genome. Science 280:1540–1542

Venter JC, Remington K, Heidelberg JF, Halpern AL, Rusch D, Eisen JA, Wu D, Paulsen I, Nelson KE, Nelson W, Fouts DE, Levy S, Knap AH, Lomas MW, Nealson K, White O, Peterson J, Hoffman J, Parsons R, Baden-Tillson H, Pfannkoch C, Rogers YH, Smith HO (2004) Environmental genome shotgun sequencing of the Sargasso sea. Science 304:66–74

Wasinger VC, Cordwell SJ, Cerpa-Poljak A, Yan JX, Gooley AA, Wilkins MR, Duncan MW, Harris R, Williams KL, Humphery-Smith I (1995) Progress with gene-product mapping of the Mollicutes: *Mycoplasma genitalium*. Electrophoresis 16:1090–1094

Wilkins MR (2006) How proteomics can assist in the detection and avoidance of adverse drug reactions. Transfus Med Hemother 33:97–105

Wilkins MR, Sanchez JC, Gooley AA, Appel RD, Humphery-Smith I, Hochstrasser DF, Williams KL (1995) Progress with proteome projects: why all proteins expressed by a genome should be identified and how to do it. Biotechnol Genet Eng Rev 13:19–50

Wilkins MR, Williams KL, Appel RD, Hochstrasser DF (eds) (1997) Proteome research: new frontiers in functional genomics. Springer

Wilkins MR, Gasteiger E, Sanchez JC, Bairoch A, Hochstrasser DF (1998) Two-dimensional gel electrophoresis for proteome projects: the effects of protein hydrophobicity and copy number. Electrophoresis 19:1501–1505

Wilkins MR, Appel RD, Van Eyk JE, Chung MC, Gorg A, Hecker M, Huber LA, Langen H, Link AJ, Paik YK, Patterson SD, Pennington SR, Rabilloud T, Simpson RJ, Weiss W, Dunn MJ (2006) Guidelines for the next 10 years of proteomics. Proteomics 6:4–8

Williams KL, Gooley AA, Haynes PA, Batley M, Curtin JH, Stuart MC, Champion AC, Sheumack DD, Redmond JW (1991) Analytical biotechnology: applications for downstream processing. Aust J Biotechnol 5:96–100

Wolters DA, Washburn MP, Yates JR 3rd (2001) An automated multidimensional protein identification technology for shotgun proteomics. Anal Chem 73:5683–5690

第 2 章　基于电泳的蛋白质组样品制备与预分级技术

Ben R. Herbert，Pier Giorgio Righetti，
Attilio Citterio，Egisto Boschetti

摘要

20 世纪 90 年代，许多关于二维凝胶电泳（2-DE）的技术发展都以增溶与全蛋白质组分析为核心。在过去的 10 年里，在样品制备领域已经发生了许多重要变化，然而 2-DE 技术几乎仍保持让人既爱又恨的原状。在蛋白质增溶方面的改进、极碱性区域 pH 梯度胶条的引入以及低丰度蛋白质的获取，使得分级技术已成为样品制备领域的重要变革。随着蛋白质组学研究日趋成熟，分析蛋白质功能以及翻译与翻译后修饰蛋白质已经成为新的研究热点。基于这种考虑以及伴随着样品制备复杂性的增加，本章涉及可能的人为干预以及如何避免。最后，在消除人为干预的情况下，本章对最吸引人的也是目前最有价值的预分级工具加以综述。分级被认为是挖掘蛋白质组学冰山宝藏的强有力工具。

2.1　引言

在过去的 10 年里，样品制备领域发生了许多变化。但是 2-DE 技术几乎仍保持让人既爱又恨的原状。事实上，2-DE 提供了空前的蛋白质分离能力，能够对某个时间点的蛋白质组进行分析。重要的是，它包括了许多蛋白质不同修饰形态的信息。

研究人员不喜欢 2-DE 的一个关键原因是样品制备难度很大。不成功的样品制备，会导致多数二维凝胶分析结果无法使用。为了得到成功的 2-DE 分析结果，必须对样品进行仔细研究，提出对目标蛋白质进行提取与制备的最佳方法。显然，样品如果不能被溶解，自然将无法进行分析。由于蛋白质的多样性，即使最简单的蛋白质组也不可能通过任何单一的提取与分离步骤获得全部蛋白质信息，因此必须发展多样化的样品制备技术。本章主要介绍在过去 10 年里样品制备技术的改进与完善，并系统介绍了该领域的发展趋势。在蛋白质增溶方面的改进、极碱性区域 pH 梯度（IPG）胶条的引入和低丰度蛋白质的获取，使得分级技术已成为样品制备领域的重要变革。研究人员发现，在固定化的 pH 梯度胶条上可获得的蛋白质越多，蛋白质的溶解性越好，那么在二维凝胶电泳上可以获得的蛋白质斑点就越密集。为实现这一目标，人们已采用多种形式的分级来降低样品的复杂性，进而更深地挖掘蛋白质组在低丰度蛋白质区域的资源。

20 世纪 90 年代，关于 2-DE 的许多技术的发展都集中在全蛋白质组的溶解与分离方面。目标蛋白质可能是碱性蛋白质，可能是高或低分子质量的蛋白质，也可能是膜蛋白。这些种类的蛋白质在2-DE上无法分离，许多研究人员都致力于改变这种状况。我们曾讨论过这类问题（Herbert et al. 1997），并且总结了在溶解蛋白所用试剂以及碱性IPG技术方面的研究进展。90年代后期，2-DE技术发展的重点扩展到对于低丰度蛋白质的研究。许多关于低丰度蛋白质检测的设想仅考虑采用常规的样品制备，并不涉及分级。这些设想甚至在理论上都难于实现，在实践中当然更是如此。理论上，在大的二维凝胶板上，采用非常大的上样量（10 mg），通过银染可以检测到每个细胞内有1000个拷贝的蛋白质，但是所有这些蛋白质不一定能通过质谱（MS）得到鉴定。实际上，多数研究人员在一块二维凝胶上的上样量不足1 mg，而且又有样品制备的限制。这意味着采用一步提取以及一块胶板进行分离的技术，可检测到低丰度蛋白质的概率几乎为零。

2.2 常规的样品制备

针对等电聚焦（IEF）的样品制备首先需采用非离子或两性离子试剂破坏蛋白质复合物，使蛋白质变性。这意味着下一步的电泳分离仅针对多肽单体进行。由于IEF基于蛋白质的等电点进行分离，因此，一般情况下不能采用具有非常强溶解能力的阴离子表面活性剂十二烷基磺酸钠（SDS）。这是因为SDS与蛋白质的结合可能导致IEF时出现反常的聚焦，产生水平条纹。为了使经热变性的蛋白质能具有和在SDS中相近的变性效果，IEF的工作者采用了不同种类的离液剂、表面活性剂以及还原试剂的混合物进行样品预处理。尿素是等电聚焦中最常用的一种变性剂，可以通过破坏蛋白质表面的氢键，导致蛋白质结构的部分解折叠。当水分子与离液剂，而不是和蛋白质形成氢键时，蛋白质即可发生变性，暴露出（通常是疏水的）内部。蛋白质的疏水内核一旦暴露，水溶性会很快降低，需要通过表面活性剂提高其溶解度。正常情况下，在IEF的样品溶液中至少需加入一种表面活性剂来辅助溶解那些由于变性而暴露的疏水性残基。即使有少量的（如20 mmol/L）离子性物质存在，IEF也无法稳定进行。因此不能使用SDS等强离子表面活性剂，只能使用非离子或两性离子表面活性剂。Triton X-100与辛基葡糖苷等非离子表面活性剂曾被广泛应用。最近，硫代甜菜碱类的表面活性剂，如3-[(3-胆酰胺丙基)-二乙胺]-丙磺酸（CHAPS）（Gianazza et al. 1987），有取代这些传统非离子表面活性剂的趋势。在经典的IEF样品溶液中，还需添加用于打开二硫键的还原试剂，以彻底使蛋白质解折叠和变性。巯基乙醇（mercaptoethanol）与二硫苏糖醇（DTT）等硫醇类试剂与三价磷化合物（如磷化氢）是两种主要的还原试剂类型。传统的硫醇化合物在高浓度（20～100 mmol/L）下使用，通过发生平衡移动打开二硫键。由于硫醇试剂在碱性情况下带电荷，所以在IEF过程中，还原环境几乎不可能维持太久。不带电荷的三价磷化合物，如三丁基磷化氢，可以提供更好的还原环境，使一些样品的聚焦效果得到改善（Herbert et al. 1998）。IEF/IPG通常需要过夜运行才能达到聚焦平衡。然而，即使磷化氢也无法在如此长的运行时间内提供所需要的还原环境。对于二硫键，理想的样品制备方法是将还原后的半胱氨酸烷基化，然后再进行电泳分离，以避免在 IEF 过程中对还原环境的需求。在蛋白质组学研究中，与半胱氨酸改性相关的化学品被广泛开发，这些将在下面讨论。

1996 年以来，已有大量用于改善 IEF 蛋白质样品处理的新型试剂被报道，如可改善蛋白质的溶解性能的硫脲与硫代甜菜碱类表面活性剂（Chevallet et al. 1998）。硫脲（2 mol/L）和尿素（7 mol/L）结合，将会对样品溶液产生比传统尿素（8 mol/L）更好的离液效果。然而，如需提高样品的离液能力，必须用新型的表面活性剂来应对这种极端的变性环境。Thierry Rabilloud 研究小组发展了一系列新型可以耐受极端变性剂环境的表面活性剂，氨基-硫代甜菜碱 14（ASB-14）与 C7bZ0（Vuillard et al. 1995；Rabilloud et al. 1997）是其中最好的两种。其与尿素以及硫脲相结合可以提供目前最高水平的溶解能力，并能够进一步用于 IEF 操作。应用这些新型试剂所带来的溶解能力的增加，结合在窄 pH 范围商品化 IPG 上的蛋白质分离，能够显著增加一个蛋白质组样品中可以分离的蛋白质数量。然而，单一样品中可溶性蛋白质数量的增加也导致在一块二维凝胶板上分离所有蛋白质变得非常困难。这种情况下，通过分级降低样品的复杂性已经显得尤为必要。

蛋白质组学中，样品分级是一种十分重要的手段。本章的大部分内容将主要介绍能与后续电泳分离相结合的样品分级方法。值得注意的是，每增加一次分级步骤就意味着样品处理工作量、蛋白质损失与人为干预可能性的增加。这些皆可能导致不合理的分析结果。

2.3　人为修饰

伴随着蛋白质组学的成熟，对蛋白质的翻译与翻译后修饰的分析已经成为新的研究热点。由高等真核生物的基因组中相对少数的基因产生的修饰（见第 5 章），会显著提高蛋白质组的复杂性。分离科学家面临着最大程度地分离修饰蛋白质的压力，同时要确保消除人为产生的蛋白质修饰或者至少在 2-DE 分离蛋白质的过程中减少蛋白质的人为修饰。

2.3.1　半胱氨酸的还原与烷基化

在标准的 2-DE 过程中，在 IEF/IPG 分离之前，首先要进行还原操作。作为第一维与第二维分离之间平衡步骤的一部分，还要进行再一次还原与烷基化，以便为 SDS-聚丙烯酰胺凝胶电泳（PAGE）做准备。由于在 IEF 过程中还原不彻底，相同与不同蛋白质链间的二硫键混乱错配经常会产生大量假的多聚体斑点。典型还原试剂（如 DTT）的巯基（—SH）带有负电荷，这些化合物的自身缓冲能力，使其在 pH 梯度中向正极迁移，并在大约 pH 7 的位置结合质子，因此非完全还原所产生的人工修饰大多出现在 IPG 的碱性部分。即使三丁基磷化氢这种强的非硫醇还原试剂，在 IEF 过程中也不能维持所有蛋白质处于单体状态。人为修饰而导致的蛋白质点数量的增加非常庞大，即使像人 α-珠蛋白与 β-珠蛋白链这种仅仅拥有一个（α-）或者两个（β-）巯基基团的简单多肽也能够产生复杂的电泳分离结果（Herbert et al. 2001）。在 IEF 之前进行烷基化是有益的。最近有报道称半胱氨酸的烷基化可明显减少水平条纹（Luche et al. 2004），尤其在 2-DE 的碱性区域，可以使分离度得到较大提高。

碘乙酰胺作为烷基化试剂的烷基化效率很低，除非小心地向样品溶液中加入碘乙酰胺粉末或者碘乙酰胺水溶液，并且在进行烷基化时直接将碘乙酰胺的水溶液加入样品中。硫脲对碘乙酰胺有破坏作用。如果碘乙酰胺被溶解在含有硫脲的溶液中，而且溶液中不存在蛋白质，碘乙酰胺将会被硫脲非常迅速地分解（Galvani et al. 2001a）。采用碘乙酰胺时，如果延长烷基化反应的时间（24 h），赖氨酸与甲硫氨酸等氨基酸被修饰的概率也会增加（Galvani et al. 2001a，b）。

为了简化还原与烷基化方法，可以选择具有活性双键的试剂（如丙烯酰胺）作为烷基化试剂来替代碘乙酰胺（Herbert et al. 2001；Galvani et al. 2001a，b）。烷基化反应一般在碱性情况下进行。此时，碘乙酰胺和丙烯酰胺与离子化的巯基基团的反应速率相近。丙烯酰胺与三丁基磷化氢不发生反应，因此整个过程可以一步完成，节省时间。此外，丙烯酰胺只与半胱氨酸反应，而和硫脲或其他氨基酸均不反应。

2.3.2 半胱氨酸的β-消除

半胱氨酸烷基化除了可以避免二硫键的再形成之外，也有利于避免在电泳过程中可能发生的硫醇β-消除。最近有文献报道蛋白质在碱性区域聚焦时，会发生蛋白质中硫醇的β-消除或者去硫过程，导致半胱氨酸的一个 H_2S 基团（34 Da）丢失（Steen and Mann 2001；Herbert et al. 2003a）。采用多腔室电泳仪（MCE；见 2.5.3 节）在电场中

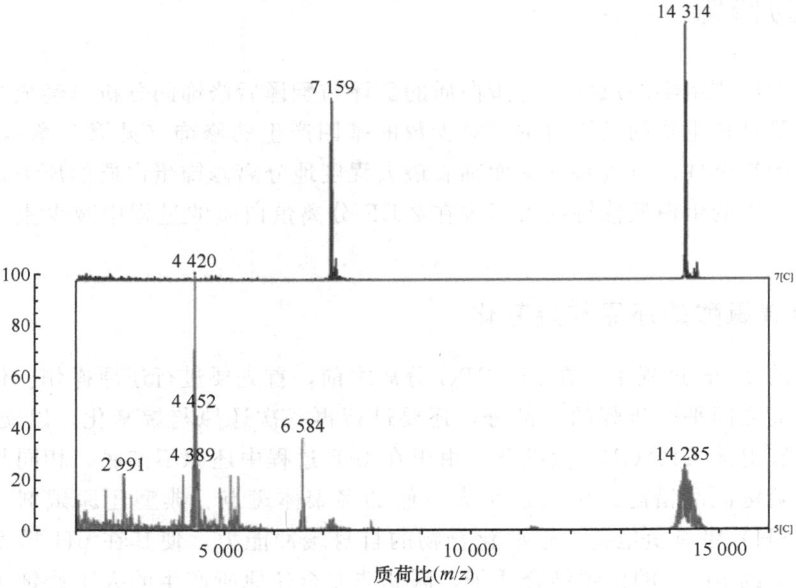

图 2.1　在电场中溶菌酶的去硫（β-消除）反应。上面的两个峰，分别对应于其单电荷与双电荷形态。对照溶菌酶与在电场中聚焦 48 h 的 MS 图可以发现，聚焦后大量样品降解成一系列片段，原始溶菌酶峰（M_r＝14 314）消失。（引自 Herbert et al. 2003，经许可）

将溶菌酶（一种碱性蛋白质）聚焦在碱性区域，可以证实β-消除的存在。在 IPG 过程中，为了尽可能地模拟 IEF 的条件，将溶菌酶上样到 MCE 的 pH 8.0～11.0 腔室中后，在电场中聚焦 48 h。作为对照，在静态及非电场条件下，将样品溶解在含 8 mol/L 尿素的硼酸钠的缓冲溶液（pH9）中，在与 MCE 样品相同的温度下放置 48 h。在聚焦的不同时间段，分别从 MCE 聚焦样品中取出部分进行基体辅助激光解析离子化（MALDI）-MS 分析。结果表明蛋白质的分子质量有所下降，并对应 H_2S 基团的丢失（34 Da）。如图 2.1 所示，最开始的样品产生一个干净的谱峰，对应着 14 314 Da 与一个双电荷离子峰（7159 Da）。在电场中聚焦 48 h 之后，溶菌酶发生降解，仅有少量蛋白质仍保持原始形态。采用烷基化蛋白质重复进行上面的实验，结果如图 2.2 所示，在电场中聚焦 48 h 后，仅有少量的蛋白质发生降解，而大多数仍旧保持完整。

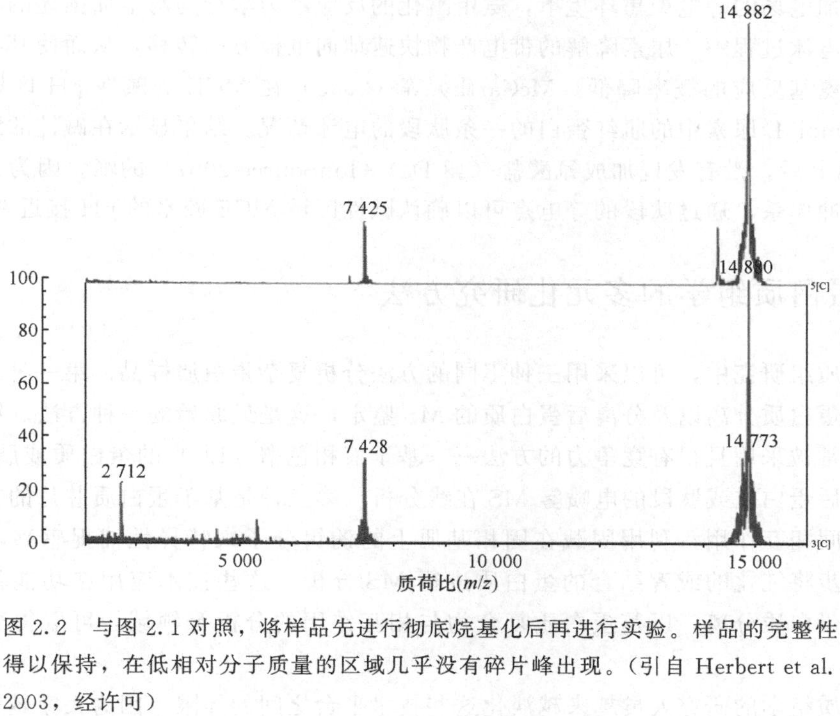

图 2.2　与图 2.1 对照，将样品先进行彻底烷基化后再进行实验。样品的完整性得以保持，在低相对分子质量的区域几乎没有碎片峰出现。（引自 Herbert et al. 2003，经许可）

上述描述的β-消除反应似乎可被电场加速。实际上，Steen 与 Mann（2001）在采用带有纳喷雾离子源的 QSTAR Pulsar 四极杆/飞行时间串联 MS 仪分析肽段时也观察到这一现象。在相对低的碰撞能量下（55 V），发生次磺酸的丢失，而且这也是肽段的一种占主导地位的断裂路径。

2.3.3　赖氨酸的氨甲酰化

尿素是一种最常用的变性试剂，且硫脲与尿素的结合被越来越多地用于改善硫脲的变性能力。尿素与氰酸铵在溶液中处于平衡状态（Shapiro 1999）。如果溶液中某一种化合物带有可以与氰酸盐反应的基团，如赖氨酸的ε-氨基基团，氰酸盐将会与之反应。

这样，尿素与氰酸铵的平衡将会被打破，直到氰酸盐或对应的反应物有一方被耗尽（Anderson and Hickman 1979）。

在第 2.3.1 节中曾描述的还原与烷基化反应需要在碱性情况下进行。此时，赖氨酸残基处于去质子化状态，容易与异氰酸盐发生反应。在不存在电场的情况下，氰酸盐与赖氨酸容易发生反应，导致人为修饰。因此建议在低于 37℃的温度下操作，且尽可能缩短样品制备过程所需的时间，以避免提取与保存过程中尿素的沉淀。含有尿素的提取液可在 4℃进行短期保存，或在冷冻状态下长期保存。尽管有氨基甲酰化的可能性，但是 McCarthy 等（2003）的研究结果清楚地表明这个反应的进度很慢。在 20℃条件下反应 12 h，氨基甲酰化仍不能被检测到。然而，在高于 40℃的情况下延长样品制备过程，或者在高于 20℃的条件下长时间储存，都会导致永久性的人为修饰。

在施加电场的等电聚焦环境下，氨甲酰化的反应动力学行为与上面描述的状况差别很大。在电泳过程中，尿素降解的带电产物快速地向电极方向转移，从而使其与蛋白质或肽段的氨基反应的概率降低。McCarthy 等（2003）在 MCE 的碱性 pH 区域考察了溶解在 8 mol/L 尿素中的肌红蛋白的一条肽段的电泳情况。结果显示在碱性的腔室内聚焦进行 48 h 后，没有发现加成氰酸盐（43 Da）（IonSource 2007）的峰。因为只选用了单一的缓冲体系，通过肽段的等电点可以确认碱性区域 MCE 腔室的 pH 接近 9.3。

2.4　蛋白质组学的多元化研究方法

蛋白质组研究中，可以采用三种不同的方法分析复杂蛋白质样品。第一种是基于凝胶电泳的蛋白质分离以及分离后蛋白质的 MS 鉴定，这是最原始的一种方法。第二种是目前仍经常被采用且很有竞争力的方法——基于液相色谱（LC）的蛋白质或肽段分离，以及分离后蛋白质或肽段的电喷雾 MS 在线分析。第三种是基于蛋白质芯片的方法，即基于分子间相互作用，利用固载在固相基质上的诱饵分子来特异性捕捉感兴趣的蛋白质，进一步将纯化的或者结合的蛋白质进行 MS 分析。这些技术应用在功能蛋白质分析、活性蛋白质分离，以及蛋白质复合物与相互作用的分析等领域均可取得变革性的进展。

蛋白质组学的研究人员越来越淡化这些技术平台之间的界限。因为大家越来越清楚地认识到，没有一种样品制备、分级或分离技术可以提供任何一个蛋白质组的完整图谱。实际上，不同的分离与蛋白质芯片技术仅能对某些种类的蛋白质有特殊的选择性优势。如果不考虑到各自的局限性，可能会在实验中得出错误的结论。

在蛋白质组学研究中，目前首选的方案是采用至少两种独立的方法对样品进行制备与蛋白质分离。理想状况下，完全分离的单一蛋白质可通过不同的 MS 技术进行鉴定。Breci 等（2005）采用这种策略的研究结果如图 2.3～图 2.5 所示。可以看出，采用不同的技术，可以鉴定出不同的蛋白质。对不同 MS 方法特点的分析已经超出了本章的范围，将会在第 3 章与第 4 章进一步讨论。下面将对各种样品制备与分级工具加以讨论。在蛋白质组研究中，这些方法与工具可以单独或结合使用。

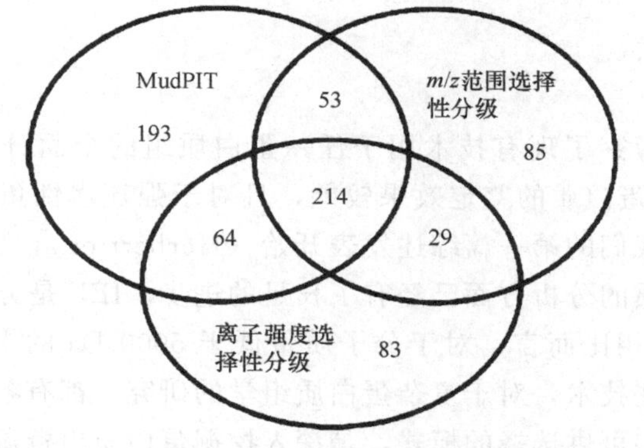

图 2.3　采用三种不同的 LC-MS 方法所得的蛋白质鉴定数据重叠状况的维恩图。(引自 Breci et al. 2005，经许可)

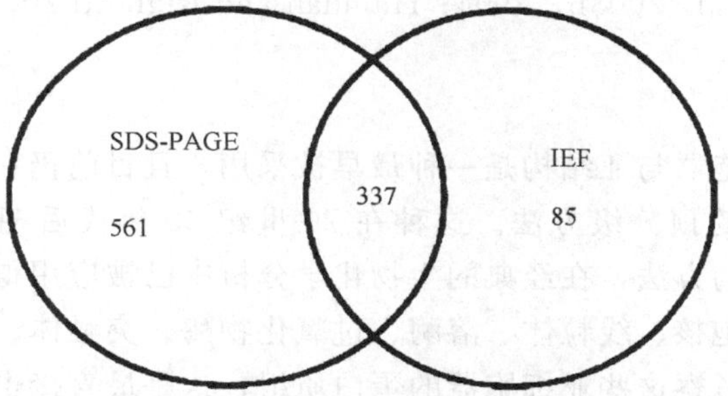

图 2.4　采用两种不同的凝胶电泳方法所得的蛋白质鉴定数据重叠状况的维恩图。SDS-PAGE，十二烷基磺酸钠；IEF，等电聚焦。(引自 Breci et al. 2005，经许可)

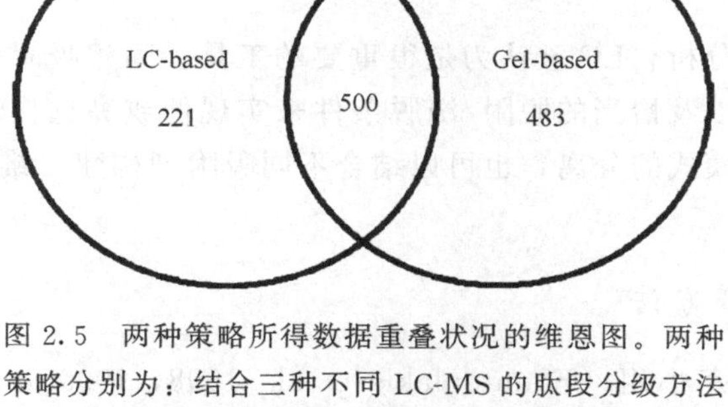

图 2.5　两种策略所得数据重叠状况的维恩图。两种策略分别为：结合三种不同 LC-MS 的肽段分级方法与结合两种不同的凝胶电泳的蛋白质分级方法。(引自 Breci et al. 2005，经许可)

2.5　预分级技术

已有数十篇文献考察了现有技术用于任一蛋白质组的全面分析的局限性。经典的2-DE技术对于强碱性蛋白质的鉴定效果较差，且对于强疏水性蛋白质的溶解、分析与鉴定效果也不好。从我们的第一篇综述发表开始（Herbert et al. 1997），该技术在疏水性蛋白质与碱性蛋白质的分析方面已经有了长足的进步。IEF是分离蛋白质异构体的有效工具（见第5章）。相比而言，对于分子质量低于5000 Da的多肽，MS是可以选择的分析工具。所有这些技术，对于复杂蛋白质组学的研究，都有各自的特色与不足。

预分级技术有许多可供选择的模式，是深入挖掘蛋白质组资源的有力工具。采用任何一种预分级技术，必须考虑到其与后续分析步骤的兼容性。例如，高盐预分级技术与IEF或者LC-MS分析不兼容。这里所讨论的是目前最有效的预分级工具。对于每一种工具的详细介绍，读者可以参考我们最近的一些综述（Righetti et al. 2001，2003，2005a，b；Herbert et al. 2003b，2004；Hamdan and Righetti 2005）。

2.5.1　离心分级

差速离心分离细胞器与亚结构是一种最早被采用，且目前仍在广泛使用的简化一个细胞的蛋白质组研究的预分级方法。这种在20世纪50年代后期至60年代早期由de Duve（1971）等建立的方法，在经典的生物化学分析中已被应用得非常成熟。采用不同的离心力，可以使细胞核、线粒体、溶酶、过氧化物酶、突触体、微体等亚细胞器得到分离。显然，如果要考察这些亚细胞器的蛋白质组，这是最直接也是最有效的预分级方法。最近有多篇报道阐述了该方法的应用。例如，差速离心被用于人肝细胞核的分离，并结合2-DE共分离出1497个蛋白质斑点（Jung et al. 2000）。即便对细胞核也可进行进一步的分级，并在凝胶谱图上展示了接近350个点（Andersen et al. 2002）。伴随着线粒体及其与氧化胁迫与衰老之间关系的重要性被强调，对线粒体的蛋白质组研究已经成为一个重要的领域（Douette and Sluse 2006）。

2.5.2　色谱技术

对于蛋白质组的分析，LC被认为是很重要的工具。固相吸附剂的种类繁多，可以通过选择合适的基质以及恰当的脱附/洗脱条件来实现低或高选择性的分离。可以选择一种吸附剂进行单一模式的分离，也可以结合不同吸附剂构建二维（2D）或者多维LC系统进行分离分析。

2.5.2.1　常规色谱方法

Fountoulakis研究小组（Fountoulakis et al. 1998，1999a，b；Fountoulakis and Takacs 1998）已经发展了系列简化蛋白质组复杂性的LC分级方法。第一种方法是：首先采用肝磷脂凝胶亲和色谱（AC）对流感嗜血杆菌中的特定蛋白质进行预分级。大约160种胞液蛋白以不同的亲和力与固定的肝磷脂相结合，被高度富集。进一步采用2-

DE 分离，并对 110 多个新的蛋白质斑点进行鉴定，可将流感嗜血杆菌的蛋白质鉴定总数增加到 230 多个。第二种方法是：同样的流感嗜血杆菌裂解液通过基于多缓冲交换剂的色谱聚焦（CF）进行预分级。从洗脱液中鉴定得到 125 个蛋白质，它们中的大多数为低丰度的酶。采用这种附加的预分级步骤，再通过 2-DE 分析，总共可以鉴定出 300 种蛋白质。这 300 种蛋白质并不在从流感嗜血杆菌的可溶性组分直接通过 2-DE 观测到的接近 600 个点的范围内。在所发展的第三种方法中，利用基于苯基柱的疏水相互作用色谱对流感嗜血杆菌的胞液可溶性蛋白质进行预分级，可将新鉴定的蛋白质数量增加到 350 种。

羟磷灰石色谱柱被成功用于富集大肠杆菌中的低分子质量蛋白质（Fountoulakis et al. 1999b）。大肠杆菌的可能基因产物为 4289 种。当上样量约为 2 mg 时，通过典型的 2-DE 可以看到大约 1200 个蛋白质斑点。通过羟磷灰石色谱柱分级，得到接近 800 个点，对应 296 个不同的蛋白质。其中大约 130 种新蛋白质被首次发现，在总提取物的 2-DE 中没有被检测到。尽管这种 LC 方法对低丰度蛋白质的富集效果不是很好，但是可以富集到包括冷激蛋白在内的诸多低分子质量的蛋白质。在另一应用实例中，活性染料柱色谱被用于富集大肠杆菌中的低丰度蛋白质（Birch et al. 2003）。作者考察了 6 种不同活性染料对不同种类蛋白质的富集能力后发现，活性染料色谱是一种适合用于进行复杂混合物分级的方法。

其他色谱方法也可以用于蛋白质组研究。金属螯合亲和色谱是一种分离带有裸露组氨酸的蛋白质的有效方法（Smith et al. 2004），可用于钙结合蛋白或磷酸化蛋白的分离（Lopez et al. 2000；Ficarro et al. 2002）。除此之外，凝集素（lectin）亲和色谱也被广泛地用于复合糖与糖蛋白的分离（Ghosh et al. 2004）。

2.5.2.2　基于不同分离介质连续捕集的蛋白质分级技术

色谱预分级的一种特殊类型是通过采用几根色谱柱以及一种吸附缓冲液和一种洗脱缓冲液实现的（Guerrier et al. 2005）。分离柱采用不同的分离介质，且均可被相同的缓冲液平衡。蛋白质样品上样到第一根色谱柱上，并逐步流过后面的不同分离介质；每一种分离介质能够捕捉到一定种类的蛋白质。当样品流到最后面的分离柱时，即使不是所有蛋白质，绝大多数蛋白质已经被结合。蛋白质吸附完成后，将不同的色谱柱分离开来，并采用生理盐水分别冲洗色谱柱。整个实验过程仅有一个分级步骤。采用与下游 MS 或 2-DE 等分析方法相兼容的缓冲液，可以从每一根柱子上洗脱得到不同类型的蛋白质。在保证上样量不过载的情况下，通过选择正交的分离介质，设计合理的柱连接顺序以及上样体积，并选择适当的缓冲液，可以在不同捕集柱上结合差别很大的蛋白质。在分离柱不饱和的情况下，这种色谱分离方法能够消除蛋白质的冗余（相同的蛋白质出现在不同的色谱柱中）。需要注意的是，应避免分离介质不可逆地结合某类蛋白质。一般地，采用 n 种基质将获得 $n+1$ 个蛋白质分级。Guerrier 等采用 7 根捕集柱系统分离人血清样品，获得 8 个分级组分，并通过 MS 鉴定出的蛋白质数量比采用传统的单柱/多步洗脱色谱多出 2 倍（Guerrier et al. 2005）。

2.5.3 电泳技术

与色谱分离相比，各种形式的制备级电泳（Righetti et al. 1992）一直被人们所忽视。但是，由于在作为蛋白质组分析的“挖掘工具”方面具有显著的优势，电动学方法正在经历一次强大的复兴。下面我们将对其中的一些主要技术加以介绍。必须始终明确的是，由于产生的分级组分可以直接进行2-DE分析，聚焦技术仍然是首选方法。

2.5.3.1 自由流电泳

与基于凝胶的电泳分离方法相比，自由流电泳（FFE）有两个突出的优点：上样量大；可以消除由于聚丙烯酰胺凝胶中的自由丙烯酰胺单体诱导的蛋白质人为修饰。商品化的自由流电泳设备起源于Hannig（1978）的设想和使用的仪器装置。在这一装置中，电泳缓冲液的流向与电场方向垂直，进行分离的混合物从一个小的样品入口连续流入。混合物中的不同组分依其电泳迁移率的不同发生偏移，并且沿斜的轨道迁移。最终在装置的末端被收集（最多可以收集96个组分）。该技术在刚刚出现时，仅被用来纯化细胞与亚细胞器。由于这些粒子的扩散系数比较小，因此可以获得高纯度的产物。Hannig的仪器经过不断的设计和改进，从起初的液体降落的窗帘式结构已发展成现在商品化的形式——一种向上液流的分离系统（Kuhn and Wagner 1989）。最近，FFE被成功用于纯化酿酒酵母菌的线粒体。与通过离心分级的方法进行线粒体分离所鉴定的蛋白质数目（80个）相比，通过FFE纯化线粒体可以鉴定到更多的蛋白质（129个）（Zischka et al. 2003）。此外，在采用FFE纯化线粒体所得到的蛋白质提取物中，蛋白质的降解现象明显降低。这表明细胞器受细胞中溶酶体的污染减小。

虽然FFE对于细胞器的分离纯化很有效，但是对于蛋白质的预分级并不理想。因为与细胞及细胞器相比，蛋白质的扩散系数更大。微加工FFE装置被用于蛋白质的连续分离已有报道（Kobayashi et al. 2003）。对于蛋白质分离，FFE在IEF模式下（FF-IEF）会取得更好的分离效果。这是因为聚焦过程的内聚力阻止了蛋白质的熵扩散。FF-IEF也可以作为2-DE的第一维，洗脱的组分直接进行正交的SDS-PAGE分析。该技术的优势非常明显，可以对黏着斑蛋白（117 kDa）等大蛋白质进行回收与鉴定。然而对于传统的固定化pH梯度IEF而言，大分子质量蛋白质的回收始终是一个难题（Hoffmann et al. 2001）。

2.5.3.2 旋转稳定聚焦装置：Rotofor

Rotofor基于IEF的分离模式对蛋白质样品进行分级。制备级Rotofor的蛋白质上样量可以达到1 g，总体积可以达到55 mL。小型Rotofor的上样体积也可达到18 mL（Bier 1998）。Rotofor是由可渗透液体的尼龙膜隔开的20个样品腔室构成。阳离子交换膜与阴离子交换膜分别被置于阳极、阴极腔室与分离通道的界面上，防止与电极相关的有害产物扩散进入分离腔室。聚焦制备完成后，20个与真空源相连的取样针立即穿透腔室隔膜，进行样品收集。这些具有窄pI范围的级分可以采用传统的2-DE进一步分离。近年来，这种方法被不断改进，已被直接用作2D-LC的第一维。第一维分离所得到的每一个级分组分进一步通过第二维的疏水相互作用色谱进行分析（Kachman et al. 2002）。经过第二维的色谱分离后，收集洗脱液中的每一个蛋白质峰。再通过胰蛋白酶酶解成肽段，进行 MALDI-TOF MS 分析。最后经数据库搜索给出鉴定结果。

最近，报道了 Rotofor 的一个出乎意料的应用。在不存在两性载体的环境下，对一个完整的蛋白质组的酶解产物进行分级（Xiao et al. 2004）。肽段自身起到两性载体缓冲液的作用，通过“自聚焦”过程形成 pH 梯度。但是值得注意的是因为仅有部分肽段在 pH5～8 具有好的缓冲能力与导电性，因此肽段自身形成的 pH 梯度相对较差。

2.5.3.3　带等电膜的多腔室电泳装置（MCE）

MCE 的 IEF 过程可在可溶的两性载体缓冲液存在情况下进行，因此最初只是被看作传统 CIEF 的系列产品。然而采用基于 IPG 技术制备的丙烯酸单体等电点膜的 MCE 装置（Rigehtti et al. 1989，1990）与传统 IEF 装置相比，表现出量的飞跃。这种方法的优点非常明显。第一，MCE 产生的蛋白质组分级结果与 2-DE 中第一维分离相同，聚焦过程也是基于固定化 pH 梯度技术。第二，MCE 可以按照蛋白质的 pI 精确分级，因此蛋白质可以聚焦在所有的窄范围或者宽范围的 IPG 条带的 pH 梯度范围内。由于蛋白质绝对量的减少，使得沉淀发生的概率大大降低。实际上，当整个细胞裂解液在一个宽梯度胶条上进行分析时，蛋白质沉淀的危险性非常小。相反，当同样的混合物在窄梯度胶条上进行分析时，非等电蛋白质会出现大量沉淀。由于蛋白质共聚焦仅仅在相同的 IPG 区段出现，因此能够采用更大的上样量，实现低丰度蛋白质的检测。图 2.6 给出了一个采用这种分级方法的例子。在 pH 7～10.5，检测得到大量的酿酒酵母膜蛋白

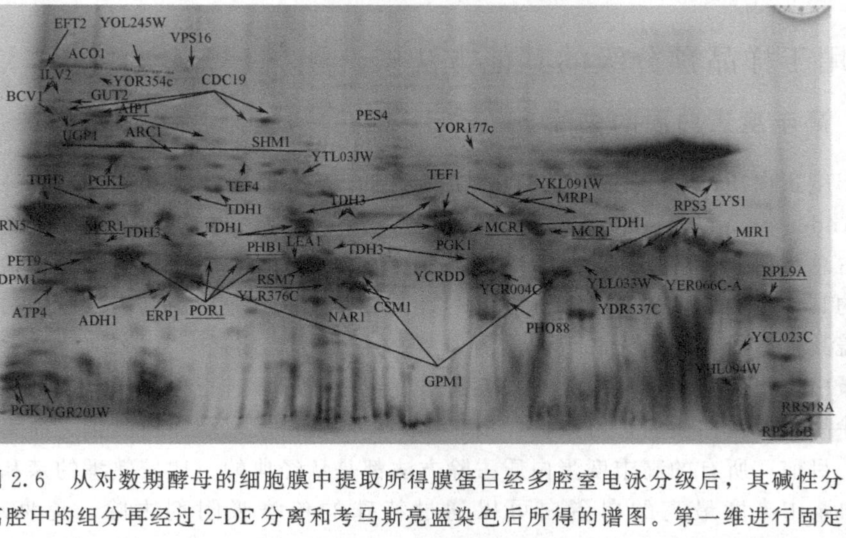

图 2.6　从对数期酵母的细胞膜中提取所得膜蛋白经多腔室电泳分级后，其碱性分离腔中的组分再经过 2-DE 分离和考马斯亮蓝染色后所得的谱图。第一维进行固定化 IPG 分离时，采用 2% ASB 14 变性剂。过量的变性剂与 SDS 结合形成复合胶束。在 2-DE 过程中，导致在低分子质量区域观察到条带。分级制备的膜蛋白在 2-DE 上的上样量为 1 mg，采用 11 cm 长 pH 7～10.5 的 IPG 作为第一维，GelChipTM 8%～18% T 作为第二维电泳的凝胶。图中标注了 237 个蛋白质，93 个为单一的基因产物蛋白质。（引自 Pedersen et al. 2003，经许可）（另见图版）

(Pedersen et al. 2003)。16 世纪的地图制图者在描述未知区域时，没有任何的路标。只是在地图的轮廓内标记着名字“hic sunt leonesl”，如对于非洲大陆的标记。图 2.6 的结果或许可以与此类比。

MCE 技术已得到不断完善。Whilst 的最初的 MCE 装置体积较大，但是目前已出现小型化的 MCE 装置（Herbert and Righetti 2000）。蛋白质在 MCE 中，由于等电膜的阻碍效应会导致迁移速度缓慢。最近 Fortis 等（2005）通过等电颗粒的引入已经解决了这一问题。等电颗粒采用离子性丙烯酰胺衍生物单体在一个中心陶瓷硬核的孔中进行共聚合制备，可以减小蛋白质的传质阻力，让蛋白质在瞬间吸附到颗粒上。这种方法不仅可显著缩短分离时间，而且系统的电渗流也非常低。

2.5.3.4 小型化的等电分离装置

基于 IPG 技术，人们发展了一种被称为“off-gel IEF”的技术（Ros et al. 2002）。与多腔室分离技术相似，这个系统基于蛋白质等电点（pI）的不同实现分离。在聚焦过程中不加入缓冲液或者两性载体；在聚焦后可以直接在溶液中进行蛋白质回收。off-gel IEF 的原理是将样品放置到一个液体的腔室中，使样品与 IPG 凝胶接触。理论计算与模拟表明，蛋白质的质子化发生在与 IPG 凝胶界面相接近的溶剂薄层内（Arnaud et al. 2002）。当施加电压时，在与液体腔室垂直的方向上，所有 pI 高于与低于 IPG 凝胶 pH 的带电物质，被迫从液体腔室中迁到凝胶中。在分离完成后，仅 pI 等于 IPG 凝胶 pH 的中性物质停留在溶液中。经过进一步发展，该想法被设计成含一系列小体积腔室（100～300 μL）的多腔室装置，并能够与现有的分离系统兼容（Michel et al. 2003）。

2.6 用于样品预分级的其他方法

2.6.1 高丰度蛋白质的去除

高丰度蛋白质的存在对采用 2-DE 与 MS 结合策略直接分析蛋白质组是一个很大的挑战（Anderson and Anderson 2002）。在血清中，白蛋白占总蛋白质量的 60%，免疫球蛋白占总蛋白质量的 15%。白蛋白的大斑点使得 2-DE 不能够展示出与其共同进行电泳迁移的其他蛋白质（Pieper et al. 2003）。同样，在 MS 分析中，高浓度的白蛋白肽段也会掩盖其他肽段，使之无法得到检测。

在蛋白质组研究中，从样品中去除高丰度蛋白质后再进行分析已经成为一种常用方法。去除高丰度蛋白质后，可以上样更多感兴趣的蛋白质，从而检测到之前无法看到的蛋白质。目前，所有的高丰度蛋白质去除方法都是从经典的、比较熟悉的亲和色谱衍生而来。血浆中丰度最高的白蛋白可以通过特殊的免疫吸附剂去除。免疫球蛋白 G（IgG）类的血清抗体可以通过固定化的金黄色葡萄球菌蛋白 A 去除。虽然这些方法有一定优势，但是不能排除在这一过程中也会去除一些有价值的与高丰度蛋白质结合的肽段。一些作者曾讨论过，在去除高丰度物质的同时，也可能会去除一些重要的疾病标记物。近期，Shen 等（2005）发现了一个特别具有挑战性的问题。在去除白蛋白的过程中，另外的 815 种蛋白质同时也会被去除掉。在去除 IgG 的同时，另外 2091 种蛋白质也会被同时去除；其中的 56%是非 IgG 抗体序列，另外 44%包括低丰度细胞因子与相关的蛋白质。更荒谬的是，在经过上述两次去除后所得的血清中，仅检测出 1391 种蛋白质。在这些蛋白质中，269 种在去除白蛋白的级分中也被发现；另外 568 种蛋白质在去除 IgG 的级分中同样被鉴定出来。因为 Shen 等（2005）共检测到 4590 个单一基因产物的蛋白质，因此大多数的蛋白质是在要丢弃的级分中被发现的，而不是在要保留的级分中。这种蛋白质的共去除现象已被很多人证实。Colantonio 等（2005）发现，为避免丢失过多的蛋白质，样品中 IgG 的去除并不是越完全越好。

2.6.2　均衡器颗粒

通常少数种类的蛋白质占了蛋白质组的主要部分。这些高丰度蛋白质往往会掩盖诸多其他蛋白质的信号。这就是为什么在蛋白质组分析中，很多科学家一次又一次地发现同样的高丰度蛋白质。因此，蛋白质组不是真正“民主”的。或许是“霸权主义的”或者是“有钱人说了算”的？

目前常用的方法主要基于高丰度蛋白质的去除策略。看上去有点像从法国大革命的“断头台”直接衍生而来，也被称为非目标蛋白质的物理去除。在血清中，多达 12 种高丰度的蛋白质的免疫去除是一个很好的应用实例。还有另外一种策略，一个样品中包含所有的蛋白质被给予相同的权利。这是美国的独立战争，又或是“美国之梦”？为一个“民主的蛋白质组”而奋斗。其目的在于缩小蛋白质丰度的差别。基于蛋白质均衡器技术的设想已被实现。采用这种策略能够更好地探索“隐藏蛋白质组”，对于发现新的具有重要医学意义的生物标记物至关重要。

蛋白质均衡器技术由通过短的连接臂在多孔聚羟甲基丙烯酸酯颗粒表面键合经固相合成的六肽库构成。每个颗粒都具有独特的配基，与其他任何一个颗粒的配基不同。最近发表的一篇基础性研究论文（ Thulasiraman et al. 2005；图 2.7）列举了蛋白质均衡器颗粒的合成及其特点。读者也可参考一些描述均衡器技术设想的综述（ Righetti et al. 2005 a，c，2006）。

采用 20 种天然氨基酸合成六肽。因此整个六肽库包含 20^6 种线性的六肽，即 64 000 000种不同的配基。在每一个颗粒上，六肽的量可以达到近 50 pmol。大量而种类不同的六肽意味着，在理论上，一个具有合适体积的颗粒应该包含能够与在一个复杂蛋白质组中存在的任何蛋白质相互作用的一个六肽。这个复杂蛋白质组可以是一种生物体液或者一种组织，又或是细胞裂解液。如图 2.8 所示，当一个包含不同丰度蛋白质的复杂混合物，如人血清，与均衡器的配基进行孵育时，每种蛋白质都可以与至少一个配基结合。在过量上样的情况下，高丰度蛋白质很快地使能与它们特异性结合的亲和配基达到饱和，过量部分在洗脱阶段被去除。相反，低丰度蛋白质可以继续浓缩在可特异性结合的亲和配基上。经过结合与洗脱后，所有特异性结合的蛋白质从颗粒上被洗脱下来，形成丰度差别被显著减少的蛋白质混合物。在混合物中，所有的蛋白质仍旧存在，但是每种蛋白质的浓度与原始样品差别很大。高丰度蛋白质被明显稀释，同时低丰度蛋白质被富集。

蛋白质均衡器技术有许多新颖的应用，尤其是在人体液的蛋白质组研究中。近年来，临床化学致力于血浆、尿、眼泪、淋巴液、乳汁、唾液以及脊髓液等体液研究，以

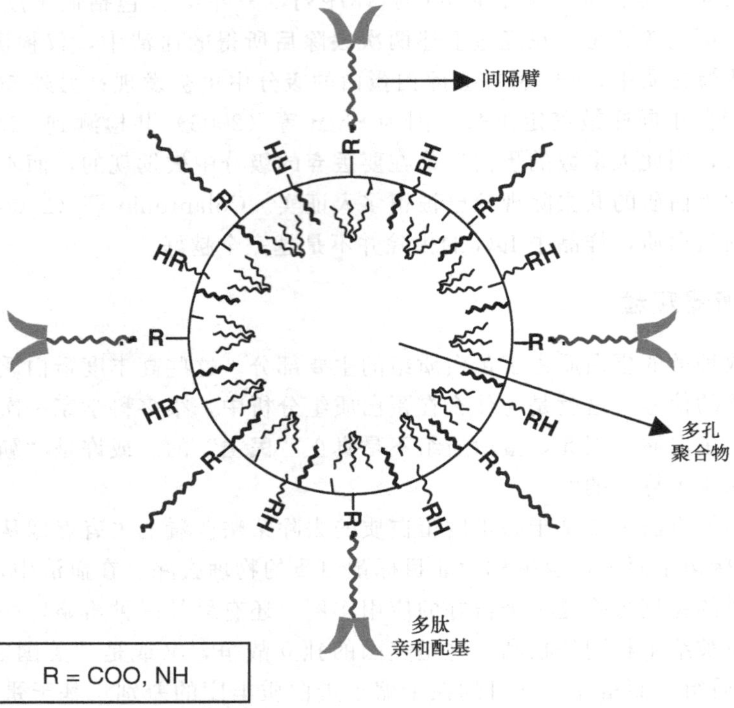

图 2.7　结合肽段配基的均衡器颗粒。这个结构图表明，在多孔聚合物颗粒的表面上，肽段配基与聚合物基质共价结合。R 为连接物，可以是伯氨基团，也可以是羧基基团。肽段通过一个连接臂连接到颗粒表面。（引自 Righetti et al. 2006，经许可）

期发现新的与疾病相关的指示剂或者生物标记物。采用体液进行分析的显著优势在于它们的收集对生物体的侵害性很低，如尿液的收集为完全非侵害性的。但是，任何生物标记物的研究都会由于蛋白质浓度太低而受到限制。对尿液来说，由于蛋白质的浓度很低，因此通常需要对蛋白质进行 100～1000 倍的富集。此外，在采用任何分析方法前，都必须去除其中高浓度的盐。这里将给出一个利用蛋白质平衡器技术分析尿液的实例。将来自 8 个健康捐赠者（4 个男性，4 个女性）的 1.6 L 尿液预处理后得到 22 mL 浓缩液。再将其溶解在 25 mmol/L 磷酸缓冲液（pH 7.0）中，并吸附在 1 mL 的蛋白质均衡器颗粒上。用 2.2 mol/L 硫脲、7.7 mol/L 尿素和 4.4% CHAPS 洗脱后，再用经 5%（体积比）的乙酸调到 pH3.8 的 9 mol/L 尿素洗脱。最后，将未经处理和经过蛋白质均衡器处理的对照样品采用傅里叶变换-离子回旋共振（FT-ICR）MS 进行分析。从对照尿液中发现了 96 个单一基因产物的蛋白质。在经处理后得到的第一个洗脱馏分中，鉴定得到 334 个单一基因产物的蛋白质；在第二个馏分中又鉴定得到额外的 148 个蛋白质。通过去除冗余蛋白质，最终获得了 471 个蛋白质（Castagna et al. 2005）。从图 2.9 的对照结果可以看到，经处理后所获得的蛋白质数量有了明显增加。此外，图 2.9 中也同时给出了蛋白质的分子质量分布。在 40～70 kDa 的分子质量范围处，蛋白质的数目最多。这和肾小球对蛋白质筛选的特性相一致。与之前的结果相比，这些结果给人印象

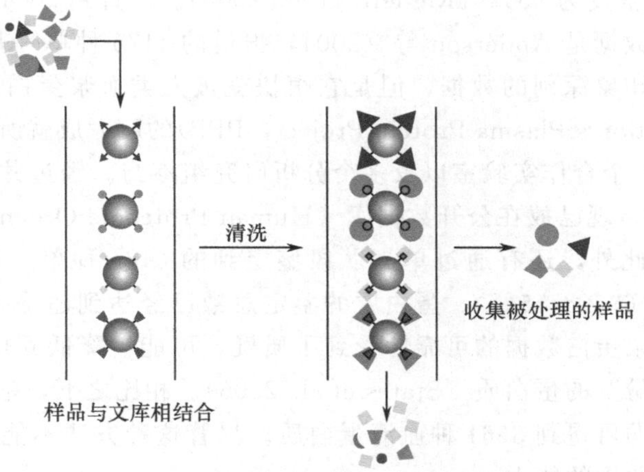

图 2.8　蛋白质在均衡器颗粒上选择性捕集过程。从左至右：蛋白质样品上样到含有组合固相配基库的柱子上；与配基特异性结合的蛋白质不断吸附，直至颗粒上的配基被完全饱和；没有被特异性捕获的蛋白质或者是过量的蛋白质在生理条件下被洗脱，最后收集“被均衡”的样品。（引自 Boschetti et al.，未发表的结果）（另见图版）

深刻。早期 Pieper 等（2004）采用传统的样品预处理技术与 2-D 谱图分析相结合，仅得到了 150 个单一基因产物的蛋白质。

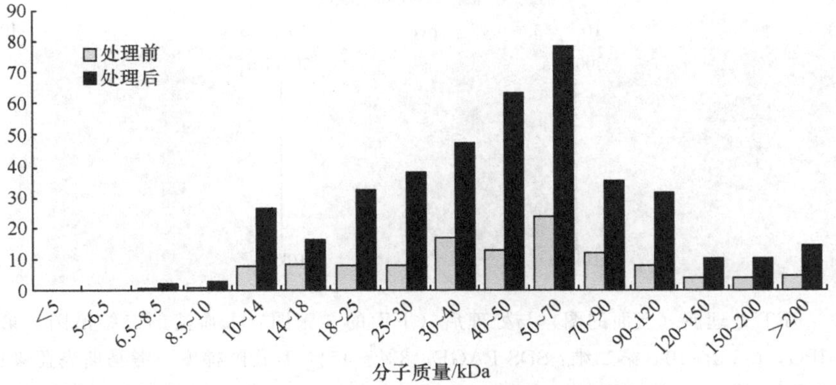

图 2.9　经蛋白质均衡器技术处理（黑色图）与对照（灰色图）尿液鉴定得到的蛋白质数量的比较。以分子质量作为横坐标，范围为 5～100 kDa。在结合的 TUC 与尿素洗脱液中，蛋白质数量增加了 3.9 倍。（引自 Castagna et al. 2005，被重新绘制）

给人印象更深刻的是采用单次、简单的均衡器颗粒对人类血清蛋白质组进行分析的结果。300 mL 血清样品经过处理后，采用该技术进行样品预处理。如图 2.10 所示，经过三种不同的洗脱溶剂洗脱后，与对照血清相比，2-D 谱图的斑点数明显增加。采用一种低灵敏度的染色方法，在三次不同的洗脱液中，总共可以看到 800 个斑点。在对照样品中，只观察到 115 个斑点。经洗脱并进一步采用 FT-ICR MS 进行分析，总共鉴定了

3661 种蛋白质，置信度为 95％（Righetti et al. 2006）。而直到 2004 年，可以得到的最全面的血清蛋白质数据是 Anderson 等（2004）报道的 1175 种单一基因产物的蛋白质。虽然这是一个令人印象深刻的数据，但是它很快就被人类血浆蛋白质组计划（Human Proteome Organisation's Plasma Protein Project，PPP）的巨大成就所取代。PPP 计划于 2002 年启动，由 35 个合作实验室以及多个分析研究组参与。经过共同努力，共鉴定出 3020 种血清蛋白质。现已放在公开数据库（Human Proteome Organisation 2007）中供其他科学家利用。此外，还有通过单一肽段鉴定到的 6484 种单一基因产物的蛋白质（置信度相对较低，60％～75％）。蛋白质的鉴定总数已经达到超乎寻常的 9504 种。然而，这个巨大的血浆蛋白数据的可靠性受到了质疑，可能会降低到仅仅 800～850 个真实的具有确定“身份”的蛋白质（States et al. 2006）。相比之下，基于简单的均衡器技术进行样品分级，即可得到 3661 种血清蛋白质。尽管这种方法不能定量，但也表现出强大的获取蛋白质数据的能力。

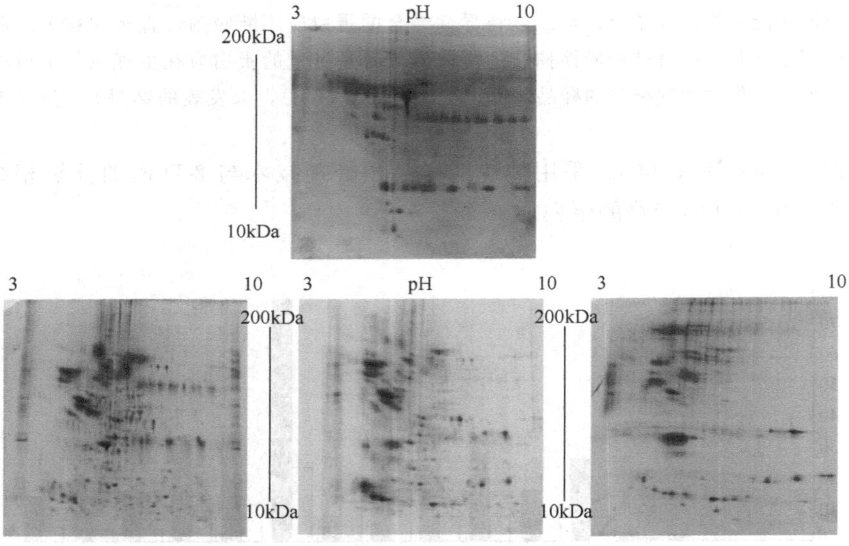

图 2.10　PET 处理前（上面的图）与处理后（下面的 3 张图）人血清的二维谱图。第一维：非线性 IPG，pH 3～10。第二维：SDS-PAGE，8％～15％ T 孔隙梯度。考马斯亮蓝染色。蛋白质上样量：160 μg。结果表明，对照血清展现了 115 个点；结合三次洗脱，展现的蛋白质点的总数为 800。（引自 Righetti et al. 2006，经许可）（另见图版）

2.7　结论

我们相信，给出对前期工作进行总结性的评论以及前瞻性地描述未来的发展方向是有益的。基于已经发表的论文以及学术会议报告，尽管目前对于特定的蛋白质预分级方法学术界尚缺乏一致的认可，但是对于蛋白质的预分级是全蛋白质组研究的一种必要的工具这一观点已经得到大家的共识。任何蛋白质组都非常复杂，以至于采用任何一种现有的技术都不能对全部蛋白质进行检测与定量。无论采用何种方法降低其复杂性，不仅是一个有用的而且可能是必需的步骤。理论上需要对样品不断地分级，直到将蛋白质组中的每一种蛋白质分开。但是很明显，并没有必要那么做。通过对物理化学或者生物特性相近的蛋白质分级的技术将会得到越来越多的应用。

我们对蛋白质均衡器技术在处理任何一个蛋白质组中丰度有差异的蛋白质样品时所表现的能力感到特别的兴奋。对人的尿液与血清两种体液的研究结果让我们相信这种技术的巨大的潜力。得到的数据对于发现疾病的生物标记物具有重要意义。我们也希望读者和我们一样，应用这种操作简单的实用技术，真正地揭秘隐藏的蛋白质组。毋庸置疑，这种技术与经典的或者新颖的分级方法的结合会提高我们发现具有理论或者诊断特色的新颖蛋白质的能力。我们对直接涉及蛋白质的基本生理特性，如蛋白质的等电点与疏水特性等的分级方法尤其感兴趣。

致谢：P. G. R. 和 A. C. 得到了部分 FIRB 2001 项目（no. RBNE01KJHT）、欧盟 Allergy Card 项目（no. 12793）和 Fondazione Cariplo 项目（Milan）的资助。感谢 J. Rappsilber、L. Sennels，D. Cecconi 与 A. Castagna 在尿液与血清样品分析方面提供有益的帮助。也感谢 L. Guerrier 与 F. Fortis 提供了关于蛋白质去除方法的结果。

参考文献

Andersen JS, Lyon CE, Fox AH, Leung AK, Lam YW, Steen H, Mann M, Lamond AL (2002) Directed proteomic analysis of the human nucleolus. Curr Biol 12:1–11

Anderson LN, Anderson NG (2002) The human plasma proteome: history, character, and diagnostic prospects. Mol Cell Proteomics 1:845–867

Anderson LN, Polanski M, Pieper R, Gatlin T, Tirumalai RS, Conrads TP, Veenstra TD, Adkins JN, Pounds JG, Fagan R, Lobley A (2004) The human plasma proteome: a nonredundant list developed by combination of four separate sources. Mol Cell Proteomics 3:311–326

Anderson NL, Hickman BJ (1979) Analytical techniques for cell fractions. XXIV. Isoelectric point standards for two-dimensional electrophoresis. Anal Biochem 93:312–320

Arnaud IL, Josserand J, Rossier JS, Girault HH (2002) Finite element simulation of Off-Gel™ buffering. Electrophoresis 23:3253–3261

Bier M (1998) Recycling isoelectric focusing and isotachophoresis. Electrophoresis 19:1057–1063

Birch RM, O'Byrne C, Booth IR, Cash P (2003) Enrichment of *Escherichia coli* proteins by column chromatography on reactive dye columns. Proteomics 3:764–776

Breci L, Hattrup E, Keeler M, Letarte J, Johnson R, Haynes PA (2005) Comprehensive proteomics in yeast using chromatographic fractionation, gas phase fractionation, protein gel electrophoresis, and isoelectric focusing. Proteomics 5:2018–2028

Castagna A, Cecconi D, Sennels L, Rappsilber J, Guerrier L, Fortis F, Boschetti E, Lomas L, Righetti PG (2005) Exploring the hidden human urinary proteome via ligand library beads. J Proteome Res 4:1917–1930

Chevallet M, Santoni V, Poinas A, Rouquie D, Fuchs A, Kieffer S, Rossignol M, Lunardi J, Garin J, Rabilloud T (1998) New zwitterionic detergents improve the analysis of membrane proteins by two-dimensional electrophoresis. Electrophoresis 19:1901–1909

Colantonio DA, Dunkinson C, Bovenkamp DE, Van Eyk JE (2005) Effective removal of albumin from serum. Proteomics 5:3831–3835

de Duve C (1971) Isolation of cell organelles by fractional centrifugation. J Cell Biol 50:20–55

Douette P, Sluse FE (2006) Mitochondrial uncoupling proteins: new insights from functional and proteomic studies. Free Radic Biol Med 40:1097–1107

Ficarro SB, McCleland ML, Stukenberg PT, Burke DJ, Ross MM, Shabanowitz J, Hunt DF, White FM (2002) Phosphoproteome analysis by mass spectrometry and its application to

Saccharomyces cerevisiae. Nat Biotechnol 20:301–307

Fortis F, Girot P, Brieau O, Castagna A, Righetti PG, Boschetti E (2005) Isoelectric beads for proteome pre-fractionation. II: Experimental evaluation in a multicompartment electrolyzer. Proteomics 5:629–638

Fountoulakis M, Takacs B (1998) Design of protein purification pathways: application to the proteome of *Haemophilus influenzae* using heparin chromatography. Protein Expr Purif 14:113–119

Fountoulakis M, Langen H, Gray C, Takacs B (1998) Enrichment and purification of proteins of *Haemophilus influenzae* by chromatofocusing. J Chromatogr A 806:279–291

Fountoulakis M, Takacs MF, Takacs B (1999a) Enrichment of low-copy-number gene products by hydrophobic interaction chromatography. J Chromatogr A 833:157–168

Fountoulakis, M, Takacs MF, Berndt P, Langen H, Takacs B (1999b) Enrichment of low abundance proteins of *Escherichia coli* by hydroxyapatite chromatography. Electrophoresis 20:2181–2195

Galvani M, Hamdan M, Herbert B, Righetti PG (2001a) Protein alkylation in presence/absence of thiourea in proteome analysis: a MALDI-TOF mass spectrometry investigation. Electrophoresis 22:2066–2074

Galvani M, Hamdan M, Herbert B, Righetti PG (2001b) Alkylation kinetics of proteins in preparation for two-dimensional maps: a matrix assisted laser desorption/ionization-mass spectrometry investigation. Electrophoresis 22:2058–2065

Ghosh D, Krokhin O, Antonovici M, Ens W, Standing KG, Beavis RC, Wilkins JA, (2004) Lectin affinity as an approach to the proteomic analysis of membrane glycoproteins. J Proteome Res 3:841–850

Gianazza E, Rabilloud T, Quaglia L, Caccia P, Astrua-Testori S, Osio L, Grazioli G, Righetti PG (1987) Additives for immobilized pH gradient two-dimensional separation of particulate material: comparison between commercial and new synthetic detergents. Anal Biochem 165:247–257

Guerrier L, Lomas L, Boschetti EJ (2005) A simplified monobuffer multidimensional chromatography for high-throughput proteome fractionation. J Chromatogr A 1073:25–33

Hamdan M, Righetti PG (2005) Two dimensional maps. In: Proteomics today: protein assessment and biomarkers using mass spectrometry, 2D electrophoresis, and microarray technology. Wiley-Interscience, Hoboken, pp 341–402

Hannig K (1978) Continuous free-flow electrophoresis as an analytical and preparative method in biology. J Chromatogr 159:183–191

Herbert B, Righetti PG (2000) A turning point in proteome analysis: sample pre-fractionation via multicompartment electrolyzers with isoelectric membranes. Electrophoresis 21:3639–3648

Herbert B, Galvani M, Hamdan M, Oliveri E, McCarthy J, Pedersen S, Righetti PG (2001) Reduction and alkylation of proteins in preparation of two-dimensional map analysis: why, when and how? Electrophoresis 22:2046–2057

Herbert B, Hopwood F, Oxley D, McCarthy J, Laver M, Grinyer J, Goodall A, Williams K, Castagna A, Righetti PG (2003a) Beta-elimination: an unexpected artefact in proteome analysis. Proteomics 3:826–831

Herbert B, Pedersen SK, Harry JL, Sebastian L, Grinyer J, Traini MD, McCarthy JT, Wilkins MR, Gooley AA, Righetti PG, Packer NH, Williams KL (2003b) Mastering proteome complexity using two-dimensional gel electrophoresis. PharmaGenomics 3:22–36

Herbert B, Righetti PG, McCarthy J, Grinyer J, Castagna A, Laver M, Durack M, Rummery G, Harcourt R, Williams KL (2004) Sample preparation for high-resolution two-dimensional electrophoresis by isoelectric fractionation in an MCE. In: Simpson RJ (ed) Purifying proteins for proteomics. Cold Spring Harbor Laboratory Press, Cold Spring Harbor, pp 431–442

Herbert BR, Sanchez J-C, Bini L (1997) Two-dimensional electrophoresis: the state of the art and future directions. In: Wilkins MR, Williams KL, Appel RD, Herbert BR, Molloy MP, Gooley AA, Walsh BJ, Bryson WG, Williams KL (1998) Improved protein solubility in two-dimensional electrophoresis using tributyl phosphine as reducing agent. Electrophoresis 19:845–851

Hochstrasser DF (eds) Proteome research: new frontiers in functional genomics. Springer, Berlin, pp 13–33

Hoffmann P, Ji H, Moritz RL, Connolly LM, Frecklington DF, Layton MJ, Eddes JS, Simpson RJ (2001) Continuous free-flow electrophoresis separation of cytosolic proteins from the human colon carcinoma cell line LIM 1215: a non two-dimensional gel electrophoresis-based proteome analysis strategy. Proteomics 1:807–818

Human Proteome Organisation (2007) Plasma Proteome Project. http://www.bioinformatics.med.

umich.edu/hupo/ppp. Cited 26 Mar 2007
IonSource (2007) Carbamylation of proteins. In: Mass spectrometry and biotechnology resource. http://www.ionsource.com/Card/carbam/carbam.htm. Cited 26 Mar 2007
Jung E, Hoogland C, Chiappe D, Sanchez JC, Hochstrasser DF (2000) The establishment of a human liver nuclei two-dimensional electrophoresis reference map. Electrophoresis 21:3483–3487
Kachman MT, Wang H, Schwartz DR, Cho KR, Lubman DM (2002) A 2-D liquid separations/mass mapping method for interlysate comparison of ovarian cancers. Anal Chem 74:1779–1791
Kobayashi H, Shimamura K, Akaida T, Sakano E, Tajima N, Funazaki J, Suzuki H, Shinohara E (2003) Free-flow electrophoresis in a microfabricated chamber with a micromodule fraction separator. Continuous separation of proteins. J Chromatgr A 990:169–178
Kuhn R, Wagner H (1989) Application of free flow electrophoresis to the preparative purification of basic proteins from an *E. coli* cell extract. J Chromatogr 481:343–350
Lopez MF, Kristal BS, Chernokalskaya E, Lazarev A, Shestopalov AI, Bogdanova A, Robinson M (2000) High-throughput profiling of the mitochondrial proteome using affinity fractionation and automation. Electrophoresis 21:3227–3440
Luche S, Diemer H, Tastet C, Chevallet M, Van Dorsselaer A, Leize-Wagner E, Rabilloud T (2004) About thiol derivatization and resolution of basic proteins in two-dimensional electrophoresis. Proteomics 4:551–561
McCarthy J, Hopwood F, Oxley D, Laver M, Castagna A, Righetti PG, Williams K, Herbert B (2003) Carbamylation of proteins in 2-D electrophoresis – myth or reality? J Proteome Res 2:239–242
Michel PE, Reymond P, Arnaud IL, Josserand J, Girault HH, Rossier JS (2003) Protein fractionation in a multicompartment device using Off-Gel isoelectric focusing. Electrophoresis 24:3–11
Pedersen SK, Harry JL, Sebastian L, Baker J, Traini MD, McCarthy JT, Manoharan A, Wilkins MR, Gooley AA, Righetti PG, Packer NH, Williams KL, Herbert B (2003) Unseen proteome: mining below the tip of the iceberg to find low abundance and membrane proteins. J Proteome Res 2:303–312
Pieper R, Gatlin CL, Makusky AJ, Russo PS, Schatz CR, Miller SS, Su Q, McGrath AM, Estock MA, Parmar PP, Zhao M, Huang ST, Zhou J, Wang F, Esquer-Blasco R, Anderson NL, Taylor J, Steiner S (2003) The human serum proteome: display of nearly 3700 chromatographically separated protein spots on two-dimensional electrophoresis gels and identification of 325 distinct proteins. Proteomics 3:1345–1364
Pieper R, Gatlin CL, McGrath AM, Makusky AJ, Mondal M, Seonarain M, Field E, Schatz CR, Estock MA, Ahmed N, Anderson NG, Steiner S (2004) Characterization of the human urinary proteome: a method for high-resolution display of urinary proteins on two-dimensional electrophoresis gels with a yield of nearly 1400 distinct protein spots. Proteomics 4:1159–1174
Rabilloud T, Adessi C, Giraudel A, Lunardi J (1997) Improvement of the solubilization of proteins in two-dimensional electrophoresis with immobilized pH gradients. Electrophoresis 18:307–316
Righetti PG, Wenisch E, Faupel M (1989) Preparative protein purification in a multicompartment electrolyzer with Immobiline membranes. J Chromatogr 475:293–309
Righetti PG, Wenisch E, Jungbauer A, Katinger H, Faupel. M (1990) Preparative purification of human monoclonal antibody isoforms in a multicompartment electrolyzer with Immobiline membranes. J Chromatogr 500:681–696
Righetti PG, Faupel M, Wenisch E (1992) Preparative electrophoresis with and without immobilized pH gradients. In: Chrambach A, Dunn MJ, Radola BJ (eds) Advances in electrophoresis, vol 5. VCH, Weinheim, pp 159–200
Righetti PG, Castagna A, Herbert B (2001) Prefractionation techniques in proteome analysis. Anal Chem 73:320A–326A
Righetti PG, Castagna A, Herbert B, Reymond F, Rossier JS (2003) Prefractionation techniques in proteome analysis. Proteomics 3:1397–1407
Righetti PG, Castagna A, Antonioli P, Boschetti E (2005a) Prefractionation techniques in proteome analysis: the mining tools of the third millennium. Electrophoresis 26:297–319
Righetti PG, Castagna A, Herbert B, Candiano G (2005b) How to bring the "unseen" proteome to the limelight via electrophoretic pre-fractionation techniques. Biosci Rep 25:3–17

Righetti PG, Castagna A, Antonucci F, Piubelli C, Cecconi D, Campostrini N, Rustichelli C, Antonioli P, Zanusso G, Monaco S, Lomas L, Boschetti E (2005c) Proteome analysis in the clinical chemistry laboratory: myth or reality? Clin Chim Acta 357:123–139

Righetti PG, Boschetti E, Lomas L, Citterio A (2006) Protein equalizer technology: the quest for a "democratic proteome". Proteomics 6:3980–3992

Ros A, Faupel M, Mees H, Oostrum JV, Ferrigno R, Reymond F, Michel P, Rossier JS, Girault HH (2002) Protein purification by Off-Gel electrophoresis. Proteomics 2:151–156

Shapiro R (1999) Prebiotic cytosine synthesis: a critical analysis and implications for the origin of life. Proc Natl Acad Sci USA 96:4396–4401

Shen Y, Kim J, Strittmatter EF, Jacobs JM, Camp DG II, Fang R, Tolié N, Moore RJ, Smith RD (2005) Characterization of the human blood plasma proteome. Proteomics 5:4034-4045

Smith SD, She YM, Roberts EA, Sarkar B (2004) Using immobilized metal affinity chromatography, two-dimensional electrophoresis and mass spectrometry to identify hepatocellular proteins with copper-binding ability. J Proteome Res 3:834–840

States DJ, Omenn GS, Blackwell TW, Fermin D, Eng J, Speicher DW, Hanash SM (2006) Challenges in deriving high-confidence protein identifications from data gathered by a HUPO plasma proteome collaborative study. Nat Biotechnol 24:333–338

Steen H, Mann M (2001) Similarity between condensed phase and gas phase chemistry: fragmentation of peptides containing oxidized cysteine residues and its implications for proteomics. J Am Soc Mass Spectrom 12:228–232

Thulasiraman V, Lin S, Gheorghiu L, Lathrop J, Lomas L, Hammond D, Boschetti E (2005) Reduction of the concentration difference of proteins in biological liquids using a library of combinatorial ligands. Electrophoresis 26:3561–3571

Vuillard L, Marret N, Rabilloud T. (1995) Enhancing protein solubilization with nondetergent sulfobetaines. Electrophoresis 16:295–297

Xiao Z, Conrads TP, Lucas DA, Janini GM, Schaefer CF, Buetow KH, Issaq HJ, Veenstra TD (2004) Direct ampholyte-free liquid-phase isoelectric peptide focusing: application to the human serum proteome. Electrophoresis 25:128–133

Zischka H, Weber G, Weber PJA, Posch A, Braun RJ, Buehringer D, Schneider U, Nissum M, Meitinger T, Ueffing M, Eckerskorn C (2003) Improved proteome analysis of *Saccharomyces cerevisiae* mitochondria by free-flow electrophoresis. Proteomics 3:906–916

第3章 蛋白质组学中的蛋白质鉴定

Patricia Hernandez, Pierre-Alain binz,
Marc R. Wilkins

摘要

生物样品中蛋白质的鉴定是多数蛋白质组计划的核心任务。本章首先讨论能够用于鉴定蛋白质的各种特性，包括来源种类、等电点、氨基酸组成、序列标签以及质量数。其次将重点讨论质谱（MS）在蛋白质鉴定中的应用，介绍各种 MS 技术、特殊的仪器装置以及主要的鉴定方法，包括肽质量指纹图谱、肽段碎片指纹图谱以及从头测序法。再次将结合具体实例介绍各种软件工具的使用。最后将特别介绍翻译后修饰蛋白的鉴定。

3.1 引言

蛋白质的鉴定是蛋白质组学研究的核心任务。蛋白质组研究的本质就是将一个生物样品中所有的蛋白质进行归类。通常情况下为了发现和鉴定差异表达蛋白，我们需要进行蛋白质表达谱研究。为了更好地理解分子机制和信号通路，我们则需要进行蛋白质翻译修饰和翻译后修饰谱研究。

在蛋白质组学研究中，蛋白质的数量巨大。因此，采用自动化的鉴定技术获得可靠的鉴定结果是十分必要的。当前，应用最广泛的蛋白质鉴定方法是将 MS 获得的蛋白质和肽段谱图与数据库中的蛋白质序列数据进行比对。这些 MS 图被称之为“指纹谱”。因为它们代表一个蛋白质的独特属性，因此可以用于蛋白质的鉴定。当进行数据库检索时，还需考虑到许多其他的蛋白质属性。例如，一些和样品来源相关的分类信息可以将蛋白质检索限定在一个或几个相关种类中。Swiss-Prot 数据库目录上的注释，如关于亚细胞划分方面的信息，也是十分有用的。如果可能，获得其他的属性，如蛋白质分子质量、等电点以及蛋白质序列或氨基酸组成等信息，也是非常有用的。在下面几节中，我们先简单地讨论上述各种蛋白质属性。然后，将详细地介绍 MS 在蛋白质鉴定中的应用。

3.2 蛋白质鉴定中有用的属性

3.2.1 来源种类

蛋白质来源种类显然不是识别某个蛋白质的重要特征；然而，它可以将蛋白质数据库检索的范围限定在相关物种中。通常在检索工具中，我们可以对不同的几个种类或门类进行选择。当我们研究的生物体不在检索工具列表库中时，我们可以将检索范围扩展到其他蛋白质序列高度相似的相关物种中。我们称这个过程为物种交叉检索。

3.2.2　蛋白质等电点

变性蛋白质的 pI 是由 N 端氨基酸、C 端氨基酸、翻译后修饰物以及氨基酸共同形成。在 2-DE 中（见第 2 章），可以同时预测许多蛋白质的表观 pI。通常的做法是首先利用软件工具，如 Compute pI/MW（1994 年），计算出 10 个或更多蛋白质的理论 pI。然后利用影像分析软件将这些理论 pI 分布在一个格子内。再将凝胶上的其他蛋白质的 pI 通过对照进行预测。pI 预测的准确性主要取决于格子的构建和所研究样品的类型。

3.2.3　蛋白质分子质量

在数据库检索中，使用蛋白质分子质量这一特性可以显著减少用于鉴定蛋白质的序列数量。理论上，蛋白质的分子质量是蛋白质中所有氨基酸的质量以及翻译后修饰质量的总和。在 2-DE 中，有两种方法可以预测蛋白质的表观分子质量。和蛋白质 pI 的测定方法相同，蛋白质的分子质量可以通过凝胶影像分析来预测。在凝胶上，首先计算出已知蛋白质的分子质量，然后利用这些蛋白质创建一个表观分子质量分布的格子。再根据此格子，预测其他蛋白质的表观分子质量。当将这种方法用于预测上百个蛋白质分子质量时，由于许多蛋白质在聚丙烯凝胶电泳中的不规则迁移，将导致测得的蛋白质表观分子质量的误差超过 30%（Wilkins et al. 1996b）。实际上，蛋白质的 pI 和分子质量通常会和蛋白质的其他属性一起使用，尤其是基于肽质量指纹谱的 MS 鉴定（第 3.3 节）。

3.2.4　部分序列或序列标签

任何氨基酸序列，即使仅仅只有几个氨基酸，也是非常特异性的信息。例如，3 个氨基酸的序列可能有 8000 种不同的组合方式；4 个氨基酸的序列可能有 160 000 种组合方式；5 个氨基酸序列将可能有 3 200 000 种不同的组合方式。通常通过 Edman 降解或多级 MS（MS/MS，第 3.3.4 节）可以产生一段很短的序列（通常称之为序列标签）。我们发现蛋白质的 N 端和 C 端序列标签是非常特殊的，尤其是在小基因组的生物体中。例如，在大肠杆菌中，大约 60%的蛋白质具有独特的 4 个氨基酸长度的 N 端序列标签，90%的蛋白质具有独特的 4 个氨基酸长度的 C 端序列标签。尽管末端序列标签不是鉴定蛋白质的唯一标准，但很少有蛋白质具有相同的序列标签。TagIdent 工具可以将序列标签和蛋白质分子质量、pI 相结合，对蛋白质进行数据库检索。分类标准和 Swiss-Prot 关键词通常也被用于缩小检索范围。

3.2.5　蛋白质氨基酸组成

氨基酸组成，即蛋白质中含有的各种氨基酸的数目，通常用百分数来表示。氨基酸组成已被用来鉴定 2-DE 分离后的蛋白质。两种方法可以测定氨基酸组成。Latter 等（1984）用一个、两个或者三个不同的放射性氨基酸对整个生物体进行同位素标记。然后对每一个单一标记的样品分别进行 2-DE 分离。最后通过定量比较每个蛋白质在不同凝胶上的光密度来测定蛋白质的氨基酸组成比率。这种方法的优点在于对于一个样品可以同时获得上百个点的数据。然而，由于样品制备和数据处理上的困难，这并不是具有普适性的高通量的蛋白质鉴定方法。另外，很多研究小组利用强酸水解 2-DE 上的蛋白质，通过色谱方法分析产生的游离氨基酸（Eckerskorn et al. 1998；Jungblut et al. 1992；Wilkins et al. 1996a）来获取氨基酸组成的数据。然后通过 AACompIdent 软件（表 3.1）分析来实现基于氨基酸组成的蛋白质鉴定。同样，此方法可以与其他相关的蛋白质属性（如蛋白质分子质量、pI、分类标准，以及 Swiss-Prot 关键字）联用，以缩小检索范围。在 MS 被广泛使用后，这种方法在很大程度上被 MS 技术所取代。

表 3.1　互联网上可以获取的有关蛋白和肽段鉴定的程序及其相应网址

工具	URL
利用氨基酸组成鉴定	
AACompIdent	**http://www.expasy.org/tools/aacomp/**
肽质量指纹谱	
Aldente	**http://www.expasy.org/tools/aldente/**
Mascot	http://www.matrixscience.com
MS-Fit	http://prospector.ucsf.edu
PepMapper	http://wolf.bms.umist.ac.uk/mapper/
Peptidesearch:	http://www.narrador.embl-heidelberg.de/GroupPages/PageLink/Peptidesearchingpage.html
ProFound	http://www.unb.br/cbsp/paginiciais/profound.htm
肽段碎片指纹谱(串联质谱序列搜索)	
InsPecT	http://peptide.ucsd.edu/inspect.py
Mascot:	http://www.matrixscience.com
MS-Tag	http://prospector.ucsf.edu.
OMSSA	http://pubchem.ncbi.nlm.nih.gov/omssa/
Phenyx	**http://phenyx.vital-it.ch/pwi**
Popitam	**http://www.expasy.org/tools/popitam/**
Sequest	http://fields.scripps.edu/sequest/index.html (无免费的网站界面)
PepProbe	http://bart.scripps.edu/pubic/search/pep_probe/search.jsp
X! Tandem	http://www.thegpm.org
谱图数据库搜索	
X! Hunter	http://h201.thegpm.org/
SpectraST	http://www.peptideatlas.org/spectrast/
NISR MS Search	http://www.nist.gov/srd/nist.1a.htm(无网站界面)
BiblioSpec	http://proteome.gs.washington.edu/bibliospec/documentation/(无网站界面)
化学辅助从头测序	
Lutefisk	http://www.hairyfatguy.com/Lutefisk(无网站界面)
PEAKS	http://www.bioinformaticssolutions.com/products/peaks/index.php (无免费的网站界面)
pepNovo	http://peptide.ucsd.edu/pepnovo.py
SeqMS	http://www.protein.osaka-u.ac.jp/rcsfp/profiling/SeqMS.html (无网站界面)
序列相似性搜索工具	
CIDentify	http://ftp.virginia.edu/pub/fasta/CIDentify/(无网站界面)

续表

工具	URL
MultiIdent	**http://www.expasy.org/tools/multiident/**
Mascot	http://www.matrixscience.com
MS-Blast	http://dove.embl-heidelberg.de/Blast2/msblast.html
MS-pattern	http://prospector.ucsf.edu
MS-seq	http://prospector.ucsf.edu
PeptideSearch	http://www.mann.embl-heidelberg.de/GroupPages/PageLink/Peptidesearchpage.html
PepSea	http://www.unb.br/cbsp/paginiciais/pepseaseqtag.htm
TagIdent	**http://www.expasy.org/tools/tagident.html**

注：黑体字显示的网址链接由瑞士生物信息学研究所提供。

3.3 蛋白质质谱鉴定技术

MS是目前蛋白质鉴定的主要技术。我们将一一介绍目前常用的MS方法。

3.3.1 用于蛋白质鉴定的top-down和bottom-up策略

用MS分析蛋白质时，我们可以采用top-down或bottom-up策略。在top-down方法中，全蛋白质在MS中进行纯化和碎裂。这种方法通常仅限于功能较强大的傅里叶变换（FT）MS仪。这种MS可以提供整个裂解蛋白质的高精度质量数，因此能更容易解释蛋白质的碎裂结果。在bottom-up方法中，全蛋白质被纯化后，通过蛋白酶水解成肽

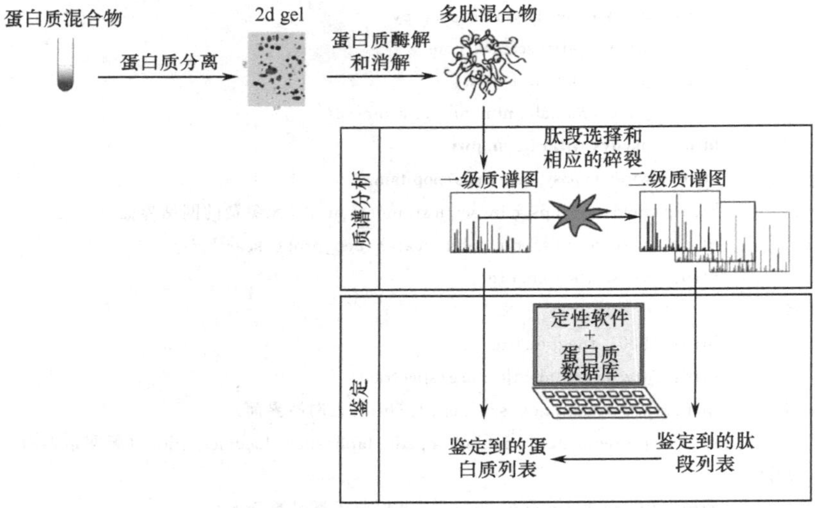

图3.1 2-DE-MS联用技术用于基于bottom-up策略的蛋白质鉴定。在流程图中，首先采用2-DE分离蛋白质混合物。然后将感兴趣的蛋白质斑点从中选择出来。切割转移和酶解后，通过MS分析酶解产生的肽段。最后再通过获得的肽质量指纹谱对蛋白质进行鉴定。如果有必要，还可以将感兴趣的肽段通过多级MS/MS进行碎裂，然后将碎片的质量数与理论多肽序列相关联。

段，然后再通过 MS 对多肽进行分析和碎裂（图 3.1）。尽管基于该策略采用的实验方法或技术会略有差异，但大体框架相同。首先是样品制备。将细胞裂解，分离出感兴趣的细胞组分，并除去脂类化合物、DNA 和其他的杂质。然后将蛋白质变性，并采用一种或多种分离技术降低样品的复杂程度。分离的过程通常在酶解前或酶解后进行。当采用 2-DE 时，蛋白质通常在分离之后再进行酶解（图 3.1）。酶解产生的肽段可能来源于一个或少数几个蛋白质。再通过单级或二级 MS 进行分析。在鸟枪法中，通常首先对一个复杂的蛋白质样品进行酶解。然后将酶解产物进行一维或多维色谱分离。最后通过二级 MS 进行分析鉴定。由于这种技术能与 MS 联用，易于实现数据采集与蛋白质鉴定的自动化，因此比 2-DE 更受欢迎。

3.3.2　MS 概述

MS 是一种测量分子质荷比的技术。第一次采用 MS 进行实验还要追溯到 19 世纪末（Scripps center for Mass spectrometry 2005）。从那以后，MS 技术得到了快速发展。目前已有 20 多种商品化的 MS 仪被用于蛋白质组学领域。尽管这些仪器在设计和功能上存在差异，但是它们中的很大一部分是相同的。所有的 MS 仪都能实现两个分析功能：离子化和质量分析。单级 MS 只需要一个质量分析器。二级 MS 一般需要两个串联的质量分析器。第一级质量分析器将质荷比不同的肽段分离；然后选择肽段离子（也称之为前导离子）进行碎片化；最后通过第二级质量分析器测出各个碎片离子的质荷比。

3.3.2.1　离子化

在 MS 中有不同的离子化方法。其中常见的离子化方法有电子碰撞、化学电离、快速原子轰击、场解吸、电喷雾（ESI）和激光解吸。在蛋白质组学研究中，主要采用 ESI 和基质辅助激光解吸离子化（MALDI）方法。对于 MALDI 分析（图 3.2），首先在金属靶板上将分析物包埋在基质晶体中。当靶板被置于 MALDI 源的真空中时，激光

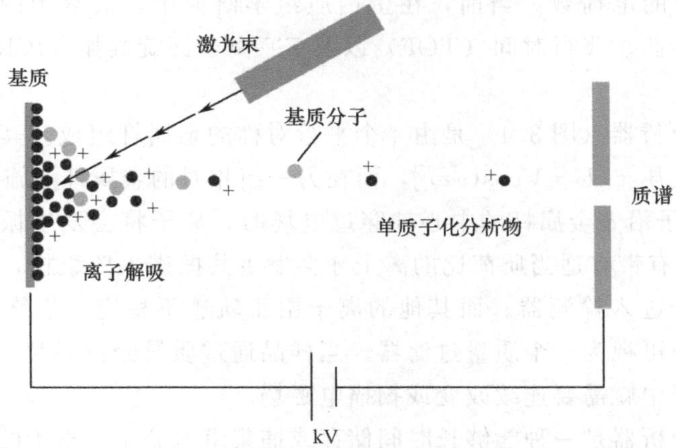

图 3.2　MALDI 原理图。微量的液体样品先与基质分子混合，如 α-氰基-4-羟基肉桂酸；然后在不锈钢或金制靶板上蒸干；最后采用脉冲激光器（一般为 337 nm 下的氮气激光器）将嵌入基质中的样品激发出来。产生的分子、离子随后通过电场加速。

脉冲（一般为 337 nm 的氮气激光器）直接射在基质上。分析物分子和基质组分将会被振动激发和发射。当基质蒸发后，分析物将被释放出来并被离子化。一般来说，我们观察到的蛋白质和多肽离子都是被质子化的，并且只带一个电荷。

在 ESI 源中（图 3.3），样品通常在大气压下以液体的形式引入 MS 仪中。当样品流入一个被施加高电压（1～6kV，针尖和 MS 仪入口之间的电压）的喷雾针中时，液滴的表面将会聚集大量带有相同电性的电荷。由于静电排斥作用，液滴将同时分裂成带有大量电荷的小液滴。当小液滴通过对流的热气体时，溶剂将进一步蒸发，同时小液滴也将逐渐变小。这将造成小液滴表面电荷密度的急剧增加。当电荷密度达到极限值（称之为瑞利极限）时，小液滴将分裂成许多电荷密度更低的小颗粒。而这个液滴分裂和缩小的过程将会反复进行，直到只剩下带电分析物分子。一般情况下，ESI 离子源产生的离子通常是单电荷和多电荷的混合物。由于样品在大气压下以液态的形式被引入到 MS 仪中，因此 ESI 离子源很容易与液相分离技术，如液相色谱（LC），在线联用。

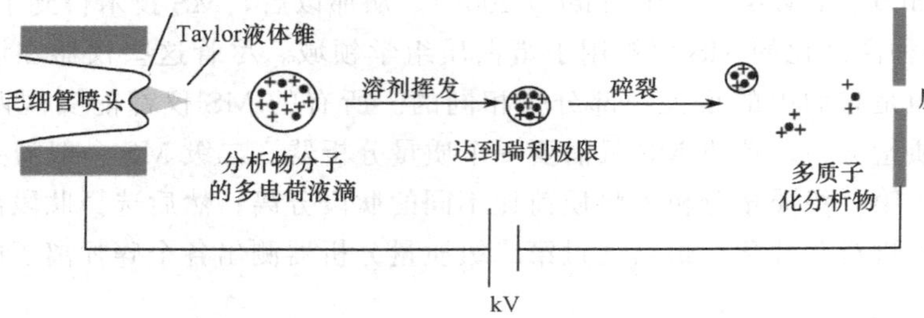

图 3.3　多肽的 ESI 过程。详见文中。

3.3.2.2　质量分析

质量分析器是通过质荷比（m/z）的差异将带电分子分离，其中 m 为离子的质量数；z 为离子所带的电荷数。当前，在蛋白质组学研究中，最常用的质量分析器有 4 种：四级杆、离子阱、飞行时间（TOF）以及 FT-离子回旋共振（ICR）分析器。下面我们将一一介绍。

四级杆质量分析器（图 3.4）是由 4 个平行对称的金属杆组成。其中在一组相对的金属杆上施加正电压$+[U+V\cos(\omega t)]$，而在另一组相对的金属杆上施加负电压$-[U+V\cos(\omega t)]$。当离子沿着金属杆的中心轴穿过电场时，离子将会发生振荡。对于每一个 U、V 和 ω 值，只有带有适当质荷比的离子才会发生共振进入四级杆，并且沿着一条稳定轨迹通过四级杆进入检测器。而其他的离子由于轨迹不稳定，最终将偏离质量分析器。因此，四级杆可视为一个质量过滤器。当样品通过质量分析器时，要得到一张完整的谱图，在四级杆中就需要连续改变或扫描电磁场。

离子阱质量分析器是一种能够长时间储存或捕集带电分子、离子的装置。通过环电极和两个端电极产生的近似电压 $U+V\cos(\omega t)$ 来即时地捕集离子。2～3 cm^3 的捕集腔内需要充满稀释的惰性气体。不同质荷比的离子以相应的频率振荡，并从其中一个端电极进入捕集腔中并被捕集。通过改变 U、V 和 ω 值，特定质荷比的离子将被激发，并从另

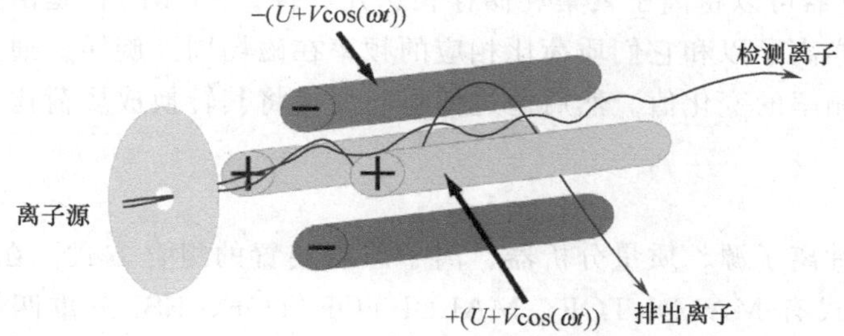

图 3.4　四级杆示意图。通过施加电压将离子从四级杆中排出或送入检测器。

一个端电极中释放出来。另外一种离子捕集的方式也引起了大家的广泛兴趣，即线性离子捕集。这种捕集方式和四级杆相似，它是在通过一个矩形区域内设定合适的电磁信号来捕集某些离子。当前的仪器都能够快速地扫描离子的质荷比。

TOF 分析器通过施加电场加速被测离子，然后再使其通过一个自由场真空管进入离子检测器（图 3.5）。在离子源中，所有离子都被赋予相同的初始动能，而它们的飞行速度与其质量和电荷有一个函数关系。因此，从离子源到检测器所需要的飞行时间则取决于它们的质荷比值。在已知飞行管道长度和测得飞行时间的情况下，可以通过动能方程计算出待测离子的质荷比。在高分辨 TOF MS 仪中，飞行管中通常还包括一个反射器。当离子到达第一级飞行管的末端时，通过在反射器上施加一个电场使离子朝反方向飞行。然后沿着与初始路径稍有偏差的方向进入第二个检测器检测。将反射器与延时提取装置结合可以获得更高的分辨率。延时提取要求离子在 TOF 质量分析器入口处的初始速率相同。

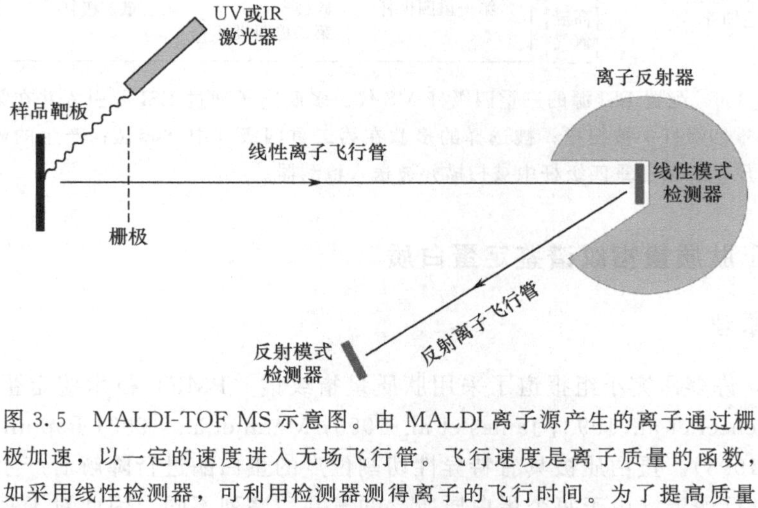

图 3.5　MALDI-TOF MS 示意图。由 MALDI 离子源产生的离子通过栅极加速，以一定的速度进入无场飞行管。飞行速度是离子质量的函数，如采用线性检测器，可利用检测器测得离子的飞行时间。为了提高质量分辨率，近年来，MALDI-TOF MS 采用了一种离子反射器装置。反射器可以充当“电子反射镜”的作用，使离子转向并以重聚焦的方式进入第二个检测器。

FT-ICR 分析器可以将离子聚集和储存长达几分钟。FT MS 仪是由强磁场内一个立方池体构成。进样离子以和它们质荷比相应的频率在磁场周围旋转。通过改变电场，可以测得离子旋转频率的变化值。然后通过傅里叶变换将其转换成质荷比。

3.3.2.3 仪器

目前，有多种离子源、质量分析器、离子碎裂装置的组合方式。在蛋白质研究中，最常见的组合方式有 MALDI-TOF、MALDI-TOF/TOF、ESI-三重四级杆、ESI-离子阱、ESI-四级杆(Q)-TOF、ESI-Q-离子阱、ESI-MALDI-线性离子阱（LTQ）以及 FT-ICR。其中，MALDI-TOF/TOF 是由一个 MALDI 离子源、一个线性 TOF 分析器、一个碰撞-诱导裂解破碎池以及一个装有反射器的 TOF 分析器组成。相比之下，ESI-三重四级杆 MS 是由三个串联的四级杆组成（图 3.6）。如果将最后一级四级杆用 TOF 分析器替换，则可形成 ESI-Q-TOF。一些 MS 仪（如离子阱）能够将两个分析步骤和离子破碎在相同区域内进行。由于 FT 池的高分辨率和高准确度，将 FT 池与 LTQ 串联可以测定离子阱中被选择出的离子或碎片离子。而且，还可以平行分析离子阱和 FT 池中的离子。相比之下，MALDI-TOF MS 是价格最便宜、应用最广泛的 MS 仪。FT-ICR MS 则是造价最贵的 MS 仪。通常只有在专门的 MS 研究机构才能找到。详细的 MS 仪列表将逐步在线更新（Hyphen MassSpec Consultancy 2006）。

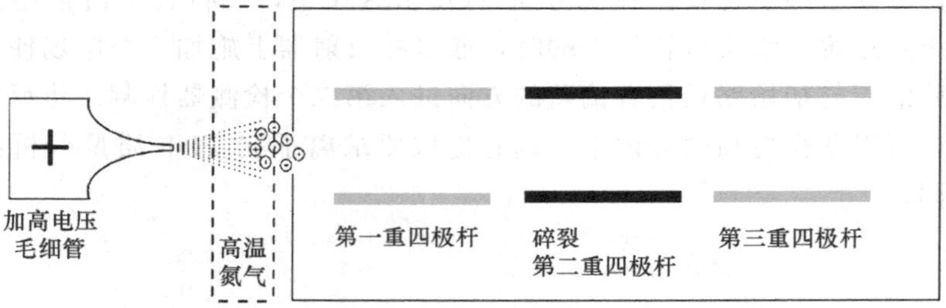

图 3.6　配置 ESI 源的三重四级杆 MS 仪。多肽离子通过 ESI 源引入并在第一重四级杆中被扫描；被选择的多肽在第二重四级杆中被碎裂；产生的碎片质量在第三重四级杆中被扫描并被送入检测器。

3.3.3 基于肽质量指纹谱鉴定蛋白质

3.3.3.1 原理

1993 年，许多研究小组报道了采用肽质量指纹谱（PMF）技术鉴定蛋白质的方法（图 3.7）（Henzel et al. 1993；James et al. 1993；Mann et al. 1993；Pappin et al. 1993；Yates et al. 1993）。蛋白质被具有特异性切割位点的蛋白酶进行降解后产生的多肽的质量通过 MS 进行测定。由于每个蛋白质所含的氨基酸序列不同，因此对于每个蛋白质而言，得到的质量谱是独一无二的“指纹”（图 3.8）。通过将实验测得的多肽质量与数据库中多肽的理论质量比较，即可鉴定出蛋白质。蛋白质的排序通过评分系统来实现。数据库中排序靠前的蛋白质与被分析的蛋白质匹配的肽段数目最多。候选的蛋白质是从匹配一个或几个属性的基础上（如第 3.2 节所列）选择出来的。表 3.1 列出了一些当前 PMF 工具的名称和网络地址。

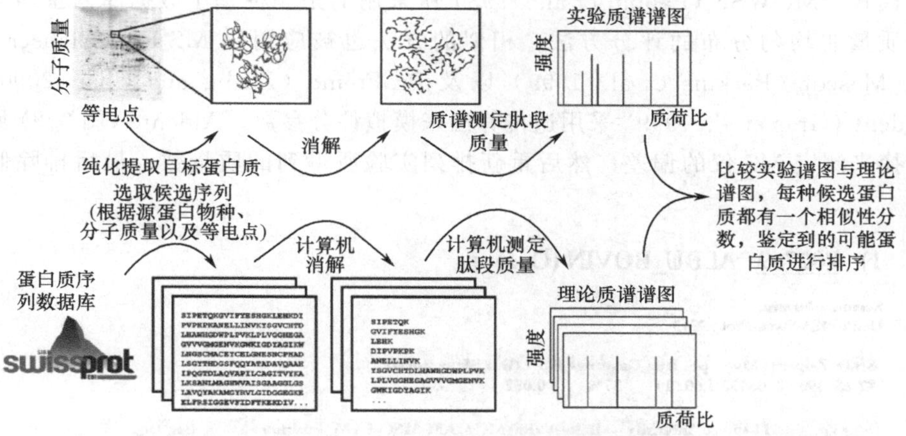

图 3.7　基于多肽质量指纹谱鉴定蛋白质。实验和计算机模拟同时进行。通过将实验获得的肽段质量与理论质量相比较，即可实现蛋白质的鉴定。

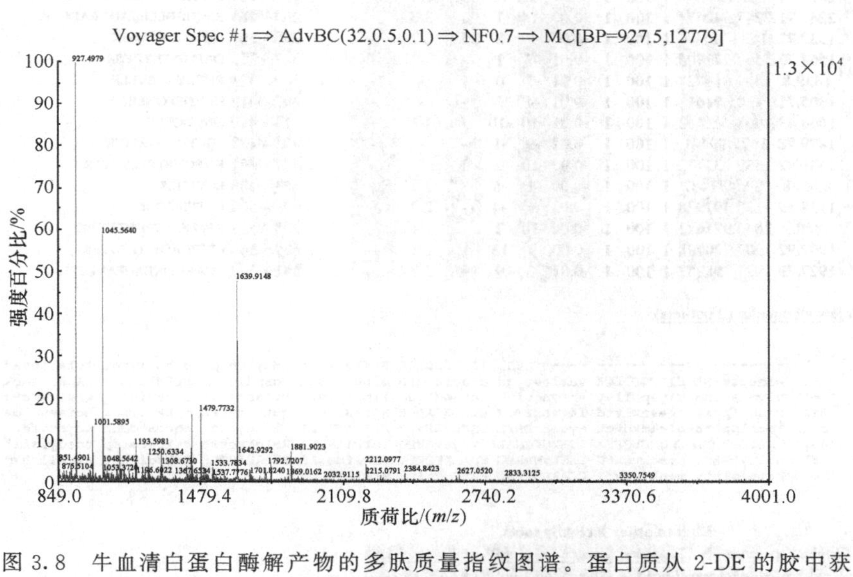

图 3.8　牛血清白蛋白酶解产物的多肽质量指纹图谱。蛋白质从 2-DE 的胶中获得；MS 谱图由 MALDI-TOF MS 以反射模式产生。原始的 MS 谱图经处理，将信号转换成一系列单同位素的质量列表。然后将其输入蛋白质鉴定软件中。峰的检测信号包括质量中心、噪声过滤、校正（质荷比范围变化）、去卷积（测定峰的电荷状态）以及去同位素（去除同位素峰）。

评分系统对于 PMF 而言是十分关键的。通常需要考虑诸多因素才能给出一个可靠的得分。造成肽段质量不相似的因素有校正误差、预期的峰强度、噪声、污染物或丢失的峰、翻译后修饰的存在等。各种算法所采用的评分函数是不相同的。以前的工具，如

FragFit（Henzel et al. 1993）、PeptideSearch（Mann and Wilm 1994）以及 PepFrag（Fenyo et al. 1998）所采用的是一种基于在实验和理论谱图之间相同质量的数目的简单的评分模式。MOWSE（Pappin et al. 1993）所采用的是一种基于数据库内蛋白质和多肽分子质量非均匀分布的评分方法。相似的方法也被应用在 MS-Fit（Clauser et al. 1999）、Mascot（Perkins et al. 1999）以及 ProFound（Zhang and Chait 2000）中。SmartIdent（Gras et al. 1999）采用遗传算法来模拟评分参数。Aldente（图 3.9）则采用霍夫变换来测定 MS 仪的偏差；然后重新排列实验所得到的质量数；最后排除假阳性结果。

1) P02769 ALBU_BOVIN (C_1) Up

Serum albumin.
UniProtKB/Swiss-Prot : 9913

Score	Z-score	Mw	pI	Hits	Coverage	Shift (Da)	Slope (ppm)
82.26	396.98	66432	5.60	17	37%	0.032	-30

Exp	Theo	Intensity			Delta		Dev	MC	CAM	MSO	PTM	Position		Sequence
Da	Da	UI	%	rank	Da	ppm	ppm					start	end	
1193.6	1193.602132	1	100	1	-0.00	-1	1	1	-	-		25	34	DTHKSEIAHR
1249.62	1249.62114	1	100	1	-0.00	0	3	1	-	-		35	44	FKDLGEEHFK
1419.69	1419.693648	1	100	1	-0.00	-2	5	-	1/1	-		89	100	SLHTLFGDELCK
2019.97	2019.96914	1	100	1	0.00	0	15	1	1/1	-		139	155	LKPDPNTLCDEFKADEK
2247.91	2247.942674	1	100	1	-0.03	-14	1	1	3/3	-		267	285	ECCHGDLLECADDRADLAK
1532.77	1532.78108	1	100	1	-0.01	-6	2	1	2/2	-		298	309	LKECCDKPLLEK
1567.73	1567.742706	1	100	1	-0.01	-7	1	-	-	-		347	359	DAFLGSFLYEYSR
1439.8	1439.811728	1	100	1	-0.01	-7	0	1	-	-		360	371	RHPEYAVSVLLR
1305.71	1305.7161	1	100	1	-0.01	-4	1	-	-	-		402	412	HLVDEPQNLIK
1068.43	1068.441462	1	100	1	-0.01	-10	-10	-	1/1	-		413	420	QNCDQFEK
1479.78	1479.79541	1	100	1	-0.02	-9	-1	-	-	-		421	433	LGEYGFQNALIVR
1639.92	1639.937712	1	100	1	-0.02	-10	0	1	-	-		437	451	KVPQVSTPTLVEVSR
898.48	898.481482	1	100	1	-0.00	-1	-6	-	1/1	-		483	489	LCVLHEK
* 1138.49	1138.497928	1	100	1	-0.01	-6	-4	-	2/2	-		499	507	CCTESLVNR
1880.9	1880.921072	1	100	1	-0.02	-10	2	-	1/1	-		508	523	RPCFSALTPDETYVPK
1907.92	1907.920738	1	100	1	-0.00	0	13	-	1/1	-		529	544	LFTFHADICTLPDTEK
1927.79	1927.798252	1	100	1	-0.01	-3	9	1	3/3	-		581	597	CCAADDKEACFAVEGPK

View all couples (2 outliers)

```
  1 ---------- ---------- ----DTHKSE IAHRFKDLGE EHFKglvlia fsqylqqcpf dehvklvnel tefaktcvad
 81 eshagcekSL HTLFGDELCK vaslretygd madccekqep ernecflshk ddspdlpkLK PDPNTLCDEF KADEKkfwgk
161 ylyeiarrhp yfyapellyy ankyngvfqe ccqaedkgac llpkietmre kvlassarqr lrcasiqkfg eralkawsva
241 rlsqkfpkae fvevtklvtd ltkvhkECCH GDLLECADDR ADLAKyicdn qdtisskLKE CCDKPLLEKs hciaevekda
321 ipenlpplta dfaedkdvck nyqeakDAFL GSFLYEYSRR HPEYAVSVLL Rlakeyeatl eeccakddph acystvfdkl
401 kHLVDEPQNL IKQNCDQFEK LGEYGFQNAL IVRytrKVPQ VSTPTLVEVS Rslgkvgtrc ctkpesermp ctedylslil
481 nrLCVLHEKt pvsekvtkCC TESLVNRRPC FSALTPDETY VPKafdekLF TFHADICTLP DTEKqikkqt alvellkhkp
561 kateeqlktv menfvafvdk CCAADDKEAC FAVEGPKlvv stqtala
```

Link to other ExPASy tools				
Original spectrum	FindMod	GlycoMod	FindPept	PeptideMass
Recalibrated spectrum	FindMod	GlycoMod	FindPept	

图 3.9 采用 Aldente 程序对牛血清白蛋白进行肽质量指纹谱鉴定。牛血清白蛋白是得分最高的蛋白质，共有 34 个肽段匹配。表中包含了匹配谱峰的肽段。序列覆盖率如表下所示。在完整的蛋白质氨基酸序列中，匹配的肽段氨基酸序列采用大写字母表示。ExPASy 服务器上的其他工具链接可以使进一步的分析变得更加容易。（另见图版）

图 3.9 是采用 PMF 方法鉴定蛋白质的应用实例。从 Swiss-Prot 数据库中选择牛种属蛋白，然后将获得的多肽质量数（图 3.8）在该数据库中检索。我们采用的搜索工具

是 Aldente；多肽的质量误差范围为$\pm 25\times 10^{-6}$ ppm；蛋白质将不采用等电点或分子质量筛选；允许 1 个漏切位点。在检索中考虑半胱氨酸氨基甲酰胺基甲基化以及蛋氨酸的氧化两类修饰。从图 3.9 中可以看出，可以高可信度地鉴定出牛血清白蛋白。

3.3.3.2　采用肽段质量指纹谱鉴定和表征修饰后的多肽

翻译后修饰是指化学基团共价结合在氨基酸残基上（见第 5 章）。氨基酸上的化学修饰可能是刻意引入的（如半胱氨酸氨基甲酰胺基甲基化）或者在样品处理过程中带入的。大多数的翻译后修饰具有专一位点或者位置。例如，氧化可能发生在蛋氨酸、组氨酸和色氨酸上；磷酸化是一个被广泛研究的翻译后修饰，基本发生在丝氨酸、苏氨酸和酪氨酸上。甲基化通常发生在蛋白质的 N 端以及内源氨基酸上，如半胱氨酸、组氨酸、赖氨酸、天冬酰胺、谷氨酸和精氨酸（Unimod 2006）。修饰会改变氨基酸的分子质量，从而改变带有修饰氨基酸肽段的质量。根据修饰类型的不同，分子质量将会有从 1 到几千 Da 的变化。例如，天门冬氨酸和谷氨酸的脱氨基化是根据分子质量变化 0.984 Da（失去 1 个氢和 1 个氮，得到 1 个氧）来判断；甘氨酸和赖氨酸的十四烷酰化则通过分子质量变化 210.198 Da（得到 26 个氢、14 个碳和 1 个氧）来表征。PMF 软件是根据一系列可能的修饰，产生理论上的修饰肽段。此外，有些工具，如 Aldnate，还会考虑来自 Swiss-Prot 对于翻译后修饰的注释。MS 谱图也能用于蛋白质识别，是检查一个未知蛋白质修饰或者过程的出发点。一个已知蛋白质的肽段如果不能与数据库中的肽段匹配，那么这些肽段将可能带有翻译后修饰或者人为修饰，或者可能发生了变异。

人们可以通过 FindMod 软件来获知不匹配峰之间的质量变化（Wilkins et al. 1999）。通常将 MS 谱图和已知的蛋白质序列输入软件中，然后检索可能的翻译后修饰位点或者突变位点。这样可以解释实验测得的肽段质量数与其理论质量数的差异。如果质量的变化与已知的翻译后修饰的类型相对应，这个规律将可以被用于研究感兴趣的肽段序列，以及对肽段中可能携带修饰的氨基酸进行预测。一般情况下，这种预测需要再用 MS/MS 来验证。

3.3.3.3　肽质量指纹谱的局限性

PMF 方法是一种快速高效的蛋白质鉴定方法，尤其是用于自动化的 MALDI-TOF MS 中。然而，它也存在一些局限性，特别是下面几种情况。

1. 样品是蛋白质混合物。获得的谱图将会非常复杂，因此可能会产生假阳性鉴定结果。此外，抑制效应将会干扰一些肽段的离子化，可能会减少能有效鉴定蛋白质的肽段数。
2. 在大规模的序列数据库中检索 MS 谱图。由于这种方法的特点以统计学为基础，因此数据库越大，随机匹配质量的肽段数就越多。
3. 蛋白质含有的未知修饰会减少匹配质量的肽段数。同样，数据库中的序列误差、未知的选择性剪接产物、蛋白质处理过程以及序列突变都会降低匹配数。
4. 被分析的蛋白质非常小或者非常大。由于非常小的蛋白质产生的肽段数非常少，而 MS 谱图中可能没有这些肽段，因而将无法达到鉴定要求的最少匹配肽段的数目。对于大蛋白质（超过 150 kDa），理论的肽段数太大，以至于一部分肽段将随机分布在每一张 MS 谱图中。

5. 所要研究的蛋白质序列不在蛋白质序列数据库中。原因可能是①随机匹配获得的蛋白质得分值很低，因此蛋白质不能被鉴定；②与序列高度同源的蛋白质匹配；③随机匹配获得的得分值较高（假阳性鉴定）。对于最后一种情况，研究者可以根据样品的生物性质判断鉴定的可靠性。

3.3.4 基于多级质谱的蛋白质鉴定

3.3.4.1 多级质谱谱图

采用 MS/MS 可以将肽段的前体离子或母离子碎裂成一些更小的碎片离子。这样产生的多级 MS 谱图是由多肽的前导离子和一系列碎片离子峰组成的。多肽的前导离子可能带有多个电荷，而碎片离子在大多数情况下只带单个电荷。一张 MS/MS 谱图上峰的个数通常是 10 到几百不等。这主要取决于前导离子的长度、碎片的质量、MS 仪的类型以及在原始 MS 谱图中所设定的检测参数。由于在离子破碎过程中，会产生各种离子（图 3.10），并且质量误差、同位素峰以及噪声都会使 MS 谱图复杂化，因此解释 MS 谱图不是一项简单工作。

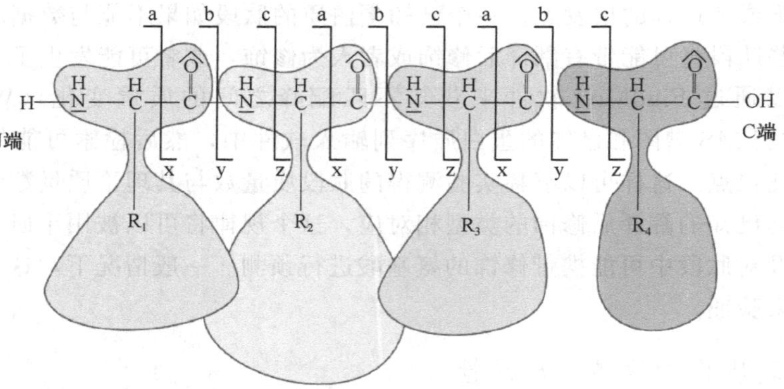

图 3.10 一个四肽的碎裂及其相应标记（引自 Biemann 1990）。当碎裂发生在肽段酰胺键上时，如果肽段 N 端带电，碎片离子为 b 离子型；如果肽段 C 端带电，碎片离子为 y 离子型。碎裂后，只有带电部分的肽段才能被检测。b 离子和 y 离子碎裂可以产生碎片阶梯，它们的质量差异对应于整个残基，因此可以获得肽段的序列信息。其他的碎裂也能沿着肽段的骨架发生，产生 a 离子和 c 离子，或者 x 离子和 z 离子。这取决于离子是否由 N 端或 C 端碎片构成。此外，当碰撞能量很高（大约 1 keV）时，还能产生其他的碎片离子，包括由于二肽键断裂形成的内部碎片以及由于氨基酸整个或部分丢失造成的侧链特殊离子（标记为 d，v 和 w，图中没有给出）。

MS/MS 谱图通常都含有一系列来自于肽段序列中连续氨基酸碎裂产生的碎片离子峰。这是一个重要特征。长或短的肽段氨基酸序列都可以通过肽段碎片离子之间的质量差值推断得出（图 3.11）。然而，要获得一个确切的氨基酸序列需要非常高的质量精度，特别是对于区分赖氨酸（分子质量为 128.09 Da）和谷氨酸（分子质量为 128.06 Da）残基。值得注意的是，异亮氨酸和亮氨酸相对分子质量相同，因此如果没有侧链特异碎片谱图信息时，这两种氨基酸是很难区分的。

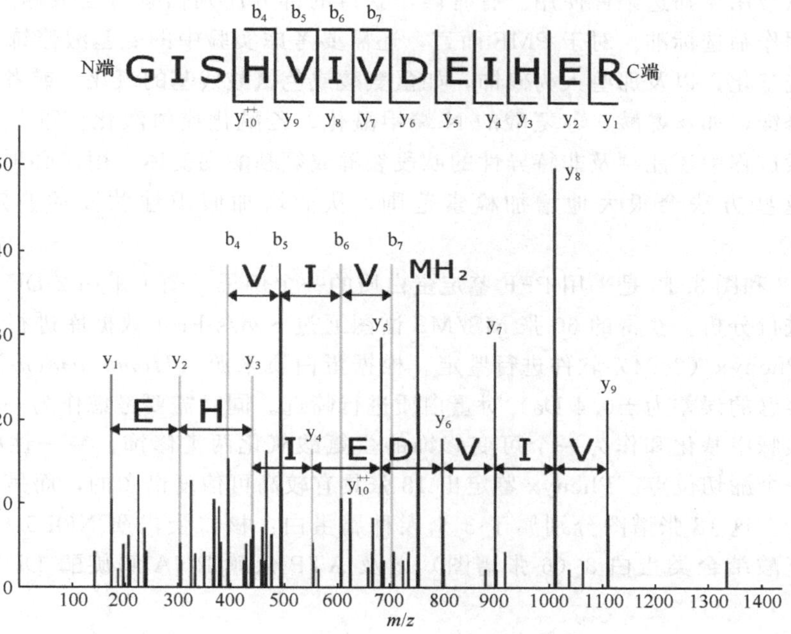

图 3.11　多肽 GISHVIVDEIHER 的肽段碎片指纹谱。当肽段碎裂产生阶梯碎片时，肽段碎裂是非常有用的。每个碎片之间的质量（箭头所示）差异对应于某个残基。采用这种方式，肽段的部分序列可以前（从 b 离子）后（从 y 离子）读出。

3.3.4.2　肽段碎片指纹谱

MS/MS 是一种被广泛采用可以替代 PMF 的方法。首先，每个蛋白质中很多条肽段会被断裂，因此鉴定结果更加稳定和可靠。更加稳定是由于这种方法不需要检测出蛋白质中的每一段多肽；更加可靠是因为只需要鉴定一个蛋白质中的几个肽段就可以证明样品中该蛋白质的存在。其次，采用 MS/MS 可以分析更复杂的多肽混合物。在这种情况下，需要进一步分析这些肽段，并从数据库中匹配出相对应的蛋白质。这不像我们想象的那么简单。这是因为肽段的序列覆盖率很少能接近 100%，而不同蛋白质也能产生相同的肽段。这是蛋白质家族、异构体以及剪接变体的特性。然而，目前的软件工具可以列出带有相同肽段的所有蛋白质，从而可以极大程度地帮助解决该问题。最后，当我们获得足够的序列覆盖率时，MS/MS 谱图就可以提供有关详细的肽段序列、可能的翻译后修饰以及序列的突变信息。

肽段碎片指纹谱（PFF）与 PMF 鉴定蛋白质的原理相似。它是将实验获得的 MS/

MS 谱图与源于蛋白质理论酶解产物的 MS/MS 谱图，以及这些肽段的虚拟碎片相关联。而匹配的得分值则取决于实验谱图与被比较的理论谱图之间的相关度。与理论谱图匹配最好的序列则有可能是待分析的肽段序列。对于 PMF 软件，用户可能将检索限定在一个物种范围内，从而可以避免解析所有物种的数据库。在匹配过程中，前导多肽的质量也可以被用作筛选条件使用。有时候，获得的部分序列信息（也被称为序列标签）也可以被用作筛选标准。对于 PMF 而言，还需要考虑实验中的氨基酸修饰，如半胱氨酸残基的烷基化，以及那些人为修饰，如蛋氨酸或色氨酸残基的氧化，或者那些肽段本身存在的修饰，如丝氨酸、苏氨酸的 N 端甲酰化、乙酰化或磷酸化。重要的是，有些工具在检索过程中还能顾及非特异性的肽段裂解或氨基酸突变体。用户必须小心运用操作，因为这些方法会很大地增加检索范围，从而增加假阳性肽段的鉴定结果（第 3.3.4.3 节）。

图 3.12 和图 3.13 是采用 PFF 鉴定蛋白质的一个例子。图中采用 2-DE 对一个人种属蛋白质进行分析。获得的 60 张 MS/MS 谱图通过 Swiss-Prot 数据库进行匹配，并进一步通过 Phenyx（2004）软件进行鉴定。根据蛋白质来源（*Homo sapiens*）和前导离子质量（容忍的误差为±0.4 Da）对蛋白质进行筛选。同时需要考虑作为一个固定修饰的半胱氨酸脲甲基化和作为一个可变修饰的蛋氨酸氧化两类修饰。专一性酶为胰蛋白酶，允许一个漏切位点。Phenyx 鉴定出 18 张具有较高可信度谱图的，而另一些谱图的可信度较低。这 18 张谱图分别属于 3 个人种属蛋白：核仁蛋白质 NOP5（7 张谱图）、鸟嘌呤核苷酸结合类蛋白 3（6 张谱图）以及 ATP 依赖 RNA 解旋酶 DDX5（5 种谱图）。

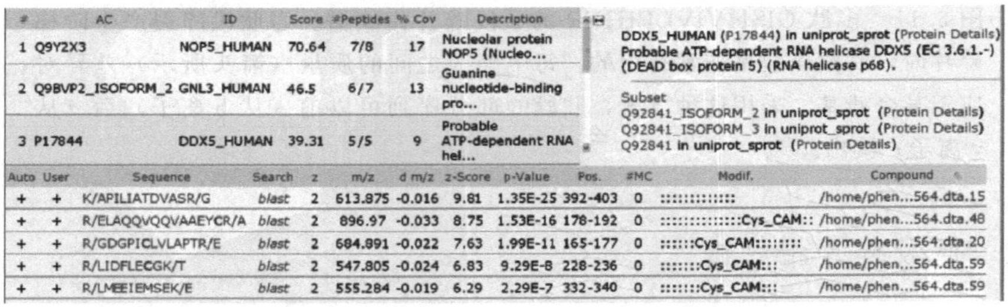

#	AC	ID	Score	#Peptides	% Cov	Description
1	Q9Y2X3	NOP5_HUMAN	70.64	7/8	17	Nucleolar protein NOP5 (Nucleo...
2	Q9BVP2_ISOFORM_2	GNL3_HUMAN	46.5	6/7	13	Guanine nucleotide-binding pro...
3	P17844	DDX5_HUMAN	39.31	5/5	9	Probable ATP-dependent RNA hel...

DDX5_HUMAN (P17844) in uniprot_sprot (Protein Details)
Probable ATP-dependent RNA helicase DDX5 (EC 3.6.1.-) (DEAD box protein 5) (RNA helicase p68).

Subset
Q92841_ISOFORM_2 in uniprot_sprot (Protein Details)
Q92841_ISOFORM_3 in uniprot_sprot (Protein Details)
Q92841 in uniprot_sprot (Protein Details)

Auto	User	Sequence	Search	z	m/z	d m/z	z-Score	p-Value	Pos.	#MC	Modif.	Compound
+	+	K/APILIATDVASR/G	blast	2	613.875	-0.016	9.81	1.35E-25	392-403	0	:::::::::::::	/home/phen...564.dta.15
+	+	R/ELAQQVQQVAAEYCR/A	blast	2	896.97	-0.033	8.75	1.53E-16	178-192	0	::::::::::::::Cys_CAM::	/home/phen...564.dta.48
+	+	R/GDGPICLVLAPTR/E	blast	2	684.891	-0.022	7.63	1.99E-11	165-177	0	::::::Cys_CAM::::::::	/home/phen...564.dta.20
+	+	R/LIDFLECGK/T	blast	2	547.805	-0.024	6.83	9.29E-8	228-236	0	:::::::Cys_CAM:::	/home/phen...564.dta.59
+	+	R/LMEEIEMSEK/E	blast	2	555.284	-0.019	6.29	2.29E-7	332-340	0	:::::::Cys_CAM:::	/home/phen...564.dta.59

图 3.12 来源于 Phenyx 程序的肽段碎片指纹鉴定结果。共分析了 60 张谱图。上表给出了通过 MS/MS 谱鉴定的三个蛋白质；下表给出了 5 个多肽，对应于通过 Phenyx 程序鉴定的 5 张谱图。这 5 个肽段属于第三个蛋白质 P1784（DDX _ HUMAN）。

很容易从上面的例子产生这样的疑问：其他 43 张谱图的归属是什么？一部分没被鉴定的谱图在蛋白质组实验中是十分常见的。这可能有以下原因造成：

1. 它可能来源于一个非肽段污染物。
2. 它可能是噪声或者碎裂质量太差，如很难获得一个流动质子引发的碎裂离子（Wysoki et al. 2000）。
3. 前导离子质量的不准确预测也可能会造成鉴定失败，特别是当采用的鉴定算法是通过前导离子的质量作为筛选标准从数据库中选择候选离子时。

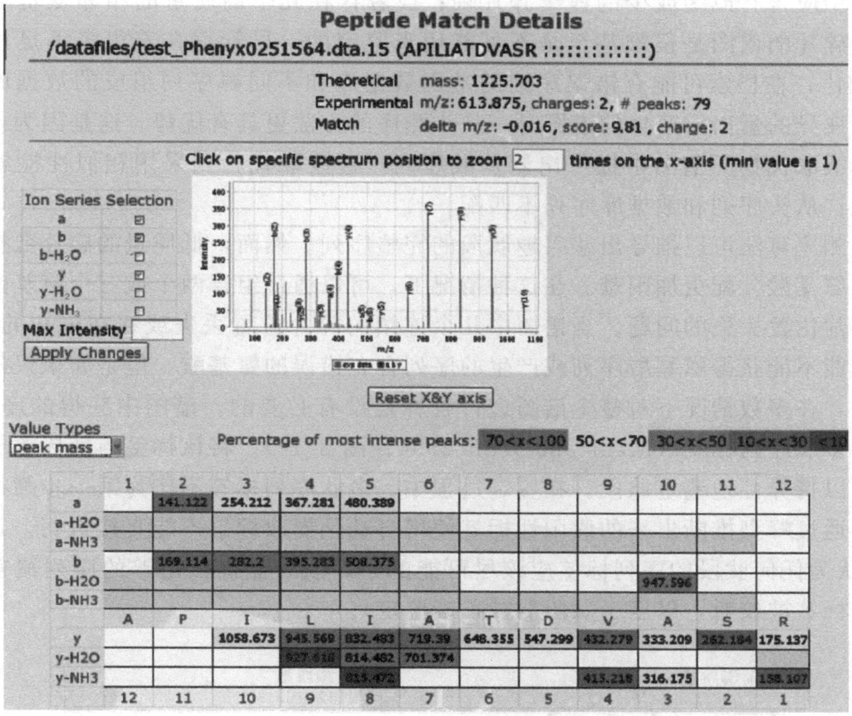

图 3.13　采用 Phenyx 程序自动分析 MS/MS 谱。显示的谱图与多肽 APILIATDVSR 相对应。蓝色标记的峰来自于匹配的离子。离子类型的选择通过谱图左边的检验栏产生。表中给出了图中标记的相应的肽段碎片。多肽的序列和类型分别在水平与垂直方向上显示。和理论碎片匹配的峰的 m/z 值采用的不同的颜色标示。颜色标记是谱图中各个峰的相对强度的函数。绿色代表高强度。这个例子给出了一个高可信度的鉴定：获得的肽段匹配的 p 值是非常小的（1.35×10^{-25}）。谱图中大多数高强峰都能被匹配，并且在匹配的峰中也给出了明确 y 离子系列。（另见图版）

4. 它可能来源于一个数据库中不存在的新蛋白质。
5. 图中的肽段可能是来源于一个未知的酶解过程（漏切或非特异性切割）。
6. 由于多态性、突变或转肽作用（Schaefer et al. 2005），谱图中的序列可能与数据库中的序列偏离。

3.3.4.3　从头测序

MS/MS 的另一个应用是肽段的从头测序。采用这种方法，肽段的序列可以直接从谱图中推导出来，而不用查询以前提取过的蛋白质信息或 DNA 序列数据库。序列推导可以通过特殊的算法来实现。由于该方法在解释谱图时不采用数据库信息，因此从头测序法可以在由谱图表示的所有可能的序列范围内进行检索，而该方法唯一的限制条件则是母离子的质量。与 PFF 方法相比，从头测序法的缺点是需要进行大范围的检索。同时采用该方法分析数据时，还需要获得高质量的谱图。要求谱图中碎片离子质量误差要小；谱图中应含有或多或少的连续碎片峰；或者存在几个高质量的相邻氨基酸的碎片峰。较少碎片的谱图是很难甚至是不可能用来鉴定的。尽管存在着很多不足，然而与PFF法相比，在检索可能有错误序列的基因数据库和不同源序列组成的数据库，以及在分析由变异的蛋白质产生的谱图时，从头测序的方法更具有优势。这是因为该方法从含有氨基酸取代物的谱图中提取出氨基酸序列。这些取代物则采用相似性检索算法处理，它允许从头序列和数据库序列不匹配。

从头测序算法可以推导出感兴趣肽段的完整序列。然而，低质量的碎片数据使得序列中所有氨基酸分配更加困难。在这种情况下，可以通过组合两个或三个氨基酸来解决谱图中碎片位置丢失的问题。当谱图中几个连续的碎片位置丢失或存在未知的修饰时，该方法可能不能获得氨基酸序列或产生的序列含有错误的氨基酸。但是如果仅仅为了鉴定蛋白质，在多数情况下对整个谱图进行解释是没有必要的。谱图中获得的序列残基，通常称为多肽序列标签（Mann and Wilm 1994；图 3.14）。将该标签与前导离子质量结合通常可以特异性地鉴定肽段。在鉴定过程中，多肽序列标签不作为第一步筛选条件的原因在于通过峰型推断出来的假阳性标签使得自动化提取标签不能直接进行。Frank 等（2005）认为任何肽段的序列标签应该尽可能的小，同时能提供足够的序列覆盖率（至少有一个标签被校对，以至于肽段能被正确鉴定）。

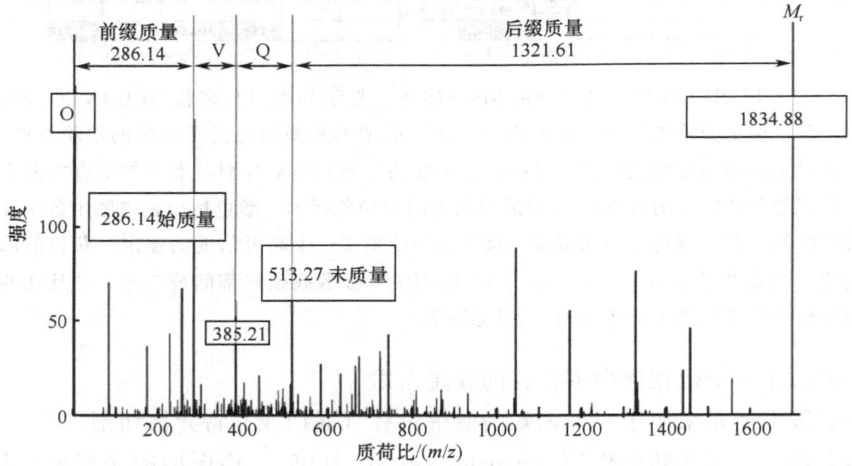

图 3.14　从 MS/MS 谱图中推断出的序列标签。标签由两个侧面质量，称为前缀和后缀质量，和一个短序列 VQ 组成。前缀区和后缀区的质量可以通过组成标签的首尾质量（注释为“始质量”和“末质量”）以及前导离子质量计算得到。

3.3.4.4　未知修饰肽段的鉴定和表征

在 MS/MS 实验中，即使图谱的质量非常好，也会有大量的图谱不能被高可信度地鉴定。许多图谱的来源肽中含有翻译后修饰氨基酸。肽段序列翻译后修饰的存在会改变碎片的类型，从而使得对应的 MS/MS 谱图的解释变得更加困难。例如，由于生化性质或物理性质的改变（如空间位阻），翻译后修饰可能会改变肽段碎片。与理论上具有相同序列而没有修饰的肽段相比，翻译后修饰也可以改变肽段的质量。图 3.15 阐明了氨基酸修饰影响碎片谱峰的原理。

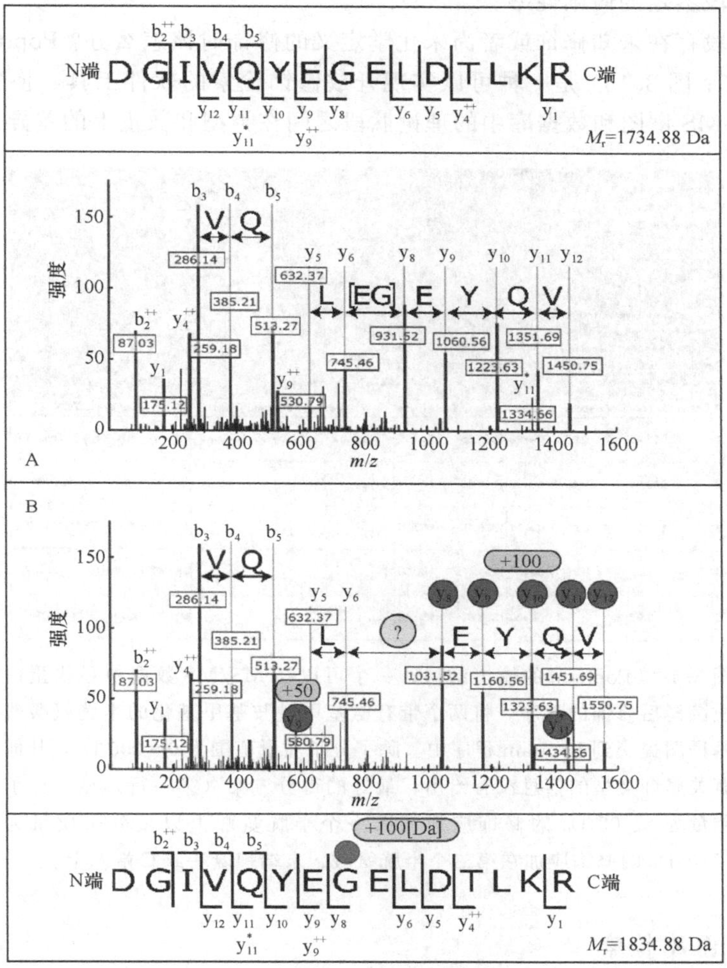

图 3.15　修饰和未修饰肽段的碎片指纹谱。A. 肽段 DGIVQYEGELDTLKR 的注释谱图。图中还给出了主要离子的指认以及通过峰差异推断出的峰质量和序列信息。B. 相同的谱图，只是 100 Da 的修饰被模拟在肽段 DGIVQYEGELDTLKR 的第二个甘氨酸上。采用圆圈标记的峰表示带有修饰的碎片，这些碎片峰与预测位置偏离 δ 值。值得注意的是偏移的峰不一定都在谱图中归类，同时质量偏移则取决于每个碎片的电荷数。此外，根据修饰的类型（得到或丢失原子），峰可能向左或向右偏移。在 B 图中，由于部分序列信息丢失，氨基酸 GE 不能再从 y6 和 y8 质量差异中读出。

采用肽段碎片鉴定翻译修饰需要特殊策略。一方面需要考虑修饰后肽段的母离子质量不同于在序列数据库未经修饰的相似物；另一方面需要考虑比对时，修饰和未经修饰的肽段的碎片谱图有大量的不匹配性（平均 50%的质量发生了漂移）。因此，与 PMF 方法类似，PFF 法需要通过计算获得所有翻译后修饰变体的理论谱图。通过这种方法，可以实现迁移峰在比对过程中的正确匹配。该方法需要用户明确肽段可能存在的修饰类型。可能的修饰类型越多，则可能存在的肽段的数目就越大。而这将影响计算时间，同时也将增加肽段鉴定的假阳性率。

但是当肽段存在未知修饰或者尚未化学定义的修饰时该怎么办？Popitam（Hernandez et al. 2003；图 3.16）是一种可以实现开放修饰检索的软件工具。换句话说，它能够考虑到 MS/MS 谱图和数据库中的理论肽段之间在类型和数量上的差异。

Comment	VFNC[cam]ISYSPLC[cam]K Q9GZL7
Initial peak number	326
Raw precursor mass	744.39
Precursor mass	1486.77
Charge	2

Results

Total number of proteins processed	271148
Peptides obtained after digestion	8532
Candidate peptides presented for further analysis	500
Candidate peptides with one or more valuable scenarios	257
Sample size for statistics	256

#	Scenario score	Delta score	p-value	Mass	Delta mass	Peptide / scenario (shifts)	Found in ID(AC)
1	659853.40	0.00	0.00e+00	1372.65	114.12	VFNCISYSPLCK vfN*ISYSpl** 57.08 57.05	WDR12_HUMAN_C1 (Q9GZL7)
2	689.88	0.15	0.00e+00	1316.66	170.11	IQEKVDSIDDR *qeK*DS---- 18.01 152.05	SPTB2_HUMAN_C1 (Q01082)
3	102.21	0.01	9.40e-01	1326.75	160.02	TSPSPERSLLLK *spS---slL** 144.11 15.92	TRI14_HUMAN_C1 (Q14142)
4	1.02	0.96	1.00e+00	1298.77	188.00	LLWIDTKIAAR **wiD**iaar 80.00 108.01	LETM1_HUMAN_C1 (O95202)
5	0.97	-	1.00e+00	1354.67	132.10	DDVGKSVHELEK *Dvg****ELek 130.15 1.98	MYH9_HUMAN_C1 (P35579)

图 3.16 Popitam 的输出结果，一个可以在 MS/MS 数据中寻找蛋白质翻译后修饰的程序。将两个带有氨基甲酰胺基甲基化的半胱氨酸残基谱图提交到 Popitam 程序中。除了分子质量范围为 0～200 Da，其他有关修饰类型的信息没有给出。最好的得分方案（第一行）显示分子质量为 57.05 Da 的修饰应加在第一个半胱氨酸上以及分子质量为 57.04Da 的修饰应加在第二个半胱氨酸、末端赖氨酸或 C 端基上。

3.3.4.5 谱图库检索

采用鸟枪法进行蛋白质组实验时，如人血浆分析，同类样品通常需要在同一实验室和不同实验室之间进行多次分析。而这些实验得到的谱图和谱峰，都将被提交到检索软件中进行检索，从而会造成同样的肽段被重复鉴定。这种分析策略在原理上没有任何问题，只是检索范围比实际需要的大得多。在每次检索过程中，大部分时间都浪费在反复鉴定相同的分子。为了提高自身检索效率，也为给他人的研究释放资源，最近人们开发了图谱库搜索工具（Yates et al. 1998；Craig et al. 2006；Frewen et al. 2006；Lam et al. 2007）。它的原理是通过将新实验中得到的图谱与储存在图谱库中的被表征好的图谱进行比对来鉴定肽段。这种谱图库和软件已经在小分子的 GC-MS 鉴定中应用了很多年，这是由于 GC-MS 采用电子碰撞离子化，能产生具有重现性非常好的高能碎片。与序列检索（如 PFF）相比，图谱库检索的优势主要有以下几方面。

1. 大幅度地缩小检索范围，并提高了检索速度。检索到的肽段数目主要基于库中的图谱数目。不必采用计算量巨大的参数，如高的漏切数以及局部或非特异性碎裂规则，也无需考虑各种修饰。

2. 更简便的评分模型。由于图谱库中包含实验图谱，保存了每个肽段对应的图谱（标注电荷价态和仪器设置的函数）。因而，可以根据图谱之间相似度对匹配性进行评分。

然而，该方法还存在一些潜在的缺陷。

1. 谱图库本身的质量可能不一致、不全面。编译谱图库通常需要高可信度的鉴定结果，并且可能需要手工修正。此外，很难获得所有可能肽段的化学库。现有的库是建立在实验数据和检索的基础上。因而，谱图库总是不完整的。
2. 存在仪器和实验特异性的问题。每一个库中的图谱都是在特定的仪器和特定的条件下得到的，碎片的类型随仪器的不同而不同。在不同的采集条件下，必须考虑每种库的选择和使用。
3. 现存的软件算法相对简单，对于当前较小的库是准确的（每个物种只有几万图谱图）。然而，随着数据库规模的增加，必须考虑防止假阳性数目的增加。

图谱库检索法非常适合于快速鉴定和筛选已知肽段和蛋白质。因而该方法主要适用于靶向蛋白质组学，而现有方式还不能用于新的多肽和蛋白质的发现。

3.4　工具和网址列表

许多蛋白质鉴定和表征的程序都可以从网上获得（表 3.1）。这些程序是根据人们检索蛋白质数据库时采用的蛋白质属性来分类的。粗体标记的工具是由瑞士生物信息学研究所（SIB）和位于日内瓦 GeneBio 共同开发的。通过 ExPASy 服务器可以获得由 SIB 开发的程序（ExPASy Proteomics Server 1993；Gasteiger et al. 2005）。该服务器由 SIB 的一个跨学科课题组提供，为生命科学研究领域的科学家提供了支持。它提供了许多专门用于蛋白质和蛋白质组学的数据库和分析工具，包括相似度搜索、模型及图表的搜索、翻译后修饰预测、拓扑结构预测，以及一级、二级、三级结构分析和序列对比。

3.5　结语

MS/MS 鉴定已经成为一种成熟且功能强大的蛋白质组分析技术。为了实现这一目标，我们还需要在分离技术、MS、计算机科学和数据库开发等前沿领域取得重要突破。不同的研究小组从不同的角度开展蛋白质鉴定的研究，因此发展了许多专门的、能高效解决蛋白质鉴定中诸多困难的技术。如今，人们正更多地关注修饰肽段的鉴定、肽的从头测序与同源蛋白质的相关性以及图谱建模等方面。最近，整合几种策略和多步鉴定过程的新工具已经出现。毫无疑问，这将是一种有助于实现高效蛋白质鉴定的策略。未来的工作将着眼于改善评分策略，从而降低假阳性和假阴性鉴定的数目。新开发工具的使用、开放源代码的出现以及 MS/MS 与数据库格式的统一有望加速大规模鉴定系统的开发。

参考文献

Biemann K (1990) Nomenclature for peptide fragment ions (positive ions). Methods Enzymol 193:886–887

Clauser KR, Baker P, Burlingame AL (1999) Role of accurate mass measurement (+/– 10 ppm) in protein identification strategies employing MS or MS/MS and database searching. Anal Chem 71:2871–2882

Compute pI/MW (1994) Swiss Institute of Bioinformatics, Geneva. http://www.expasy.org/tools/pi_tool.html. Cited 22 Mar 2007

Craig R, Cortens JP, Fenyo D, Beavis RC (2006) Using annotated peptide mass spectrum libraries for protein identification. J Proteome Res 5:1843–1849

Eckerskorn C, Jungblut P, Mewes W, Klose J, Lottspeich F (1988) Identification of mouse brain proteins after two-dimensional electrophoresis and electroblotting by microsequence analysis and amino acid composition analysis. Electrophoresis 9:830–838

ExPASy Proteomics Server (1993) Swiss Institute of Bioinformatics, Geneva. http://www.expasy.org. Cited 22 Mar 2007

Fenyo D, Qin J, Chait BT (1998) Protein identification using mass spectrometric information. Electrophoresis 19:998–1005

Frank A, Tanner S, Bafna V, Pevzner P (2005) Peptide sequence tags for fast database search in mass-spectrometry. J Proteome Res 4:1287–1295

Frewen BE, Merrihew GE, Wu CC, Noble WS, MacCoss MJ (2006) Analysis of peptide MS/MS spectra from large-scale proteomics experiments using spectrum libraries. Anal Chem 78:5678–5684

Gasteiger E, Hoogland C, Gattiger A, Duvaud S, Wilkins MR, Appel RD, Bairoch A (2005) Protein identification and analysis tools on the ExPASy server. In: Walker JM (ed) The proteomics protocols handbook. Humana, Totowa, pp 571–607

Gras R, Muller M, Gasteiger E, Gay S, Binz PA, Bienvenut W, Hoogland C, Sanchez JC, Bairoch A, Hochstrasser DF, Appel RD (1999) Improving protein identification from peptide mass fingerprinting through a parameterized multi-level scoring algorithm and an optimized peak detection. Electrophoresis 20:3535–3550

Henzel WJ, Billeci TM, Stults JT, Wong SC, Grimley C, Watanabe C (1993) Identifying proteins from two-dimensional gels by molecular mass searching of peptide fragments in protein sequence databases. Proc Natl Acad Sci USA 90:5011–5015

Hernandez P, Gras R, Frey J, Appel RD (2003) Popitam: towards new heuristic strategies to improve protein identification from tandem mass spectrometry data. Proteomics 3:870–878

hyphen MassSpec Consultancy (2006) LC-MS, a solution to all analytical problems? http://www.hyphenms.nl/. Cited 22 Mar 2007

James P, Quadroni M, Carafoli E, Gonnet G (1993) Protein identification by mass profile fingerprinting. Biochem Biophys Res Commun 195:58–64

Johnson RS, Martin SA, Biemann K (1988) Collision-induced fragmentation of (M+H)+ ions of peptides. Side chain specific sequence ions. Int J Mass Spectrom Ion Process 86:137–154

Jungblut P, Dzionara M, Klose J, Wittmann-Leibold B (1992) Identification of tissue proteins by amino acid analysis after purification by two-dimensional electrophoresis. J Protein Chem 11:603–612

Lam H, Deutsch EW, Eddes JS, Eng JK, King N, Stein SE, Aebersold R (2007) Development and validation of a spectral library searching method for peptide identification from tandem mass spectrometry. Proteomics (in press)

Latter GI, Burbeck S, Fleming J, Leavitt J (1984) Identification of polypeptides on two-dimensional electrophoresis gels by amino acid composition. Clin Chem 30:1925–1932

Mann M, Wilm M (1994) Error-tolerant identification of peptides in sequence databases by peptide sequence tags. Anal Chem 66:4390–4399

Mann M, Hojrup P, Roepstorff P (1993) Use of mass spectrometric molecular weight information to identify proteins in sequence databases. Biol Mass Spectrom 22:338–345

Pappin DDJ, Hojrup P, Bleasby AJ (1993) Rapid identification of proteins by peptide-mass finger printing. Curr Biol 3:327–332

Perkins DN, Pappin DDJ, Creasy DM, Cottrell JS (1999) Probability-based protein identification by searching sequence databases using mass spectrometry data. Electrophoresis

20:3551–3567

Phenyx (2004) Geneva Bioinformatics (GeneBio), Geneva. http://www.phenyx-ms.com. Cited 22 Mar 2007

Schaefer H, Chamrad DC, Marcus K, Reidegeld KA, Bluggel M, Meyer HE (2005) Tryptic transpeptidation products observed in proteome analysis by liquid chromatography-tandem mass spectrometry. Proteomics 5:846–852

Scripps Center for Mass Spectrometry (2005) A history of mass spectrometry. http://masspec.scripps.edu/MSHistory/mshisto.php. Cited 22 Mar 2007

Unimod (2006) http://www.unimod.org/. Cited 22 Mar 2007

Wilkins MR, Ou K, Appel RD, Sanchez JC, Yan JX, Golaz O, Farnsworth V, Cartier P, Hochstrasser DF, Williams KL, Gooley AA (1996a) Rapid protein identification using N-terminal "sequence tag" and amino acid analysis. Biochem Biophys Res Commun 221:609–613

Wilkins MR, Pasquali C, Appel RD, Ou K, Golaz O, Sanchez JC, Yan JX, Gooley AA, Hughes G, Humphery-Smith I, Williams KL, Hochstrasser DF (1996b) From proteins to proteomes: large-scale protein identification by two-dimensional electrophoresis and amino acid analysis. Biotechnology 14:61–65

Wilkins MR, Gasteiger E, Bairoch A, Sanchez JC, Williams KL, Appel RD, Hochstrasser DF (1999) Protein identification and analysis tools in ExPASy server. Methods Mol Biol 112:531–552

Wysocki VH, Tsaprailis G, Smith LL, Breci LA (2000). Mobile and localized protons: a framework for understanding peptide dissociation. J Mass Spectrom 35:1399–1406

Yates JR III, Speicher S, Griffin PR, Hunkapiller T (1993) Peptide mass maps: a highly informative approach to protein identification. Anal. Biochem 214:397–408

Yates JR III, Morgan SF, Gatlin CL, Griffin PR, Eng JK (1998) Method to compare collision-induced dissociation spectra of peptides: potential for library searching and subtractive analysis. Anal Chem 70:3557–3565

Zhang W, Chait BT (2000) ProFound: an expert system for protein identification using mass spectrometric peptide mapping information. Anal Chem 72:2482–2489

第 4 章　定量蛋白质组学

Garry L. Corthals, Keith Rose

摘要

大规模系统的蛋白质定量不仅是蛋白质组学研究的重要组成部分，而且促进了系统生物学和分子医学等新的研究领域的产生。定量蛋白质组学研究有助于发现新的生物功能、可用于鉴定诊断或预警的疾病标记物和发现用于疾病治疗的靶标蛋白质。近年来，该领域的研究发展非常迅速。全新的应用和方法设计正在不断推进技术创新。由于定量研究的领域非常广阔，研究非常深入，在本章有限的篇幅内，我们无法详细地讨论许多主题。因此，我们建议读者自行学习处理定量的质谱数据所使用的计算程序，以及常用仪器的相关信息。本章将为读者介绍基于质谱定性和定量的蛋白质组学研究策略。大多数蛋白质组学定量技术采用的比较分析策略将始终贯穿本章。

4.1　引言

系统地鉴定复杂样品中的蛋白质并测定它们的数量或数量的变化是蛋白质组学和新兴的系统生物学研究的重要组成部分。蛋白质定量谱研究有助于发现新的生物功能、可用于鉴定诊断或预警的疾病标记物和发现用于疾病治疗的靶标蛋白质。本章讨论蛋白质组学定性和定量方法，并重点介绍基于 MS 的蛋白质鉴定和同时定量。主要内容分为 3 部分：首先对基于非 MS 的定量方法加以系统综述；其次讨论蛋白质的相对和绝对定量方法，包括蛋白质的化学标记、酶标记、代谢标记，以及无标记的蛋白质 MS 定量方

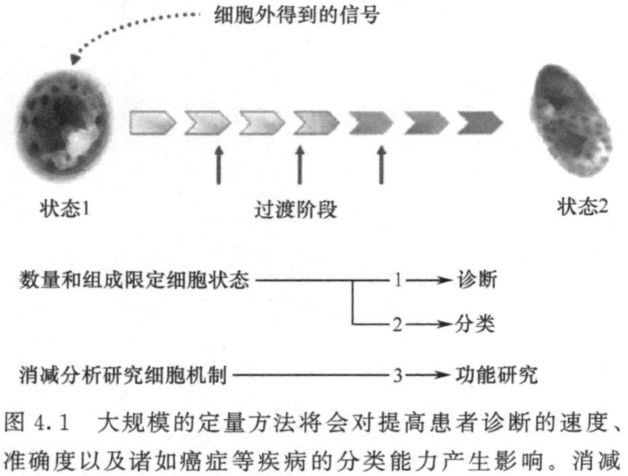

图 4.1　大规模的定量方法将会对提高患者诊断的速度、准确度以及诸如癌症等疾病的分类能力产生影响。消减分析将研究集中于假说驱动的功能分析。

法；最后简要介绍糖基化、磷酸化和泛素化修饰蛋白质的定性和定量分析。

蛋白质组定量的主要应用是进行比较分析。这包含 3 个主要方面的内容：首先，通过确定一个细胞的数量和组成，人们可以获得与诊断相关的信息（图 4.1）；其次，在大规模的研究中，数量和组成也可以作为分类细胞和患者样品的工具；最后，定量测定能提供探究细胞功能的消减分析工具，通过蛋白质表达的上调或下调揭示其功能。大多数蛋白质组学定量技术采用的比较分析策略将始终贯穿本章。

4.2 非质谱定量分析方法

最近 25 年来，人们一直通过比较两个或多个不同的细胞（如正常和疾病细胞）的 2-DE 结果进行蛋白质的定量表达研究。现在该方法仍被广泛使用。Gorg 等在 2004 年全面综述了利用 2-DE 和 MS 进行蛋白质组研究的流程，包括样品制备、蛋白质增溶和预分级、蛋白质的 2-DE 分离、蛋白质的检测和定量、2-DE 谱图的计算机辅助分析、MS 对蛋白质的鉴定和表征以及 2-DE 蛋白数据库等主题。若想成功应用 2-DE 技术，研究人员必须注意细节，并根据要求，进行必要的生物分析重复实验（Hunt et al. 2005）。2-DE 能够揭示半定量的表达差异，并进一步利用 MS 鉴定差异蛋白质。

为了使 2-DE 的定量结果更准确，有人发明了能与蛋白质反应的染料，并用于差异凝胶电泳分析（DIGE）。Van den Bergh，Arckens 和 Marouga 等分别在 2004 年和 2005 年对该方法进行了综述。用于蛋白质组学的活性染料最初是由 Carnegie Mellon University 发展的。随后经 Amersham Biosciences（现在的 GE Healthcare）商品化。最初的

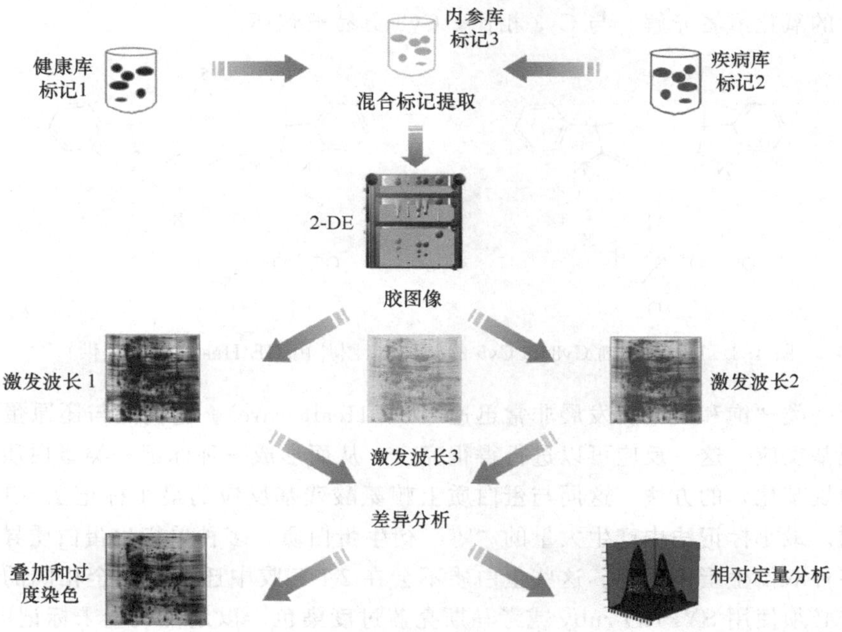

图 4.2 当前最简单的“大规模”（达到几千）相对定量分析工具：差异凝胶电泳（DIGE）。（感谢 GE Healthcare 提供此图）（另见图版）

一对染料只标记样品中1%～5%蛋白质的氨基（特别是侧链的赖氨酸）（图4.2）。每个样品经不同的染料标记并混合后，在同一块胶中分离。由于两种染料具有不同的荧光团，因此不同样品中的同一个蛋白质能够被区分开来。与在两块胶上分离相比，两个样品在同一块胶中分离的重现性更好。再根据每一染料的吸收和发射特点的不同，对分离胶进行扫描和成像分析，可得到相对的定量结果。相应的蛋白质斑点被切取后，可采用MS做进一步的鉴定。使用Sypro或考马斯亮蓝过度染色，会提高分析的准确性。这种方法可以帮助定位绝大多数的蛋白质。

最初采用的两种Cy染料的结构如图4.3所示。它含有的*N*-羟基琥珀酰亚胺酯基团能够与蛋白质的氨基，特别是赖氨酸上的氨基结合。这意味着蛋白质的赖氨酸数量会影响蛋白质的染色和检测。可以看出Cy5的长共价链增加的26 Da分子质量几乎可被其中一个氮原子由丙烷基变成甲基减少的28 Da分子质量相抵消。与试剂的酰基化反应使得侧链赖氨酸去质子化的影响在一定程度上可被染料的碱性本质所弥补，因此在去除十二烷基磺酸钠（SDS）后，染色对蛋白质的色谱分离没有太大影响。每增加一个染料分子，蛋白质的分子质量就会增加约500 Da。这对于小蛋白质的影响较大，这是因为这时染料标记的部分蛋白质（仅是总蛋白质质量的1%～5%）与未标记的相比迁移速度明显更慢。DIGE技术与多胶分离和传统的染色方式相比的确有很明显的优势，但如果为了增加动态范围而对蛋白质进行预处理就可能会出现问题。实验中，标记反应的速度应该很快，以避免在混合样品前发生选择性的荧光损失（图4.2）。这意味着如果未去除高丰度蛋白质，哺乳动物血浆中的白蛋白和免疫球蛋白等也会与昂贵的试剂反应，造成浪费；如果在2-DE前先对蛋白质进行预处理（如去除高丰度蛋白质），荧光团会发生选择性的氧化或者光解。与Cy3相比，Cy5更易被破坏。

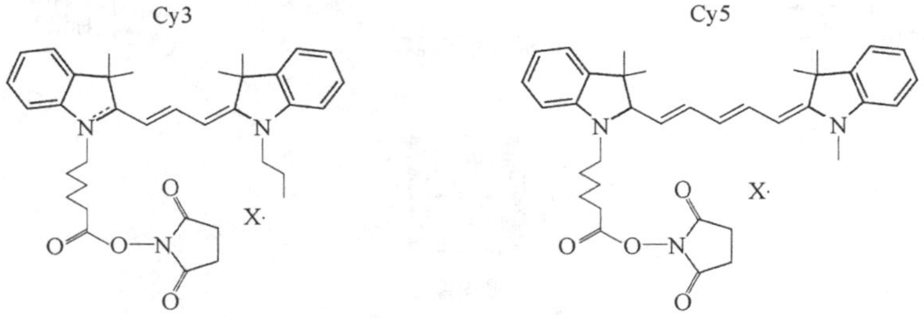

图4.3　DIGE试剂Cy3和Cy5的结构。（图片由GE Healthcare提供）

最近一类“饱和”染料发展非常迅速（GE Healthcare）。它们能与还原蛋白质半胱氨酸的巯基反应。这一反应可以进行得很完全，从而形成一种标记一类蛋白质（半胱氨酸残基的烷基化）的方法。这同与蛋白质上赖氨酸残基反应的最小标记法（1%～5%）截然不同。最小标记法中产生大量的“零”衍生蛋白质、多种单衍生蛋白质异构体和一小部分多种双衍生蛋白质等。这些蛋白质不会在2-DE胶中迁移到完全相同的位置。最小标记法必须使用SYPRO ruby或考马斯亮蓝过度染色，以定位大量未标记的蛋白质，而饱和标记法则不同。但是在标记实验中，高丰度蛋白质导致在样品预处理过程中染料受影响的问题仍旧存在。Greengauz-Roberts等在2005年、Shaw等在2003年曾经比较了赖氨酸反应的最小标记法和半胱氨酸反应的饱和标记法。结果显示饱和标记法更具优势，其所需的样品量可以降低 5～50 倍。但是这种方法要求蛋白质中必须有半胱氨酸，它的出现概率比赖氨酸要少。DIGE 法可用于从代谢物稳定同位素标记到化学标签（稍后讨论）等不同领域，已有人对这些技术进行了比较。Choe 等在 2005 年将基于多重元素标记的 MS 技术与非 DIGE 的 2-DE 技术进行了比较。结果表明利用 MS 获得数据的变化系数稍低些。Kolkmann 等在 2005 年将 DIGE、代谢物同位素标记和 LC-MS 技术进行了比较。实验结果表明所用的方法变异系数相当，且都很低。然而和代谢物标记法相比，DIGE 技术的优势在于它适用于来自较大生物体的样品分析。此外，DIGE 技术更适用于存在多种亚型的蛋白质分离，而基于肽段来鉴定蛋白质的 LC-MS/MS 技术则无法实现亚型分析（Rose 2005）。

在蛋白质组计划中，通过相对丰度的测定，通常可以发现一些已知和未知的蛋白质。然而假设驱动或面向系统的蛋白质组学旨在系统地分析一亚群蛋白质，如一组序列相关或功能相关的蛋白质。因此，在该领域研究中蛋白质阵列技术可以发挥重要作用。现在常用的稳定的蛋白质微阵列技术不仅结合效率高、特异性好，而且通量很高（Stoll et al. 2005），主要包括抗体阵列、噬菌体展示抗体阵列和多肽识别阵列。在严格限定和控制 pH、温度、离子强度、辅助因子存在与否等条件下，可以对不同样品或者亚蛋白质组样品进行分析。其测试底物结合以及确定最佳实验条件的能力有利于进行大规模生化活性筛选和蛋白质的相互作用研究（Stoll et al. 2005；Zhu et al. 2000）。因此它们提供了一种分析天然蛋白质功能的工具。阵列技术潜在应用的最佳实例就是对钙调蛋白结合伴侣的研究。该蛋白质是一种与生长、分化和膜转运密切相关的保留膜蛋白质（conserved membrane protein）和第二信使。Zhu 等在 2001 年构建了具有 5800 种不同蛋白质的阵列，其中包含了酵母可读框中 93％的蛋白质。基于此，发现了 6 个已知的和 33 个新的钙结合蛋白。虽然基于阵列的蛋白质组学仍处于研究初期，但在构建蛋白质检测微阵列过程中已经吸收了微阵列技术的一些概念（Kodadek 2001，2002；MacBeath 2002）。蛋白质检测微阵列可以采用不同的亲和试剂（通常是抗体），并将其高密度地固定在载体表面。每一种亲和试剂可从复杂混合物（如血浆或细胞裂解液）中捕获其特异性结合的目标蛋白质，随后再进行检测和定量（MacBeath 2002）。由于这一话题已超出了本章的范围，我们推荐读者参考其他关于抗体阵列（Barry and Soloviev 2004）或蛋白质结合适配体阵列的文献。尽管蛋白质结合适配体阵列在蛋白质组实验中的应用较少，但与抗体阵列相比，这种阵列还是有优势的（Stadtherr et al. 2005）。

4.3　质谱相对定量方法

基于 MS 的定量方法是 2-DE 和蛋白质芯片定量技术的重要扩展。它在最近 10 年的普及速度非常快。MS 技术不仅易于自动化，而且高通量，对于开展全面和精确的定量研究更具潜在的吸引力。这种方法与前一部分涉及的 2-DE 方法相比能提供更多的信息。最显著的一点是它可以鉴定待测的每一种蛋白质或肽段。MS 定量方法主要基于稳定同位素标记。该方法最初用于测量绝对值（De Leenheer and Thienpont 1992）。1999

年 Aebersold 和他的同事在该领域取得了重要突破。第一次报道了采用同位素亲和标签技术（ICAT）进行相对定量。这一方法吸引了许多研究人员的注意，并且开始发展类似的方法。尽管尚未在工业领域广泛使用，在过去几年里定量蛋白质组学取得的重要成就在于 LC 和电喷雾 MS 或基质辅助激光解析/电离（MALDI)-MS 的结合。继续发展能够和多种分离技术（如 1-DE、2-DE 和 LC）相结合的通用的定量方法是十分必要的。经过 5 年积极的发展，现在可把基于 MS 的相对定量策略分为以下 3 种（图 4.4）。

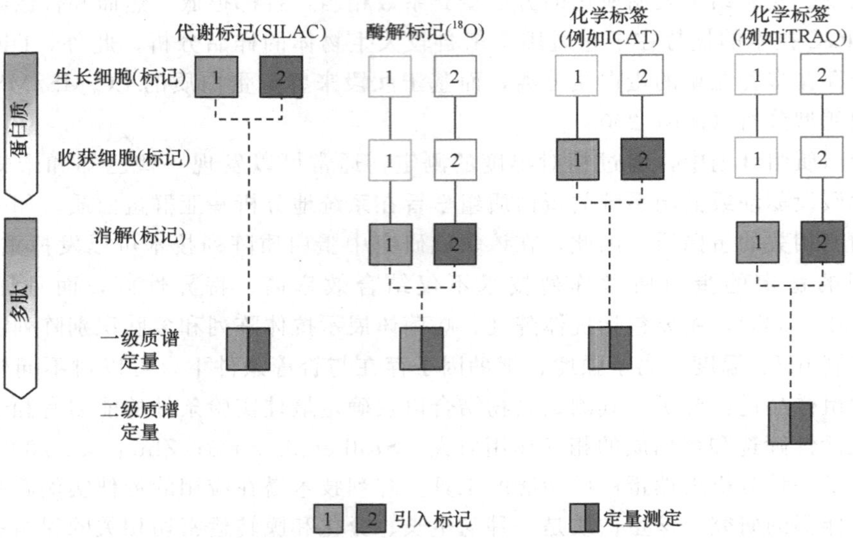

图 4.4　蛋白质中引入同位素及其在相对定量中的应用。单色方框表示在此步骤进行标记，而复色方框显示在此步骤进行定量测定。不同的标记策略在其领域都可能发生错误，或者超出常规仪器的所能测量的肽段数目范围。

1. 化学引入或标记：利用衍生试剂实现蛋白质专一位点的化学修饰（Cagney and Emili 2002；Chakraborty and Regnier 2002；Gehanne et al. 2002；Goodlett et al. 2001；Guo et al. 2002；Gygi et al. 1999；Hamdan and Righetti 2002；Munchbach et al. 2000；Niwayama et al. 2001；Peters et al. 2001；Qiu et al. 2002；Wang and Regnier 2001）。
2. 生物或代谢引入：在富含稳定同位素的氨基酸介质中培养细胞，实现肽段/蛋白质的标记（Conrads et al. 2001；Oda et al. 2001；Ong et al. 2002）。
3. 酶引入：在酶解成肽段的过程中实现蛋白质的标记。在酶解过程中，在肽段断裂位点的 C 端引入同位素重水中的^{18}O 进行标记。

这方面的很多工作已经被讨论介绍过。我们推荐读者参考 Hamdan 和 Righetti 在 2002 年或者 Sechi 和 Oda 在 2003 年撰写的关于蛋白质组学质谱定量的综述。近年来发展的不采用稳定同位素标记提取蛋白质差异表达信息的方法尚没有受到广泛的关注。我们将会在第 4.3.5 节中介绍该方法。

4.3.1　绝对定量还是相对定量？

相对定量和绝对定量有很重要的区别。对于相对定量而言，如 DIGE 技术或同位素标记（第 4.3.2 节），得到的是关于两个或多个实验条件下，样品中一个或多个蛋白质相对丰度的半定量信息。但是这些信息并不是以克、摩尔数或者确切的浓度等形式反映实际的蛋白质的量。采用 1992 年 De Leenheer 和 Thienpont 以及 Gerber 等在 2003 年报道的绝对定量方法，未知样品中蛋白质或肽段的实际量或浓度可通过测定未知样品和已知样品中化学合成肽的比例来获得。我们在稍后部分将对绝对定量进行简要的概括。这里我们还是先讨论基于 MS 的相对定量方法。

利用 MS 寻找两个样品中生物学的相关差异时，通常以特殊的方式对其中一个样品标记稳定的重同位素，对另外一个样品不标记或者标记轻同位素。非放射性的重同位素（^{2}H、^{15}N、^{13}C）可以在细胞代谢过程中作为化学标签引入；也可通过酶引入（最常用的是在蛋白质水解过程中引入^{18}O）；或者基于共价结合"标签"中同位素组成的差异。在上述所有情况中，轻链标记和重链标记的样品在进行 MS 分析前以等量混合，再通过 MS 测定轻链标记和重链标记肽段的比例，获得两个样品相对量的数据。无论采用哪种引入方式，都可以把重/轻试剂颠倒使用，进行重复实验，以此证实观测到的差异（Wang et al. 2002）。

4.3.2　利用化学标签引入稳定同位素

利用含稳定同位素的试剂进行相对定量蛋白质组学研究的方法有很多种。正如上文提到的这些方法均可观测到在两个不同细胞状态的肽段之间的质量差异。当然，质量差也可能是由标记位点化学组成的不同产生的，如乙酰基和丙酰基。这会引起因物理化学性质（在这种情况是疏水性）不同，导致标记的肽段在 LC-MS 中产生不必要的分离。因此，该方法限用于直接采用 MALDI MS 进行分析。

不管采用何种化学标记过程，基于稳定同位素的相对定量的策略通常如下：一种生物学状态的蛋白质或肽段通过化学法引入一个含有正常或"轻"同位素分布（^{1}H、^{12}C、^{14}N、^{16}O）的标签试剂；另一种生物学状态的蛋白质或肽段也平行标记含有"重"（^{2}H、^{13}C、^{15}N、^{18}O）同位素的同一试剂；将标记的蛋白质或肽段混合，从而保证之后任何样品损失对于给定肽段都是平行的，即"轻链"和"重链"标记肽段按比例损失，以便保持两种肽段的比例。这也与包含混合两个不同标记样品的 DIGE 技术以及将在第 4.3.5 节中讨论的使用内标的绝对定量方法相似。一般来说，"轻肽"和"重肽"间的分子质量差最好不小于 4 Da，以便更清楚地分离两种形式的肽段（通常含有 2 个或 3 个电荷）。尽管氘的价格相对较低，且经常用于概念验证实验中，然而氘标记会产生色谱保留行为的差异，因此^{13}C 是更好的重同位素选择。在最后的肽段分离和 MS 测定轻、重标记的肽段比例前，如果选择的标签合适，还可以进行标记肽段的选择性提取，从而降低所需分析肽段的复杂性。

轻重同位素标签的引入受多种试剂和技术的影响。有趣的是，19 世纪 60～70 年代发展的蛋白质和肽段化学修饰在现代蛋白质组学研究中找到了新的应用。应该注意到，最初用于纯化修饰蛋白质的经典化学方法，尽管对于标准蛋白质或者相对简单的混合物的概念性验证实验的效果很好，但这并不能说明对于丰度范围较宽的复杂样品也会得到理想的绝对专一性。这在确保反应完全时尤其如此。一个可能的例外是 Peters 在 2001 年提到的 2-甲氧基-4,5-二氢-1*H*-咔唑。尽管在氨基乙酸存在的情况下，也有少量试剂能与 α-氨基反应，但与 *O*-甲基异脲相比，这一试剂能更特异性地与赖氨酸残基的 ε-氨基反应（Peters，私人交流）。许多经典化学反应不成功的因素是多种多样的。例如，没有商品化的标记试剂或者试剂合成困难、特异性不好、没有合适的可自动分析成百上千肽段的软件以及方法有专利保护。也可能是尽管概念验证实验成功，但无法用于实际样品分析。这使得绝大多数蛋白质组学研究工作目前仍集中在采用 ICAT 和 iTRAQ 的衍生试剂（以上两种均商品化）以及在酶解过程中引入 ^{18}O。我们将在第 4.3.3 节单独讨论在蛋白质酶解过程引入 ^{18}O。2004 年 Leitner 和 Lindner 对同位素标签法进行了综述。表 4.1 列举了基于 MS 定量所使用的标签试剂。尽管不是很全面，但汇总了可能引入的多种化学标签。

表 4.1 基于 MS 相对定量蛋白质组学方法中使用的试剂。此外，还有甲基和乙基酯化；甲基碘、*N*-甲基马来酰亚胺和 *N*-乙基马来酰亚胺、*N*-乙基碘代乙酰胺和 *N*-丁基碘代乙酰胺烷基化；*S*-甲基硫代乙酰胺（和丙酸胺）化；标记 *O*-甲基异尿以及多种卤化试剂。上述体现在 Leitner 和 Lindner 2004 年撰写的综述中

试剂	反应	标记引入[a]	注释	参考文献
乙酰-*N*-羟基琥珀酰亚胺酯	氨基的酰化	H_3/D_3	反应不完全专一；不能同时定量	—
乙酸酐	氨基的酰化	H_3/D_3	同上；免疫亲和中采用	Warren 等(2004)
丙酸酐	氨基的酰化	H_{10}/D_{10}	用于消解后酰化 N 端残基	Zappacosta 和 Annan(2004)
丙酸-*N*-羟基琥珀酰亚胺酯	氨基的酰化	$^{12}C_3/^{13}C_3$	反应不完全专一，不能同时定量	Zhang 等(2005)
琥珀酸酐	氨基的酰化	H_4/D_4	使氨基转变成羧基	
烟酰-*N*-羟基琥珀酰亚胺酯	氨基的酰化	H_4/D_4 或 $^{12}C_6/^{13}C_6$	同位素编码蛋白标记；电荷辅助 MS/MS	Schmidt 等(2005)
苯异硫氰酸酯	氨基的苯硫胺甲基化	H_5/D_5	对 N 端不完全专一	—
2-甲氧基-4,5-二氢-1*H*-咔唑	赖氨酸的胍基化		安捷伦作为 4H 试剂商品化；直接 MS/MS 碎裂	Peters 等(2001)
ICAT	巯基的烷基化	H_8/D_8	降低复杂性；试剂可从 ABI 得到；不理想	Gygi 等(1999)
固相 ICAT	巯基的烷基化	H_8/D_8	光化学断裂非常脆弱	Zhou 等(2002)
可断裂 ICAT	巯基的烷基化	$^{12}C_n/^{13}C_n$	降低复杂性；试剂可从 ABI 购得；昂贵	Molly 等(2005)
iTRAQ		$^{12}C_n/^{13}C_n$	等重，通过 MS/MS 观测差异，ABI 出售	Choe 等(2005)
N-叔丁基碘代乙酰胺和碘乙醯苯胺	巯基的烷基化	H_5/D_5 和 H_9/D_9	半胱氨酸残基定量的烷基化	Pasquarello 等(2004)
2-乙烯基吡啶	巯基的烷基化	H_4/D_4	洁净，更好地定量烷基化	—
丙烯酰胺	加成到巯基上	H_3/D_3	半胱氨酸残基定量的烷基化	Sechi(2002)

续表

试剂	反应	标记引入[a]	注释	参考文献
甲醛	氨基的还原烷基化	两种醛：H_4/D_4	从 HCHO 和 DCDO 形成的二甲基衍生物	Hsu 等(2003)
硝基苯磺酰氯	色氨酸的烷基化	$^{12}C_6/^{13}C_6$		Kuyama 等(2003)
丙烯酰四胺混合物	巯基的烷基化	目前尚没有	阳离子交换富集；APTA/QAT	Ren 等(2004)
His 标签，S-吡啶	SS	H_4/D_4	Hys 标签；富集烷基化的半胱氨酸肽	Olsen 等(2004)
ECAT	巯基的烷基化	螯合的金属离子	元素编码亲和标签，能够多元化，免疫富集	Whetstone 等(2004)
碘乙酰 VICAT	取代巯基	^{13}C，^{15}N，^{14}C 追踪	可见 ICAT，很复杂：^{14}C，生物素，光解	Lu 等(2004)
共价捕集	半胱氨酸 SS 在固相	^{18}O 中消化		Liu 等(2004)
共价捕集	使用碘乙酰使半胱氨酸 alk 于固相	$^{13}C_9$		Shi 等(2004)
共价捕集	使用马来酰亚胺使半胱氨酸 alk 于固相	H_{10}/D_{10}	酸不稳定的同位素编码提取物	Qiu 等(2002)

注：D. 氘；MS/MS. 二级质谱；

a. 原子后的数字代表原子在标记试剂中出现的次数。

尽管在稳定同位素标记中使用了很多精巧的设计，但仍需要不断发展专一性更好、更精确以及更易于使用的技术。一些试剂主要与氨基反应，另一些试剂则相当专一地与巯基反应。一些试剂包含了亲和基团或其他基团，以用于辅助标记选择性富集的肽段，从而降低最后 MS 分析混合物的复杂性。此外，还可基于电荷、疏水性、亲和或免疫亲和实现目标肽段的选择性富集。蛋白质组数据即使没有任何标记也非常复杂。当采用先进的分离技术后，需要使用高级的生物信息学技术对这些数据进行数据分析。然而，这些技术正在不断发展中。如果想了解这些数据分析方面的工作，可以参考近年来关于自动法分析 MS 测定的同位素标记样品的报道（Zhang et al. 2005）。

4.3.3 酶催化引入稳定同位素

在^{18}O存在的情况下，酶解蛋白质能够产生同位素标记的肽段。最常用的方法是在胰蛋白酶的酶解过程中引入^{18}O，也可以采用 Glu-C 和 Lys-C 等其他能形成共价酰-酶中间体的内肽酶，用于分析 *N*-糖基化的酶“肽-*N*-糖苷酶 F”（PNGase F）。同时在肽段断裂反应中也能引入一个氧原子，实现同位素标记。胰蛋白酶水解的机制如图 4.5 所示。将最初的酰化酶水解，即可从介质中的水引入标记。具有 C 端特定残基（如采用胰蛋白酶时的赖氨酸或精氨酸）的肽段可重新结合到酶上，并继续进行水解。多次再结合和再水解使得^{18}O取代未标记的肽段，直到与介质达到平衡为止。

人们采用水解过程引入标记氧鉴定 C 端肽的方法已有 20 多年的历史（Rose et al. 1983）。尽管这种技术得到了改进，包括在标记过程中，先在未标记的水中预酶解，再在标记的水中重新酶解（Yao et al. 2001，2003）。然而至今为止标记过程的细节尚未

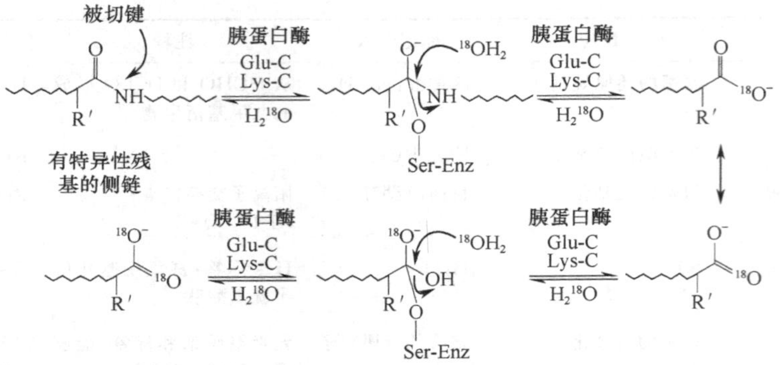

图 4.5　酰化酶中间体形成后在水解过程中引入氧。被断裂的底物重新结合到酶上，并继续水解，直到氧同位素与大量介质中的氧达到平衡。（引自 Yao et al. 2003）

完全弄清。Hicks 等在 2005 年报道某些肽段的标记效率低于 50%。尽管如此，Sakai 等使用离子阱 MS 对^{18}O标记和 ICAT 标记进行了比较，结果表明^{18}O标记更有优势（Sakai et al. 2005）。

从上述讨论可以很明显看出，一个内肽酶断裂 N 端特定的残基（如 Asp N）通常仅在释放的羧基中引入一个氧原子（Rao et al. 2005）。这是由于在专一断裂残基（如 Asp）丢失以后，酶和已标记羧基的重新结合比较困难。高 pH 也用于酶解过程，有助于羧酸形成羧酸盐，因而在低 pH（6.0）以下能观测到额外的结合。

4.3.4　通过生物学的代谢标记引入稳定同位素

当培养细胞或小生物体时，可通过使用含有^{13}C-葡萄糖、$^{15}NH_3$或者^{13}C标记氨基酸的培养基引入稳定同位素（Gu et al. 2004）。这一方法被称为 SILAC 技术（stable isotope labelling by amino acids in cell culture）——通过细胞培养基中氨基酸进行稳定同位素标记的简写（Blagoev et al. 2003）。采用 SILAC 法，可将细胞培养基中必需的“重”营养物引入正在合成新蛋白质的生长细胞中。从标记和未标记的细胞中提取的蛋白质混合后再进行 MS 分析。Snijders 等在 2005 年使用$^{15}NH_3$、^{13}C标记和未标记 3 种方式使每一肽段产生了 3 种形式。这样便可在进行相对定量的同时，估算出每个肽段碳原子和氮原子的组成。如第 4.2 节所示，现已有人对代谢标记和 DIGE 技术进行了比较（Kolkman et al. 2005）。

与 ICAT 法不同，SILAC 法不需要化学标记或亲和纯化的步骤。该方法可适用于多种细胞培养条件，甚至包括原代细胞培养。Ong 等在 2002 年的报道中显示，该方法不仅标记完全，而且在标记培养基中的细胞仍能正常生长。他们应用 SILAC 法研究了小鼠的 C2C12 细胞，并跟踪了从成肌细胞到肌小管的分化。研究发现，在肌细胞的分化过程中，当细胞从一类分化成另一类时，蛋白质的表达水平产生了很大的改变，使得许多蛋白质在这一过程中的表达增加了。

4.3.5　不使用稳定同位素标记的相对定量法

Wang 等在 2003 年报道了另外一种利用 LC-MS 检测丰度差异蛋白质的方法。这是一种不需要同位素标记的新颖算法。他们的研究发现离子信号强度与分子浓度呈线性相关，且随着 LC-MS 实验次数的增加线性关系更好。这就可以在不引入同位素或其他标记（如前面所述）的情况下进行多种样品的定量差异分析。尽管该方法迅速被多个研究小组（Nunn et al. 2006；Prakash et al. 2006；Radulovic et al. 2004）采用，但却仍未能成为主流方法。因此，这种方法的局限性尚不清楚。与现有的同位素标记法相比，这种方法实际上有许多优点。最明显的优势在于它适用于临床研究等较大的实验设计，而使用差异同位素标记（ICAT、SILAC 或 iTRAQ）的实验仅限于两组、最多四组样品的比较。此外，标记方法还有其他缺点，包括样品的复杂性增加会导致蛋白质的覆盖率降低；每种标记都至少使肽段以及必需的 MS/MS 分析数目翻倍；标记的实验成本很高等。

4.3.6 基于质谱的绝对定量法

绝对定量法也可用于蛋白质组学研究。1992 年 DeLeenheer 和 Thienpont 首先报道了该方法。2003 年，Gerber 也报道了这种方法。同年，Lill 对多种方法进行了综述。通常的策略是合成含有特定同位素的目标肽段，并耗尽而不是富集同位素（常为 ^{13}C）（Stocklin et al. 2000）。其优势包括：不存在色谱行为的差异；由于同位素分布窄，因此可以提高灵敏度；由于存在非自然的同位素分布，很容易识别同位素衰竭的肽段；成本相对较低（消耗材料比富集材料更便宜）（Nelson et al. 2004）。在样品中加入已知量的标记过的目标肽段后，即可通过 LC-MS/MS 进行分析。通过比较标记肽段的量和与之相对应的未标记肽段的量即可得到样品中肽段的确切量。

4.4 分析已知的翻译后修饰

通过专一地标记肽段上一个或多个残基进行定量是全蛋白质组和亚蛋白质组分析的有效方法。但是这种方法通常只能研究每一个蛋白质中很少量的肽段。尽管该方法适用于蛋白质的鉴定和定量，但并不能分析和定量翻译后修饰的蛋白质。因此，针对翻译后修饰蛋白质的定量，可结合选择性富集翻译后修饰肽段的策略。我们将介绍 3 种已开展规模定量的 3 种翻译后修饰：糖基化、磷酸化和泛素化分析。尽管这些方法尚未得到广泛应用，但已具备了大规模半定量分析蛋白质翻译后修饰的潜力。

4.4.1 糖基化

糖基化蛋白质具有很多重要的功能。与糖基化的结构相同，蛋白质的糖基化会产生具有显著差异的生物功能（见第 5 章）。例如，糖基化会影响蛋白质的正确折叠；蛋白质的糖基化与恶性肿瘤细胞的转移和肿瘤的发生密切相关。人体中存在两种已知形式的糖基化：*N*-连接糖基化和 *O*-连接糖基化。*N*-连接糖基化出现在天冬酰胺残基上，通常出现于 N-x-S/T 序列中（x 是除脯氨酸以外的任何氨基酸）（Bause 1983）；存在于分泌到血浆、脑脊髓液、尿液和其他体液中的蛋白质及膜蛋白的细胞外区域上。*O*-连接糖基化出现在丝氨酸或苏氨酸残基的侧链中。

不断发展的选择性富集策略和 MS 分析能力，极大地推动了蛋白质糖基化的定量研究。这里将讨论两种鉴定 *N*-连接糖肽的新方法（Kaji et al. 2003；Zhang et al. 2003）。Kaji 等在 2003 年的工作中将凝集素亲和纯化、同位素亲和标记以及 MS 分析法用于糖基化蛋白质的分析。2003 年，Zhang 等报道了另一种直接鉴定和定量 *N*-连接糖基化蛋白质的方法，并将该方法用于富集细胞表面的蛋白质和已去除白蛋白的血清样品分析。这两种方法既有相似之处又有所不同。相同点在于它们都先将蛋白质酶解为肽段。将糖肽进行选择性富集后，用 PNGaseF 释放 *N*-连接的多聚糖。最后再用 MS 鉴定肽段的 *N*-连接糖基化位点，并用同位素标签对糖肽的相对丰度进行定量。不同点在于糖肽捕获的机制以及同位素标记的方式。

凝集素亲和法采用凝集素亲和色谱从复杂混合物中纯化糖蛋白（Kaji et al. 2003）。富集的糖蛋白经胰蛋白酶酶解后，采用同样的凝集素柱富集糖肽。再在含^{18}O 水中用 PNGaseF 酶切 *N*-连接糖肽，从而产生糖基化位点专一的标签。具体定量方法与以前描述的^{18}O 标记方法一样。Zhang 等在 2003 年报道的方法中基于酰肼法将糖蛋白选择性地共价结合到固相载体。首先将样品用高碘酸氧化，使样品中含糖结构上的顺二醇基团转变成醛基。醛基可与固定在固相载体上的肼基形成共价相连的腙键；而非糖蛋白由于不能结合而被洗掉。固定的糖蛋白再用胰蛋白酶酶解。洗掉非糖肽后，仅将糖肽保留在固相载体上。在最后一步反应中，赖氨酸的 ε-氨基酸转变成高精氨酸后，固定的糖肽的 α-氨基再用琥珀酸酐（d_0/d_4，氘）的同位素轻链或重链标记。随后再用 PNGase F 将糖肽从固相载体上释放出来，并将被糖基化的天冬酰胺转变成天冬氨酸，从而在原来糖基化的天冬酰胺残基上增加 1 Da 分子质量。采用高精度的 MS 单次分析即能鉴定 *N*-连接糖基化的蛋白质和 *N*-糖基化的位点。若使用稳定同位素标记，还可以获得糖肽的相对质量。该方法已用于血清蛋白质谱和血清细胞表面的糖蛋白分析。值得指出的是，白蛋白作为最高丰度的血清蛋白质却不含有任何的 *N*-连接糖基化位点，因此不会在这一方法中造成干扰。Zhang 等报道的方法，其特点是尽管尚未实现大规模的研究，但它既可以用于共价结合（释放）*N*-连接糖蛋白，又可以用于 *O*-连接糖蛋白的分析。由于 PNGaseF 仅能释放 *N*-连接糖基化肽，所以必须使用其他策略释放 *O*-连接糖肽。需按顺序使用一组内肽酶，以便去除单糖。直到仅剩下 Galβ1,3GalNAc 核连接在丝氨酸或苏氨酸残基上后，用 *O*-糖苷酶释放 Galβ1,3GalNAc 核。2004 年，Zhang 等已详尽地介绍了该方法。如果在肽段或者蛋白质中含有 N 端丝氨酸或苏氨酸残基，情况会变得更复杂。这是因为这些氨基酸经高碘酸氧化也能转变成醛（乙醛酰），从而形成腙键。

4.4.2 磷酸化

受体介导的细胞内信号可以调控绝大多数的细胞生理平衡，包括细胞增殖、分化和凋亡。这种调控可通过蛋白质的可逆磷酸化实现（Cohen 2000；Hunter 2000；Pawson 1995；Pawson and Scott 1997）。蛋白质的磷酸化广泛存在。据估计哺乳动物的磷酸化蛋白质占总数的 1/3，其中有许多具有多磷酸化位点（Cohen 2003；Mann et al. 2002）。最常见的磷酸化修饰位于丝氨酸、苏氨酸和酪氨酸。此外，精氨酸、组氨酸、赖氨酸以及酰基衍生的天冬氨酸和谷氨酸（尽管丰度很低）也会发生磷酸化修饰。然而其中的一些修饰通常检测不到，除非采取特殊的措施以避免其在蛋白质分离和分析过程中发生丢失（Krishna and Wold 1993）。

常见的蛋白质磷酸化分析策略有 3 种：第一种是基于 MS 的方法。通过使用特殊类型的 MS 仪器，并采用多种离子化和扫描方式，实现简单混合物中磷酸化肽段的检测和鉴定（Corthals et al. 2005）。另外两种方法是在选择性富集磷酸化蛋白质或者磷酸化肽段后再进行 MS 分析。磷酸化蛋白质或磷酸化多肽的分离对所有这些方法的成功与否都是至关重要的。这是因为许多磷酸化蛋白质的含量极低，且磷酸化率也很低。此外还存在多种不同的磷酸化蛋白质异构体。这些都会进一步增加专一性位点分析的复杂性。因此，必须对磷酸化蛋白质或肽段进行分离富集，才能满足对其进行鉴定和定量的需要。

磷酸化蛋白质的富集可使用固定金属亲和色谱（IMAC）法（Andersson and Porath 1986；Posewitz and Tempst 1999）或抗体法（Gronborg et al. 2002）实现。抗体技术已被成功用于大量的蛋白质组学研究中，特别是对磷酸化氨基酸或者含有磷酸化氨基酸的特殊氨基酸序列有很高的特异性。尽管尚未开发出该方法的全部潜能，但已有很多应用实例。其中一个典型的应用是将免疫共沉淀与甲基酯化和 IMAC 法富集胰蛋白酶酶解产生的磷酸化多肽相结合，再利用 MS 进行序列分析（Salomon et al. 2003）。另一小组在随后的研究中发现，甲基酯化并不能降低 IMAC 材料对非磷酸化多肽的吸附。更确切地说应该是增强了磷酸化肽段的特异性洗脱（Haydon et al. 2003）。尽管如此，仍然需要发展能够对所有磷酸化蛋白质或磷酸化肽段进行选择性富集的通用型方法。尽管超过 90%的蛋白质磷酸化出现在丝氨酸或苏氨酸残基上，但是由于缺少亲和性高和反应活性强的磷酸化丝氨酸或磷酸化苏氨酸专一抗体，显然，免疫亲和纯化磷酸化丝氨酸或磷酸化苏氨酸蛋白不如纯化磷酸化酪氨酸蛋白成功。

传统的磷酸化蛋白质的定量分析是通过结合磷酸化蛋白质的无机磷［^{32}P］放射性代谢标记和 2-DE、SDS 聚丙烯酰胺凝胶电泳或二维磷酸肽图谱法实现（Gallis et al. 1999）。利用 MS 鉴定蛋白质，并发现磷酸化氨基酸（Becker et al. 1998；Gallis et al. 1999）。如有合适可用的抗体，2-DE 也可用于定量检测磷酸化蛋白质的差异。经蛋白质印迹，并重新排列含有检测到的磷酸化蛋白质的胶条后，可利用 MS 实现磷酸化位点的鉴定（Tremolada et al. 2005）。然而该方法耗时长、专一性低，已逐步被发展的新方法所取代。

采用不同的同位素编码标签标记两个样品，并将样品混合后进行分析的方法可直接实现定性和定量分析。采用该方法，可以提高样品的分析速度。每个磷酸化肽在质谱图中均出现双峰，其相对丰度反映了每个样品中磷酸化肽的量。可采用代谢法标记蛋白质、化学法标记肽段 N 端或 C 端的官能团（Bonenfant et al. 2003；Liu and Regnier 2002；Yao et al. 2001）或者根据表 4.1 中报道的多种其他方法进行样品标记。

一些专门为磷酸化蛋白质定量分析而设计的新方法很值得我们关注。这些方法通过磷酸酰胺法对磷酸化氨基酸进行化学衍生（Zhou et al. 2001），或者通过 β-消除和迈克尔加成反应将磷酸化位点转化成共价亲和标签（Goshe et al. 2002；Oda et al. 2001；Weckwerth et al. 2000）来实现。尽管采用上述方法可直接分析丝氨酸、苏氨酸和酪氨酸的磷酸化位点，但是这些方法相对复杂，且产率较低。β-消除和迈克尔加成反应还有另外两个缺点。首先，它们仅限于分析丝氨酸和苏氨酸残基，而不能分析其他的磷酸化氨基酸；其次，细胞内的丝氨酸和苏氨酸也可能通过*O*-连接的*N*-乙酰葡萄糖胺发生动态的糖基化修饰（Wells et al. 2001）。Knight 和他的同事对这些方法进行了很好的拓展。将β-消除和迈克尔加成反应用于产生可被赖氨酸专一的蛋白酶酶切从而标记磷酸化位点的赖氨酸类似物（分别是氨乙基半胱氨酸和β-甲基氨乙基半胱氨酸）（Knight et al. 2003；Rusnak et al. 2002）。通过固相载体上的巯基乙胺，可将磷酸化肽的选择性捕集和鉴定在一步内完成。甚至与^{18}O标记结合，就同时可进行定量分析。

4.4.3　泛素化

泛素是一个含有 76 个氨基酸的小蛋白质。通常作为单体或赖氨酸连接链共价结合在蛋白质上。通过多种酶动态的泛素化修饰可产生大量不同的蛋白质功能。泛素化修饰通常与目标蛋白酶体的蛋白质降解相关，但也有其他与蛋白酶体的降解并不相关的细胞功能。泛素与蛋白质的连接方式显然也会影响其功能。从发展异常和自身免疫性疾病到神经退行性疾病和癌症的多种疾病中，均发现了有缺陷的泛素调节（Layfield et al. 2001；Weissman 2001）。

在泛素化过程中，泛素共价结合到目标蛋白质赖氨酸残基的ε-氨基上。经胰蛋白酶酶解后，泛素化蛋白在泛素化位点产生一个含有二甘氨酸残基的信号肽，从而导致在赖氨酸残基处产生 114.1 Da 的分子质量变化。酶切位点的丢失是由于胰蛋白酶不能酶切修饰后的赖氨酸。可通过使用 ICAT 标签进行泛素化的定量分析（Gygi et al. 1999）。然而，ICAT 标签仅针对含有半胱氨酸残基的肽段，因此会丢失许多泛素化位点。此外，还可以使用稳定代谢同位素标记法，在活性细胞中引入同位素（Blagoev et al. 2003；Ong et al. 2002）。该方法的明显优势在于能对不含半胱氨酸的肽段进行定量分析，从而可将大多数二甘氨酸信号肽纳入分析范围。

4.5　结语

可采用多种方法进行蛋白质的定量分析。但是在考虑蛋白质组定量方法前，必须将依赖于精密仪器控制以及数据分析软件的 MS 和包含了生物化学以及色谱过程等多种科学的工作流程相结合。目前的 MS 仪可重复进行以下操作，包括自动测定比例、从混合离子中选择特定的离子和碎片离子，以及准确地记录质量和产生碎片离子的比例。因此，理想的分析策略应与仪器的分析能力相匹配。在充分考虑分析能力的情况下，有利于选择最终的研究策略。

任何分析策略都必须能给出与科学计划目标相关的结果。正如本章开始时提到的定量分析所覆盖的三个重要领域。用于诊断目的，需要详细说明细胞或生物体液的数量和组成；用于评价疾病状态和药效，也需要类似的定量和成分分析；相对定量为开展针对特定细胞机制的研究提供了一种差减分析的工具，最终可以提供上调或下调蛋白质的功能信息。必须在充分考虑这些问题的基础上，精心选择定量蛋白质组的研究策略。

致谢：感谢日内瓦大学和瑞士国家自然科学基金委的财政支持。

参考文献

Andersson L, Porath J (1986) Isolation of phosphoproteins by immobilized metal (Fe3+) affinity chromatography. Anal Biochem 1:250–254

Barry R, Soloviev M (2004) Quantitative protein profiling using antibody arrays. Proteomics 4:3717–3726

Bause E (1983) Structural requirements of N-glycosylation of proteins. Studies with proline peptides as conformational probes. Biochem J 209:331–336

Becker S, Corthals GL, Aebersold R, Groner B, Muller CW (1998) Expression of a tyrosine phosphorylated DNA binding Stat3beta dimer in bacteria. FEBS Lett 441:141–147

Blagoev B, Kratchmarova I, Ong SE, Nielsen M, Foster LJ, Mann M (2003) A proteomics strategy to elucidate functional protein-protein interactions applied to EGF signaling. Nat Biotechnol 21:315–318

Bonenfant D, Schmelzle T, Jacinto E, Crespo JL, Mini T, Hall MN, Jenoe P (2003) Quantitation of changes in protein phosphorylation: a simple method based on stable isotope labeling and mass spectrometry. Proc Natl Acad Sci USA 100:880–885

Cagney G, Emili A (2002) De novo peptide sequencing and quantitative profiling of complex protein mixtures using mass-coded abundance tagging. Nat Biotechnol 20:163–170

Chakraborty A, Regnier FE (2002) Global internal standard technology for comparative proteomics. J. Chromatogr A 949:173–184

Choe LH, Aggarwal K, Franck Z, Lee KH (2005) A comparison of the consistency of proteome quantitation using two-dimensional electrophoresis and shotgun isobaric tagging in *Escherichia coli* cells. Electrophoresis 26:2437–2449

Cohen P (2000) The regulation of protein function by multisite phosphorylation – a 25 year update. Trends Biochem Sci 25:596–601

Cohen P (2002) Protein kinases – the major drug targets of the twenty-first century? Nat Rev Drug Discov 1:309–315

Conrads TP, Alving K, Veenstra TD, Belov ME, Anderson GA, Anderson DJ, Lipton MS, Pasa-Tolic L, Udseth HR, Chrisler WB, Thrall BD, Smith RD (2001) Quantitative analysis of bacterial and mammalian proteomes using a combination of cysteine affinity tags and 15N-metabolic labeling: Anal Chem 73:2132–2139

Corthals GL, Aebersold R, Goodlett DR (2005) Identification of phosphorylation sites using microimmobilized metal affinity chromatography. Methods Enzymol 405:66–81

De Leenheer AP, Thienpont LM (1992) Application of isotope dilution-mass spectrometry in clinical chemistry pharmacokinetics and toxicology. Mass Spectrom Rev 11:249–307

Gallis B, Corthals GL, Goodlett DR, Ueba H, Kim F, Presnell SR, Figeys D, Harrison DG, Berk BC, Aebersold R, Corson MA (1999) Identification of flow-dependent endothelial nitric-oxide synthase phosphorylation sites by mass spectrometry and regulation of phosphorylation and nitric oxide production by the phosphatidylinositol 3-kinase inhibitor LY294002. J Biol Chem 274:30101–30108

Gehanne S, Cecconi D, Carboni L, Righetti PG, Domenici E, Hamdan M (2002) Quantitative analysis of two-dimensional gel-separated proteins using isotopically marked alkylating agents and matrix-assisted laser desorption/ionization mass spectrometry. Rapid Commun Mass Spectrom 16:1692–1698

Gerber SA, Rush J, Stemman O, Kirschner MW, Gygi SP (2003) Absolute quantification of proteins and phosphoproteins from cell lysates by tandem MS. Proc Natl Acad Sci USA 100:6940–6945

Goodlett DR, Keller A, Watts JD, Newitt R, Yi EC, Purvine S, Eng JK, von Haller P, Aebersold R, Kolker E (2001) Differential stable isotope labeling of peptides for quantitation and *de novo* sequence derivation. Rapid Commun Mass Spectrom 15:1214–1221

Gorg A, Weiss W, Dunn MJ (2004) Current two-dimensional electrophoresis technology for proteomics. Proteomics 4:3665–3685

Goshe MB, Veenstra TD, Panisko EA, Conrads TP, Angell NH, Smith RD (2002) Phosphoprotein isotope-coded affinity tags application to the enrichment and identification of low-abundance phosphoproteins. Anal Chem 74:607–616

Greengauz-Roberts O, Stoppler H, Nomura S, Yamaguchi H, Goldenring JR, Podolsky RH, Lee

JR, Dynan WS (2005) Saturation labeling with cysteine-reactive cyanine fluorescent dyes provides increased sensitivity for protein expression profiling of laser-microdissected clinical specimens. Proteomics 5:1746–1757

Gronborg M, Kristiansen TZ, Stensballe A, Andersen JS, Ohara O, Mann M, Jensen ON, Pandey A (2002) A mass spectrometry-based proteomic approach for identification of serine/threonine-phosphorylated proteins by enrichment with phospho-specific antibodies identification of a novel protein, Frigg, as a protein kinase A substrate. Mol Cell Proteomics 1:517–527

Gu S, Du Y, Chen J, Liu Z, Bradbury EM, Hu CA, Chen X (2004) Large-scale quantitative proteomic study of PUMA-induced apoptosis using two-dimensional liquid chromatography-mass spectrometry coupled with amino acid-coded mass tagging. J Proteome Res 3:1191–1200

Guo L, Eisenman JR, Mahimkar RM, Peschon JJ, Paxton RJ, Black RA, Johnson RS (2002) A proteomic approach for the identification of cell-surface proteins shed by metalloproteases. Mol Cell Proteomics 1:30–36

Gygi SP, Rist B, Gerber SA, Turecek F, Gelb MH, Aebersold R (1999) Quantitative analysis of complex protein mixtures using isotope-coded affinity tags. Nat Biotechnol 17:994–999

Hamdan M, Righetti PG (2002) Modern strategies for protein quantification in proteome analysis: advantages and limitations. Mass Spectrom Rev 4:287–302

Haydon CE, Eyers PA, Aveline-Wolf LD, Resing KA, Maller JL, Ahn NG (2003) Identification of novel phosphorylation sites on *Xenopus laevis* aurora A and analysis of phosphopeptide enrichment by immobilized metal-affinity chromatography. Mol Cell Proteomics 2:1055–1067

Heller M, Mattou H, Menzel C, Yao X (2003) Trypsin catalyzed ^{16}O to ^{18}O exchange for comparative proteomics tandem mass spectrometry comparison using MALDI-TOF ESI-QTOF and ESI-ion trap mass spectrometers. J Am Soc Mass Spectrom 14:704–718

Hicks WA, Halligan BD, Slyper RY, Twigger SN, Greene AS, Olivier M (2005) Simultaneous quantification and identification using ^{18}O labeling with an ion trap mass spectrometer and the analysis software application "ZoomQuant". J Am Soc Mass Spectrom 16:916–925

Hsu JL, Huang SY, Chow NH, Chen SH (2003) Stable-isotope dimethyl labeling for quantitative proteomics. Anal Chem 75:6843–6852

Hunt SM, Thomas MR, Sebastian LT, Pedersen SK, Harcourt RL, Sloane AJ, Wilkins MR (2005) Optimal replication and the importance of experimental design for gel-based quantitative proteomics. J Proteome Res 4:809–819

Hunter T (2000) Signaling – 2000 and beyond. Cell 100:113–127

Kaji H, Saito H, Yamauchi Y, Shinkawa T, Taoka M, Hirabayashi J, Kasai K, Takahashi N, Isobe T (2003) Lectin affinity capture isotope-coded tagging and mass spectrometry to identify N-linked glycoproteins. Nat Biotechnol 21:667–672

Knight ZA, Schilling B, Row RH, Kenski DM, Gibson BW, Shokat KM (2003) Phosphospecific proteolysis for mapping sites of protein phosphorylation. Nat Biotechnol 21:1047–1054

Kodadek T (2001) Protein microarrays prospects and problems. Chem Biol 8:105–115

Kodadek T (2002) Development of protein-detecting microarrays and related devices Trends Biochem Sci 27:295–300

Kolkman A, Dirksen EH, Slijper M, Heck AJ (2005) Double standards in quantitative proteomics direct comparative assessment of difference in gel electrophoresis and metabolic stable isotope labeling. Mol Cell Proteomics 4:255–266

Krishna RG, Wold F (1993) Post-translational modification of proteins. Adv Enzymol Relat Areas Mol Biol 67:265–298

Kuyama H, Watanabe M, Toda C, Ando E, Tanaka K, Nishimura O (2003) An approach to quantitative proteome analysis by labeling tryptophan residues. Rapid Commun Mass Spectrom 17:1642–1650

Layfield R, Alban A, Mayer RJ, Lowe J (2001) The ubiquitin protein catabolic disorders. Neuropathol Appl Neurobiol 27:171–179

Leitner A, Lindner W (2004) Current chemical tagging strategies for proteome analysis by mass spectrometry. J Chromatogr B 813:1–26

Lill J (2003) Proteomic tools for quantitation by mass spectrometry. Mass Spectrom Rev 22:182–194

Liu P, Regnier FE (2002) An isotope coding strategy for proteomics involving both amine and carboxyl group labeling. J Proteome Res 1:443–450

Liu T, Qian WJ, Strittmatter EF, Cam DG 2nd, Anderson GA, Thrall BD, Smith RD (2004) High-throughput comparative proteome analysis using a quantitative cysteinyl-peptide enrichment technology. Anal Chem 76:5345–5353

Lu Y, Bottari P, Turecek F, Aebersold R, Gelb MH (2004) Absolute quantification of specific proteins in complex mixtures using visible isotope-coded affinity tags. Anal Chem 76:4104–4011

MacBeath G (2002) Protein microarrays and proteomics. Nat Genet 32(Suppl): 526–532

Mann M, Ong SE, Gronborg M, Steen H, Jensen ON, Pandey A (2002) Analysis of protein phosphorylation using mass spectrometry deciphering the phosphoproteome. Trends Biotechnol. 20:261–268.

Marouga R, David S, Hawkins E (2005) The development of the DIGE system: 2D fluorescence difference gel analysis technology. Anal Bioanal Chem 382:669–678

Mirgorodskaya OA, Kozmin YP, TitoMI, Korner R, Sonksen CP, Roepstorff P (2000) Quantitation of peptides and proteins by matrix-assisted laser desorption/ionization mass spectrometry using ^{18}O-labeled internal standards. Rapid Commun Mass Spectrom 14:1226–1232

Molloy MP, Donohoe S, Brzezinski EE, Kilby GW, Stevenson TI, Baker JD, Goodlett DR, Gage DA (2005) Large-scale evaluation of quantitative reproducibility and proteome coverage using acid cleavable isotope coded affinity tag mass spectrometry for proteomic profiling. Proteomics 5:1204–1208

Munchbach M, Quadroni M, Miotto G, James P (2000) Quantitation and facilitated *de novo* sequencing of proteins by isotopic N-terminal labeling of peptides with a fragmentation-directing moiety. Anal Chem 72:4047–4057

Nelson RW, Nedelko D, Tubbs KA, Kiernan UA (2004) Quantitative mass spectrometric immunoassay of insulin like growth factor. J Proteome Res 3:851–855

Niwayama S, Kurono S, Matsumoto H (2001) Synthesis of d-labeled N-alkylmaleimides and application to quantitative peptide analysis by isotope differential mass spectrometry. Bioorg Med Chem Lett 11:2257–2261

Nunn BL, Shaffer SA, Scherl A, Gallis B, Wu M, Miller SI, Goodlett DR (2006) Comparison of a Salmonella typhimurium proteome defined by shotgun proteomics directly on an LTQ-FT and by proteome pre-fractionation on an LCQ-DUO. Brief Funct Genomic Proteomic 5:154–168

Oda Y, Nagasu T, Chait BT (2001) Enrichment analysis of phosphorylated proteins as a tool for probing the phosphoproteome. Nat Biotechnol 19:379–382

Olsen JV, Andersen JR, Nielsen PA, Nielsen ML, Figeys D, Mann M, Wisniewski JR (2004) HysTag – a novel proteomic quantification tool applied to differential display analysis of membrane proteins from distinct areas of mouse brain. Mol Cell Proteomics 3:82–92

Ong SE, BlagoeB, Kratchmarova I, Kristensen DB, Steen H, Pandey A, Mann M (2002) Stable isotope labeling by amino acids in cell culture SILAC as a simple and accurate approach to expression proteomics. Mol Cell Proteomics 1:376–386

Pasquarello C, Sanchez JC, Hochstrasser DF, Corthals GL (2004) N-t-Butyliodoacetamide and iodoacetanilide two new cysteine alkylating reagents for relative quantitation of proteins. Rapid Commun Mass Spectrom 18:117–127

Pawson T (1995) Protein modules and signalling networks. Nature 373:573–580

Pawson T, Scott JD (1997) Signaling through scaffold anchoring and adaptor proteins. Science 278:2075–2080

Peters EC, Horn DM, Tully DC, Brock A (2001) A novel multifunctional labeling reagent for enhanced protein characterization with mass spectrometry. Rapid Commun Mass Spectrom 15:2387–2392

Posewitz MC, Tempst P (1999) Immobilized gallium(III) affinity chromatography of phosphopeptides. Anal Chem 71:2883–2392

Prakash A, Mallick P, Whiteaker J, Zhang H, Paulovich A, Flory M, Lee H, Aebersold R, Schwikowski B (2006) Signal maps for mass spectrometry-based comparative proteomics. Mol Cell Proteomics 5:423–432

Qiu Y, Sousa EA, Hewick RM, Wang JH (2002) Acid-labile isotope-coded extractants a class of reagents for quantitative mass spectrometric analysis of complex protein mixtures. Anal Chem 74:4969–4979

Radulovic D, Jelveh S, Ryu S, Hamilton TG, Foss E, Mao Y, Emili A (2004) Informatics platform for global proteomic profiling and biomarker discovery using liquid chromatography-tandem mass spectrometry. Mol Cell Proteomics 3:984–997

Ren D, Julka S, Inerowicz HD, Regnier FE (2004) Enrichment of cysteine-containing peptides from tryptic digests using a quaternary amine tag. Anal Chem 76:4522–4230

Rao KC, Carruth RT, Miyagi M (2005) Proteolytic ^{18}O labeling by peptidyl-Lys metallo-endopeptidase for comparative proteomics. J Proteome Res 4:507–514

Rose K (2005) Industrial-scale proteomics analysis of human plasma. In: Figeys D (ed) Industrial proteomics: applications for biotechnology and pharmaceuticals. Wiley, New York. pp 217–229

Rose K, Simona MG, Offord RE, Prior CP, Otto B, Thatcher DR (1983) A new mass-spectrometric C-terminal sequencing technique finds a similarity between gamma-interferon and alpha 2-interferon and identifies a proteolytically clipped gamma-interferon that retains full anti-viral activity. Biochem J 215:273–277

Rusnak F, Zhou J, Hathaway GM (2002) Identification of phosphorylated and glycosylated sites in peptides by chemically targeted proteolysis. J Biomol Tech 13:228–237

Sakai J, Kojima S, Yanagi K, Kanaoka M (2005) ^{18}O-labeling quantitative proteomics using an ion trap mass spectrometer. Proteomics 5:16–23

Salomon AR, Ficarro SB, Brill LM, Brinker A, Phung QT, Ericson C, Sauer K, Brock A, Horn DM, Schultz PG, Peters EC (2003) Profiling of tyrosine phosphorylation pathways in human cells using mass spectrometry. Proc Natl Acad Sci USA 100:443–448

Schmidt A, Kellermann J, Lottspeich F (2005) A novel strategy for quantitative proteomics using isotope-coded protein labels. Proteomics 5:4–15

Sechi S (2002) A method to identify and simultaneously determine the relative quantities of proteins isolated by gel electrophoresis. Rapid Commun Mass Spectrom 16:1416–1424

Sechi S, Oda Y (2003) Quantitative proteomics using mass spectrometry. Curr Opin Chem Biol 7:70–77

Shaw J, Rowlinson R, Nickson J, Stone T, Sweet A, Williams K, Tonge R (2003) Evaluation of saturation labelling two-dimensional difference gel electrophoresis fluorescent dyes. Proteomics 3:1181–1195

Shi Y, Xiang R, Crawford JK, Colangelo CM, Horvath C, Wilkins JA (2004) A simple solid phase mass tagging approach for quantitative proteomics. J Proteome Res 3:104–111

Snijders AP, de Vos MG, de Koning B, Wright PC (2005) A fast method for quantitative proteomics based on a combination between two-dimensional electrophoresis and ^{15}N-metabolic labelling. Electrophoresis 26:3191–3199

Stadtherr K, Wolf H, Lindner P (2005) An aptamer-based protein biochip. Anal Chem 77:3437–3743

Stocklin R, Arrighi JF, Hoang-Van K, Vu L, Cerini F, Gilles N, Genet R, Markussen J, Offord RE, Rose K (2000) Positive and negative labeling of human proinsulin insulin and C-peptide with stable isotopes: new tools for *in vivo* pharmacokinetic and metabolic studies. Methods Mol Biol 146:293–315

Stoll D, Templin MF, Bachmann J, Joos TO (2005) Protein microarrays applications and future challenges. Curr Opin Drug Discov Dev 8 239–252

Tremolada L, Magni F, Valsecchi C, Sarto C, Mocarelli P, Perego R, Cordani N, Favini P, Galli Kienle M, Sanchez JC, Hochstrasser DF, Corthals GL (2005) Characterization of heat shock protein 27 phosphorylation sites in renal cell carcinoma. Proteomics 5 788–795

Van den Bergh G, Arckens L (2004) Fluorescent two-dimensional difference gel electrophoresis unveils the potential of gel-based proteomics. Curr Opin Biotechnol 15:38–43

Wang S, Regnier FE (2001) Proteomics based on selecting and quantifying cysteine containing peptides by covalent chromatography. J Chromatogr A 924:345–357

Wang W, Zhou H, Lin H, Roy S, Shaler TA, Hill LR, Norton S, Kumar P, Anderle M, Becker CH (2003) Quantification of proteins and metabolites by mass spectrometry without isotopic labeling or spiked standards. Anal Chem 75:4818–4826

Wang YK, Quinn DF, Ma Z, Fu EW (2002) Inverse labeling-mass spectrometry for the rapid identification of differentially expressed protein markers/targets. J Chromatogr B 782:291–306

Warren EN, Elms PJ, Parker CE, Borchers CH (2004) Development of a protein chi a MS-based method for quantitation of protein expression and modification levels using an immunoaffinity approach. Anal Chem 76:4082–4092

Weckwerth W, Willmitzer L, Fiehn O (2000) Comparative quantification and identification of phosphoproteins using stable isotope labeling and liquid chromatography/mass spectrometry. Rapid Commun Mass Spectrom 14:1677–1681

Weissman AM (2001) Themes and variations on ubiquitylation. Nat Rev Mol Cell Biol

2:169–178

Wells L, Vosseller K, Hart GW (2001) Glycosylation of nucleocytoplasmic proteins: signal transduction and O-GlcNAc. Science 291:2376–2378

Whetstone PA, Butlin NG, Corneillie TM, Meares CF (2004) Element-coded affinity tags for peptides and proteins. Bioconjugate Chem 15:3–6

Yao X, Freas A, Ramirez J, Demire PA, Fenselau C (2001) Proteolytic ^{18}O labeling for comparative proteomics model studies with two serotypes of adenovirus. Anal Chem 73:2836–2842

Yao X, Afonso C, Fenselau C (2003) Dissection of proteolytic ^{18}O labeling endoprotease-catalyzed ^{16}O to ^{18}O exchange of truncated peptide substrates. J Proteome Res 2:147–152

Zappacosta F, Annan RS (2004) N-terminal isotope tagging strategy for quantitative proteomics results-driven analysis of protein abundance changes. Anal Chem 76:6618–6627

Zhang H, Li XJ, Martin DB, Aebersold R (2003) Identification and quantification of N-linked glycoproteins using hydrazide chemistry stable isotope labeling and mass spectrometry. Nat Biotechnol 21:660–666

Zhang H, Yan W, Aebersold R (2004) Chemical probes and tandem mass spectrometry a strategy for the quantitative analysis of proteomes and subproteomes. Curr Opin Chem Biol 8:66–75

Zhang X, Hines W, Adamec J, Asara JM, Naylor S, Regnier FE (2005) An automated method for the analysis of stable isotope labeling data in proteomics. J Am Soc Mass Spectrom 16:1181–1191

Zhou H, Watts JD, Aebersold R (2001) A systematic approach to the analysis of protein phosphorylation. Nat Biotechnol 19:375–378

Zhou H, Ranish JA, Watts JD, Aebersold R (2002) Quantitative proteome analysis by solid-phase isotope tagging and mass spectrometry. Nat Biotechnol 20:512–515

Zhu H, Klemic JF, Chang S, Bertone P, Casamayor A, Klemic KG, Smith D, Gerstein M, Reed MA, Snyder M (2000) Analysis of yeast protein kinases using protein chips. Nat Genet 26:283–289

Zhu H, Bilgin M, Bangham R, Hall D, Casamayor A, Bertone P, Lan N, Jansen R, Bidlingmaier S, Houfek T, Mitchell T, Miller P, Dean RA, Gerstein M, Snyder M (2001) Global analysis of protein activities using proteome chips. Science 293:2101–2105

第5章　一个基因，多个蛋白质

Nicolle H. Packer, Andrew A. Gooley, Marc R. Wilkins

摘要

2000 年初发布的人类基因组序列让人们感到非常欣喜，以为在短时间内即可以快速鉴定出反映细胞功能的基因产物。显而易见的是，仅根据某一特定代谢过程相关基因的 DNA 序列还不足以预测其功能、表达及活性。有数字可以说明这一点。人类基因组中据估测有 22 000～25 000 个已知基因，而人类蛋白质组中很可能有多于 100 万个蛋白质。该差异将蛋白质组的研究重点扩展到对基因翻译时或翻译后产生的修饰蛋白质的分析和理解上。当我们进一步去理解蛋白质的功能时，越来越清晰地发现与疾病和分化相关的许多变化不仅仅与基因的表达调控有关，更与蛋白质的修饰有关。我们对这些蛋白质修饰的生物功能了解缓慢的主要原因是对这些蛋白质修饰的分析较为困难。最好将这些分析工作留给各领域的专家来进行。然而，随着样品制备、MS 以及专门为分析翻译后修饰设计的生物信息学等手段的不断发展，现有仪器已具备开展生物多样性研究的能力。

5.1　引言

蛋白质组中的任一蛋白质都能在翻译时或翻译后进行修饰。上百种不同类型的修饰都会影响蛋白质的电荷状态、疏水性、构象和（或）稳定性，最终影响其功能。当我们了解真核细胞、原核细胞以及古生菌中单个基因的多肽翻译修饰能够产生多个基因产物（图 5.1）的时候，“一个基因，一个多肽”的模式已过时。人类基因组测序已再次证实这一点。基因的数目远比原来预期的要少，只有 22 000～25 000 个已知基因编码表达人类的 100 多万个蛋白质。无需数学家的帮助即可推论出，一个基因通过转录、翻译时或翻译后修饰可平均产生 40 个基因产物。随着分析技术的快速发展，我们已经能够了解到蛋白质中可含有多个位点、多种类型的修饰，也就是多位点修饰（Yang 2005）。目前大部分的研究都集中在对蛋白质的细节分析上，以便指导我们去理解这些修饰是如何影响蛋白质的结构和功能。诸多实例表明蛋白质的修饰都采取一种可逆模式——“开”或“关”的状态进行，或者调节蛋白质的功能，或者作为一个真实的分子开关。

从定义的角度看，人们对蛋白质翻译后修饰的理解如下。

1. 对某一氨基酸的修饰包括共价连接简单的官能团（如乙酰基或磷酸基）和引入一些复杂结构，如脂类和糖类。
2. 将已经结束翻译的转录产物切割成成熟的形式，如信号肽或活性肽的加工以及与内

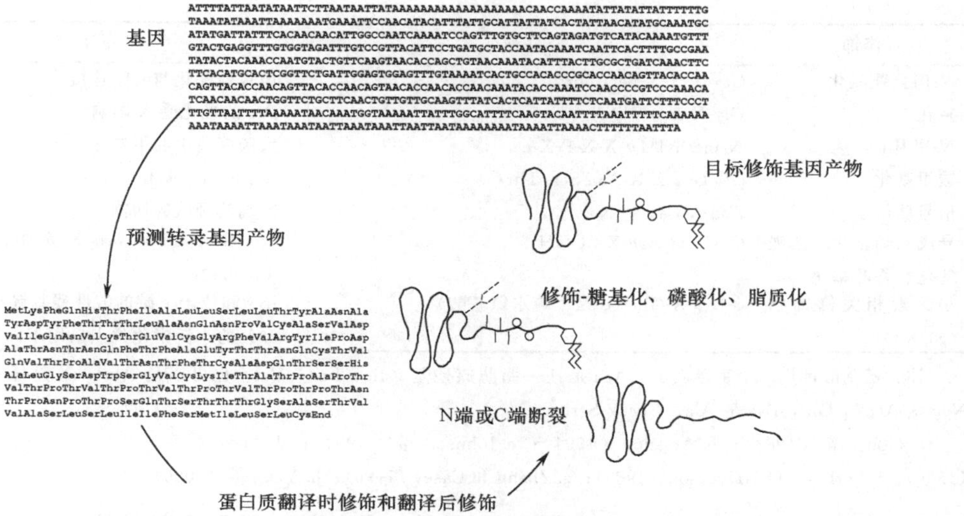

图 5.1 蛋白质组多样性：从一个基因序列到一个预测的蛋白质序列再到多个蛋白质产物。

含子相关的蛋白质自催化处理。

3. 氨基酸的交联，如丝氨酸和酪氨酸。

源于 mRNA 信使加工而产生的蛋白质剪接可变体也可产生多种形式的蛋白质。但是，这些并非蛋白质翻译时或翻译后修饰，因此本章不讨论这类蛋白质。

虽然蛋白质的翻译后修饰无处不在，但依然很难研究清楚。尽管已经获得了大量的核酸序列，但是仅从 DNA 或氨基酸序列准确地预测蛋白质的修饰类型是非常困难的。根据蛋白质的序列可以判断在一个特定残基处能否发生修饰，并且一些特异序列的基序也可作为某些翻译后修饰的信号（表 5.1）。但是，修饰与否也受蛋白质所处环境的调控。即使有基序存在，蛋白质也必须处于细胞的特定部位才能以特定方式被修饰。此外，蛋白质修饰也常常受周边的氨基酸序列特征的影响。例如，*N*-连接糖基化往往仅发生在蛋白质通过高尔基体时，且无一例外地发生在一个一致的序列 N-X-S/T 上。尤其重要的是，只有在活体内鉴定出的翻译后修饰蛋白质才被认为是“真实的”。这给易变修饰蛋白质，如磷酸化蛋白质的鉴定以及对极低丰度蛋白质的分析带来困难。但是必须记住，修饰存在与否有着重要的生物学意义，并且对于源自体外或重组系统的蛋白质来说无法准确地反映这些翻译以及修饰。

表 5.1 一些常见的翻译时和翻译后修饰的序列基序。每一例中斜体的氨基酸是可以被修饰的位点

修饰	序列	备注
磷酸化	Aaa-Aaa-X-Aaa-*Tyr*	Tyr 激酶识别位点
	X-*Ser*/*Thr*-Neg-Neg-Neg	酪蛋白激酶Ⅱ识别位点
	Lys/Arg-X-X-*Ser*/*Thr*-X-X-X-Lys/Arg	蛋白激酶 C 识别位点[a]
	X-Ser/Thr-Pro-X 或 Ser/Thr-Pro -X	p45 酪蛋白激酶识别位点[b]
磺酸化	Neg-Neg-*Tyr*-Neg-Neg	Tyr-SO_4常见于带负电氨基酸簇中
糖基化	*Asn*-X-Ser/Thr/Cys（X≠P）	天冬酰胺的 *N*-连接糖基化

续表

修饰	序列	备注
N-肉豆蔻酰化	*Gly*-X-X-X-Ser/Thr	肉豆蔻酰化与 Gly 连接[c]
羟化	Gly-X-*Pro*-Gly-X	Pro 的羟化受 X 影响
N-甲基化	*N*-methyl*Met*-X-X-P-X	大肠杆菌中的甲基化[d]
羧甲基化	*Glu*-*Glu*-X-X-Aaa-Ser/Thr	Glu 的羧甲基化[e]
信号肽位点	Aaa-X-Baa-↓-X	N 端信号肽的切割[f]
异戊二烯基化、法呢基化、香叶基化	*Cys*-Aaa-Aaa-X-COOH	Cys 在 Cys-Aaa-Aaa-X 盒中；多见于 Ras 蛋白[g]
小泛素相关修饰物（SUMO）	ψ-Lys-X-Glu（ψ是个疏水氨基酸）	Lys 和位于下游的酸性残基簇[h] 23%的小泛素化位点采用不同基序

注：氨基酸都用三个字母表示。Aaa 是任一脂肪族残基（Ile、Leu、Val，也可以是 Ala），X 是任一氨基酸，Neg 是 Asp 或 Glu，Baa 是 Ala、Gly 或 Ser。

a. House 等（1987）；b. Angelov（1994）；c. Johnson 等（1994）；d. Apostol 等（1995）；e. Terwilliger 等（1986）；f. Perlman 和 Halvorson（1983）；g. Zhang 和 Casey（1996）；h. Yang 等（2006）。

在大多数情况下，某些氨基酸序列可导致多肽的加工以及特定翻译后修饰的发生。分泌信号肽、线粒体和叶绿体的靶向肽可被准确地定位在蛋白质的序列中，且均可被加工成多肽（Emanueksson et al. 2000）。在大量蛋白质上，均可发现磷酸化和糖基化的位点，并可利用神经网络算法构建特定修饰的预测数据库（Gupta et al. 1999；Blom et al. 2004）。人们也发现了其他翻译后修饰的序列基序，并已被用于大规模的预测（Lee et al. 2006），但目前尚不够准确。此外，大量蛋白质翻译后修饰实验的结果也有利于我们了解带有特定翻译后修饰的蛋白质序列结构和化学特征。表 5.1 给出了一些具有已知特异性序列的蛋白质翻译或翻译后修饰的最佳实例。

因为已有大量的介绍，在这里我们不再对翻译时和翻译后修饰进行全面的总结。很多优秀的综述已经描述了翻译时和翻译后修饰的多种功能以及鉴定的方法（Jensen 2006；第 5.5 节）。本章的重点将更多地从机制了解、标志物寻找和药物研究的需求等方面来讨论翻译后修饰。因此我们期望呈现出在分化和疾病过程中，发生在蛋白质上的各种修饰谱，并鼓励研究人员主动将这些修饰视为一种手段，来全面、独到地理解生物学。

5.2 修饰总论：有哪些修饰？发生在哪里？

由于存在着上百种类型的修饰（Jensen 2006），并且许多修饰又是随时间（如在发育和分化过程中）或空间（根据其在细胞中的位置）改变的，因此这会导致源自任一基因可能的蛋白质产物的多样性是非常惊人的。与视为静态信息库的基因组不同，蛋白质组具有时间维度，且与此相关的动态变化主要来自蛋白质的翻译后修饰。为了归类方便，我们可以从空间上将蛋白质组区分为不同的细胞器。进而将蛋白质分为三大类：细胞内、细胞表面相关和细胞外蛋白质（表 5.2）。从空间上将蛋白质组划分至若干个区域有助于我们定义发生在蛋白质组中任一特定蛋白质上的修饰类型。例如，研究发现与天冬氨酸共价联接的寡糖只存在于分泌蛋白质和与内质网、高尔基体、细胞表面和溶酶体相关的蛋白质上。如进一步扩展，由于多数修饰都是通过酶进行调节的，那么带有特定修饰的蛋白质应该来自于含有相关修饰酶的区域（尽管并不一定总是这样）。例如，组蛋白的乙酰化发生在两个区域：赖氨酸残基主要在细胞核中发生乙酰化，而 α-氨基则在细胞质中发生乙酰化（Lopez-Rodas et al. 1991；Yamada and Bradshaw 1991）。在某些情况下，修饰发生在跨越一个区域的过程中，如跨越高尔基体的绝大多数细胞表面蛋白质都有 1 个或 2 个 *N*-糖基化位点及几个 *O*-连接糖基化位点。

表 5.2 通过亚细胞定位的蛋白质修饰区域化

区室	亚区室	修饰类型
胞内	细胞核	乙酰化（组蛋白 ε-氨基乙酰化），磷酸化，小泛素化，*O*-连接的 *N*-乙酰葡萄糖胺化
	溶酶体	甘露糖-6-磷酸标记的 *N*-连接糖链
	线粒体	*N*-甲酰化
	叶绿体	*N*-甲酰化，色素和捕光基团（如叶绿素）
	高尔基体	*N*-连接寡糖和 *O*-连接寡糖，磺酸化，棕榈酸化
	内质网	*N*-连接寡糖，GPI-锚
	细胞质	乙酰化，甲基化，磷酸化，*O*-连接的 *N*-乙酰葡萄糖胺化，小泛素化
	核糖体	棕榈酸化
细胞表面	细胞膜	*N*-连接糖基化和 *O*-连接糖基化，GPI-锚
胞外	胞外流体	*N*-连接糖基化和 *O*-连接糖基化，乙酰化，磷酸化
	胞外基质	羟化，磷酸化，*N*-连接糖基化和 *O*-连接糖基化

5.3 怎样发现翻译后修饰？

5.3.1 蛋白质异构体的分离

许多翻译后修饰蛋白质都有大量异构体。这是因为蛋白质可以以修饰态或非修饰态存在，且都可能带有不同数目的一种或多种修饰类型。一些修饰，如 *N*-连接糖链和 *O*-连接糖链在本质上是不同的。对任一基因来说，修饰类型和数目的差别会导致产生多种蛋白质产物。这对于希望分离并看见异构体的研究人员来说是一个巨大的挑战。目前分离蛋白质异构体的最有效方法是基于蛋白质的电荷数和分子质量进行分离的二维聚丙烯酰胺凝胶电泳（2-D PAGE)(见第 2 章)。许多 2-D 凝胶上都可以看到一系列的蛋白质点，代表了单个基因产物经过翻译后修饰产生的多个异构体。与 2-D PAGE 相关的差异凝胶电泳技术也有助于发现两个或多个样品中蛋白质异构体的差异（见第 3 章）。必须注意的是，2-D PAGE 也能够分辨蛋白质是经过 N 端或 C 端修饰产生的异构体还是通过剪接产生的异构体。然而这些修饰或剪切会对蛋白质的电荷和分子质量产生不可预测的影响，且只能通过离散的蛋白质点来进行分析鉴定。

磷酸化、磺酸化或羧基化（如唾液酸）修饰可直接在蛋白质上引入新的负电荷。经 2-D PAGE 分离后可得到多个蛋白质异构体（Hughes et al. 1992）。这些蛋白质点会随所处疾病的发展阶段和所在组织的不同而改变。例如，血清和脑脊液中的转铁蛋白的蛋白质点分布就有很大差异（Wilkins et al. 1996）。同样，普通患者和酒精损伤患者的转铁蛋白的蛋白质点分布不同（Gravel et al. 1996）；自然型和重组型促红细胞生成素的异构体也不同（Khan et al. 2005）。表 5.3 列出了一些常见的修饰和可使蛋白质的电荷发生变化的可修饰氨基酸。

表 5.3　可导致蛋白质发生电荷变化的修饰

修饰	受到影响的氨基酸及备注
酰基化	α-氨基的正电荷损失。主要是添加一个酰基（典型的发生在 Ser 或 Ala 上）或焦谷氨酸基团（发生在 Gln 的羧基上）；此外，在 α-氨基上也发现了甲酸基、丙酮酸基、α-酮丁酰基、葡糖醛酸基、α-氨基酰基修饰。其他的修饰还有脂肪酰化、肉豆蔻酰化、棕榈酰化和异戊二烯化
烷基化	α-氨基或 ε-氨基的正电荷改变；主要的烷基化基团是甲基（可以是单甲基、二甲基或三甲基）。众所周知的例子是组蛋白中 Lys[a] 的甲基衍生物，以及肌动蛋白和肌球蛋白轻链激酶中 His 的甲基衍生物。其他的甲基化氨基酸包括 Arg、Phe 和羧基残基；对于 Lys 的 ε-氨基的其他修饰包括生物素化、小泛素化和泛素化
羧甲基化	转甲基酶催化的特定蛋白质羧基的酯化
磷酸化	主要修饰于 Ser、Thr 和 Tyr，少见于 Cys 和 His 残基。这些氨基酸的直接连接或经由寡糖的间接连接可增加负电荷[b]
磺酸化	主要修饰于 Tyr 以及连接于 Asn、Thr 和 Ser 上的寡糖链（如胞囊纤维中的黏液素[c]）
羧化	γ-羧谷氨酸盐和 β-羧天冬氨酸盐都有两个临近的羧基，可带两个不同 p*K* 值的负电荷
唾液酸化	主要修饰在连接于 Asn、Thr 和 Ser 上的寡糖链
水解加工	切掉了含有荷电氨基酸的 N 端和 C 端区域会导致 pI 点的变化，但不一定能使分子质量发生较大改变

a. Lys 的甲基衍生物根据 pH 不同，会带有不同电荷。单甲基化 Lys 和二甲基化 Lys 是烷基胺，容易被质子化；三甲基化 Lys 是季胺，往往带正电；

b. 磷酸二酯连接的寡糖在弱酸性条件下较不稳定，所以在处理此类修饰时应注意；

c. Lo-Guidice 等（1994）。

用于蛋白质鉴定的 MS 技术，包括肽质量指纹谱和基于"鸟枪"法的蛋白质组学策略。由于采用这些技术分析的是肽而非蛋白质，因此并不适用于蛋白质异构体的分离。用于富集和分离特定修饰肽的亲和色谱材料能够辅助发现蛋白质修饰。例如，二氧化钛可有助于发现磷酸化氨基酸（Larsen et al. 2005）。然而，在一个复杂蛋白质混合物中，这种基于肽段的分析并不总是能体现出任一特定异构体的修饰情况。

5.3.2　共翻译和翻译后修饰的检测

2-D 分离后的第一步就是鉴定出哪些蛋白质点带有感兴趣的修饰。表 5.4 列出了用于检测翻译后修饰的一些方法及其灵敏度。在独立假设研究中，应该使用不同的特异性染色来鉴定疾病、发育及其他细胞过程的翻译后修饰变化。例如，在同一蛋白质上发生糖基化和磷酸化修饰，会在 2-D 凝胶中对应不同的染色点。随着荧光染料 ProQ emerald 和 ProQ diamond 的出现，我们已经能够初步观察到这一现象。采用 ProQ emerald 可特异性地标记 2-D 凝胶上的糖蛋白（Steinberg et al. 2001）；随后用染料 SYPRO ruby进行再次染色，进行蛋白质检测。由于 ProQ emerald 和 SYPRO ruby 的发射波长不同，双染色后的凝胶可一次用两个波长进行扫描。采用 ProQ diamond 能够检测存在于多种氨基酸上的磷酸化基团，并且与后续的 MS 分析兼容（Schulenberg et al. 2004）。

表 5.4　用于检测凝胶上或印迹点上蛋白质翻译后修饰的方法

检测方法	介质	灵敏度[a]	特异性
单克隆抗体	硝化纤维素，PVDF	10 ng	特异性表位，如糖、磷酸盐
代谢标记物	凝胶，PVDF，硝化纤维素	50 ng	特异性前体，如 ^{32}P、^{3}H-GalNAc、^{31}S
凝集素	硝化纤维素，PVDF	0.1 μg	可能对某种多糖结构特异性较好
荧光染料	凝胶	1～15 ng	磷酸盐、糖、脂
MS 分析	凝胶，PVDF	5 μg	修饰肽

a. 灵敏度取决于蛋白质的修饰程度（PVDF：聚偏二氟乙烯）。

除了上述提到的有助于鉴定所有或任一蛋白质修饰的方法之外，也有大量基于假设的研究需要直接地检测翻译后修饰。对此，蛋白质印迹与多种检测方法的结合能够高灵敏地检测蛋白质的特定修饰。例如，磷酸化肽有高度的免疫原性，目前已有大量抗磷酸化氨基酸的抗体。尽管抗酪氨酸抗体非常普通，但绝大多数针对磷酸化丝氨酸和磷酸化苏氨酸的抗体都具有序列特异性（Coba et al. 2003）。对糖基化而言，凝集素可特异性地检测某类聚糖或单糖。凝集素的使用方式与抗体相似，需要和蛋白质印迹膜共孵育，但是只能提供很少或者无法提供聚糖的结构信息。因为通常无法对小的、大的或高电荷数的蛋白质进行有效的电转印，因此必须关注从胶上向膜上转移蛋白质的效率。此外，考马斯亮蓝染色后对糖蛋白的显色通常不灵敏。

5.3.3　修饰分析的策略：top-down 与 bottom-up 的比较

自从 10 年前我们写过相似的章节以来（Goodley and Packer 1997），两大事件——人类基因组测序及 MS 的快速发展并成为蛋白质分析工具——深刻地影响了我们对蛋白质组的认识。在蛋白质鉴定中，目前最直接的方法是将蛋白质酶解为多肽；再用液相色谱（LC）-MS-MS 分析得到的肽段母离子和子离子质量；最后在蛋白质数据库中搜索，并鉴定出蛋白质。利用这一方法，现在已经从数十个物种和组织中鉴定出上千种蛋白质。MS（见第 3 章）作为一种有力的分析工具，可一次性地分析出上百种蛋白质。尽管如此，LC-MS-MS 也有一个很大缺陷，就是无法分离蛋白质异构体。当采用该方法进行蛋白质组分析时，样品通常被揭示为一系列表达蛋白质。即使在一种蛋白质上发现了修饰肽，采用 LC-MS-MS 方法也无法使我们了解每种蛋白质上可能存在的修饰异构体的数目和类型（Wilkins et al. 2006）。况且，蛋白质的多元修饰又较为普遍（Yang 2005）。绝大多数蛋白质都以两种或多种修饰形式存在。因此，需要采用 2-D PAGE 技术来分析所有蛋白质，并对其进行详细表征，以全面了解蛋白质组中修饰的存在及复杂性。当对蛋白质组中的翻译后修饰这一领域进行归纳时，研究人员应该从两个不同但又互补的角度来分析蛋白质的翻译后修饰。

1. top-down 法：分析单个蛋白质或蛋白质异构体以得到翻译后修饰信息。
2. bottom-up 法：利用 MS-MS 分析复杂肽段混合物，以便全面了解蛋白质组中的翻译后修饰。

可通过这两种策略的协同互补使用，来发现和确证翻译时和翻译后修饰。

5.3.4　翻译时和翻译后修饰的 MS 分析

翻译后修饰的 MS 分析主要基于氨基酸被修饰后会比修饰前分子质量增加。根据修饰前、后氨基酸质量的差异，即可精确地预测出修饰基团的质量。进而预测出修饰前、后蛋白质或肽段的分子质量。例如，赖氨酸的甲基化可使其增加 14 个质量单位；一个带有一个甲基化赖氨酸的肽段或蛋白质将比未经修饰者的质量数大 14 个质量单位。由修饰导致的质量差异在许多文献中均有报道（Wilkins et al. 1999；Creasy and Cottrell 2004）。

以下 5 种方法通常被用于 MS 的翻译后修饰分析。

1. 整个修饰蛋白质分子质量的精确测定。已有软件能根据修饰和未修饰蛋白质的分子质量差异来预测可能存在的修饰（Meng et al. 2004）。该方法依赖于高精度的分子质量测定、已知蛋白质的序列及存在的少量修饰。这种方法对于利用傅里叶变换（Fourier transform）MS 分析小蛋白质效果最好。
2. 利用肽质量指纹谱发现修饰肽段和未修饰肽段的质量差异。该方法中，首先将蛋白质酶解为肽段；再根据修饰和未修饰氨基酸的质量差异，可用肽质量指纹谱法鉴定出修饰肽段（见第 3 章）。当鉴定已知蛋白质时，可利用先进的工具更好地预测修饰的存在（Wilking et al. 1999）。采用该方法，首先通过搜索相关的质量差异来判断是否有修饰存在。然后再考虑肽段是否含有能够进行修饰的氨基酸，这些氨基酸是否包含在已知的能发生修饰的序列里，以及这些氨基酸是否使蛋白质发生了修饰。
3. 利用肽段的 MS-MS 碎片发现修饰。在分析单个蛋白质或复杂蛋白质混合物时，可利用 MS-MS 判断肽段是否被修饰。具体方法是：首先根据分子质量是否大于预期值来推断肽段是否被修饰；然后测定碎片是否与被修饰肽段上的一个或多个氨基酸一致。与上面列出的方法相似，由于将 MS 与强大的软件工具相结合，在肽段的 MS-MS 碎片化阶段发现修饰已成为可能（Creasy and Cottrell 2002；Hernandez et al. 2003；Matthiesen et al. 2005）。该方法也成为发现修饰蛋白质的主要途径。
4. 在肽段的碎裂过程中检测被特异性修饰“报告离子”。在母离子质量分析或肽段碎裂过程中，许多修饰会伴随有特定裂解或者自发衰减。由此产生的特异性报告离子可以提示某一类修饰氨基酸的存在。在许多情况下，修饰氨基酸的化学取代或变化都会产生与该类修饰相应的报告离子。
5. 从蛋白质上释放出来后的修饰分析。这种方法对于糖基化和脂肪酸类的修饰分析比较有效。在分析 *N*-连接糖基化时，PNGaseF 酶可将聚糖从蛋白质或肽上释放出来。这种脱糖基化可使被修饰的天冬酰胺酸转化成天冬氨酸，在分子质量上增加 1 Da，因而能够据此进行位点鉴定。释放出来的寡糖可以再通过进一步的断裂，进行分析（第 5.5.4 节）。

MS 在修饰分析中发挥着核心作用，但是 MS 也并非万能的。这是因为 MS 数据提供的是一种化合物的分子质量，或者是我们经常用到的修饰肽段和未修饰肽段的质量差。当用于糖基化修饰分析时，问题就会出现。不同的已糖（葡萄糖、甘露糖和半乳糖）和肌醇都有同样的残基质量（162.058 Da）；葡萄糖胺和半乳糖胺也一样（161.069 Da）。与此类似，两种乙酰化的氨基糖（*N*-乙酰半乳糖胺和 *N*-乙酰葡萄糖胺）也没有质量差异（203.079 Da）。因此，当将胎球蛋白的 5 个三唾液酸化寡糖进行 MS 分析时，只显示一个质量数。这是因为三唾液酸化的是同一单糖组分的异构体结构。这些情况下需要将其他分析技术与聚糖的 MS 数据结合起来进行分析。磷酸化和磺酸化修饰也有非常相似的单一同位素残基质量（磷酸化 79.663 Da，磺酸化 79.957 Da），但基于 MS-MS 的碎片可将它们区分开来。

5.4 特定修饰的分析

正如先前所提到的，有许多方法可用于翻译后修饰分析。这些方法在很大程度上能用于多种类型的修饰。因此，对目前常见的 4 种修饰的分析方法进行简要的介绍是非常必要的。

5.4.1 乙酰化

N-乙酰化是真核生物蛋白质翻译时和翻译后修饰的主要方式。发现于蛋白质的氨基端和赖氨酸残基的 ε-氨基，尤其在组蛋白中最为多见。这种修饰方式不仅在 MS 条件下非常稳定，而且采用 top-down 和 bottom-up 两种方法都能够发现这种修饰（Thomas et al. 2006；Wang et al. 2005）。除了用 MS 进行蛋白质的乙酰化分析以外，人们还研究了敲除乙酰转移酶后的酵母蛋白质组变化。1989 年，Mullen 等分离出一种缺少乙酰转移酶的酿酒酵母突变体（Mullen et al. 1989）。1989 年，Lee 等采用 2-D PAGE 对野生型酵母菌和缺少乙酰基转移酶的酵母突变体中的可溶性蛋白质进行了比较（Lee et al. 1989）。在野生型和酵母突变细胞中共发现了 855 个蛋白质；在突变体中有 20％的蛋白质点要么消失了，要么迁移到了不同的 pI 点处。其中，有较高 pI 的蛋白质的表观质量没有变化，但是一致地迁移了＋0.1～＋0.2 个 pI 单位。该迁移与 α-氨基的质子化是一致的。有趣的是，发现还有 12％的蛋白质的表达水平增加或者降低，说明乙酰化在蛋白质的表达中发挥了调控作用（Lee et al. 1989）。由于缺少 *N*-乙酰基转移酶基因，尽管 Lee 只发现有 20％的蛋白质发生了改变，但其他研究人员报道了更多的可溶性 *N*-乙酰化蛋白质的变化（50％）（Driessen et al. 1985）。乙酰基转移酶家族的存在可能是导致这种差异的原因所在（Lee et al. 1989）。

5.4.2 磷酸化

根据传统方法，可以通过放射性标记（大多数场合不适用）或者通过从 1-D 和 2-D 凝胶上磷酸化氨基酸的特异性抗体来发现磷酸化蛋白质（Wang，1988；Goldstein et al. 1995）。最近，MS 已成为鉴定磷酸化氨基酸的工具之一。磷酸化分析的一个通用方法是对磷酸化肽进行亲和富集后，再进行 MS-MS 分析。分析前采用亲和富集方法，如固定化金属亲和色谱（Neville et al. 1997）、二氧化钛亲和（Larsen et al. 2005）或抗磷酸化氨基酸抗体（Rush et al. 2005）能够获得足够量的修饰肽（通常这些肽比例很低）以用于后续分析。这些方法已经被用于大规模、蛋白质组水平的磷酸化分析（或者说磷酸化蛋白质组分析），而且已经用于酵母（Ficarro et al. 2002）、拟南芥（Jones et al. 2006）和人类 HeLa 细胞（Beausoleil et al. 2004）等样品的分析。使用蛋白质芯片对磷酸化蛋白质组进行研究也有报道。含有针对某一特定蛋白质的抗体阵列芯片与二次磷酸化氨基酸抗体相结合，能够捕获和半定量监测目标蛋白质的磷酸化状态（Gembitsky et al. 2004）。

5.4.3 泛素化和小泛素化

一种不同类型的翻译后修饰是整体蛋白质、泛素和小泛素相关修饰物（SUMO）与其他蛋白质的共价连接。该类修饰是目前人们所知道的最多的翻译后修饰方式，且发生在多个过程中。聚泛素化目标蛋白质能够被真核细胞质或细胞核中26S蛋白质水解酶降解，对蛋白质具有非常重要的调节功能。单泛素化作为一种分选信号，指导膜蛋白在溶酶体/液泡腔中进行降解（Kirkpatrick et al. 2005）。SUMO涉及许多细胞过程，包括核转运、基因完整性维持、转录调节和信号转导（Johnson 2004）。SUMO修饰的功能随着蛋白质的不同而变化，绝大多数目前还知之甚少。

用于泛素化蛋白质检测的一个通用方法已有报道（Peng et al. 2003）。先将酿酒酵母中的泛素先与多组氨酸标签相融合；再用亲和色谱纯化泛素-组氨酸-蛋白质复合体；最后经MS鉴定得到了与泛素共价键合的1075种修饰蛋白质。同一研究小组又用该方法鉴定了SUMO修饰的蛋白质（Dension et al. 2005），共鉴定出250个小泛素化修饰蛋白质。这些分析泛素化和小泛素化修饰的方法现已用于蛋白质组学研究中（Rosas-Acosta et al. 2005）。

5.4.4 糖基化

长期以来，蛋白质的糖基化表征被认为是一件相当复杂的事情。这是由在同一氨基酸位点上可能存在不同糖型而引起微观不均一性和同一种蛋白质的不同异构体在不同氨基酸上可能存在不同糖型多变性而引起宏观的不均一性造成的。据计算，具有三个N端完全糖基化位点的重组组织纤溶酶原激活剂可能有11 520种潜在的异构体形式（Appfel et al. 1995）。幸运的是，生物界似乎是相对有序的。尽管糖蛋白有巨大的潜在不均一性，由于受到组织特异性糖基化转移酶存在与否的限制，糖蛋白具有的结构是有限的。据估计，由糖基化转移酶和糖苷酶构成的糖基化系统对应的基因至少占人类基因组的1%。这些表观冗余的基因，如24个单一的丝氨酸/苏氨酸 *O-N*-乙酰葡萄糖胺转移酶参与同一个单一过程将第1个糖连接到 *O*-连接丝氨酸/苏氨酸上，也许可用基因的组织表达特异性来解释。因此，对不同糖型进行表征非常重要。如果要得到详细的结构信息，就需要开展多方面表征，并涉及大量的分析检测：①单糖组成；②蛋白质上的连接位点；③序列、分支和连接方式；④单糖的异构体构象。

2-D电泳通常能够通过分析观察源于真核细胞蛋白质的许多凝胶分离点来发现蛋白质的糖基化。事实上，68%的人类蛋白质都有 *N*-连接NXS/T糖基化基序；预计50%的表达基因被糖基化修饰（Apweiler et al. 1999；Zhang et al. 2006）。在常规蛋白质组学分析中，经常采用基于质量、电荷或糖结合凝集素亲和的样品预分级技术来富集糖蛋白样品。尽管采用化学或者酶解的方法解离糖链会损失位点的特异性信息，但目前仍然是首选的分析方法。该方法可以不依赖于肽段而对糖链的微观不均一性进行分析。此外，通过捕获糖基化肽段（Zhang and Aebersold 2006）、寻找脱糖基化后MS中出现的新肽段（Wilson et al. 2002）或者搜索已知蛋白质上糖基化结构中特定糖基化肽段的质量，都能够得到糖基化位点的信息。

现在的分析策略能够在 2-D PAGE（Wilson et al. 2002）和微柱液相色谱（Karlsson et al. 2004）分离后对糖蛋白的糖肽和糖链进行表征。表征方法已从经典的化学衍生和 LC 分离转移到应用多种 MS 技术（Morelle et al. 2006；Zaia 2004）。离子阱 MS 提供的信息最多，它可对单糖结构进行连续破碎（MS^n），从而获得区分异构体的数据（Ashline et al. 2005）。基于不同多糖表位的凝集素亲和色谱法也被用于糖肽的分析和富集（Hirabayashi 2004），从而制备能分析蛋白质上糖基不均一性的微阵列芯片（Koopmann and Blackburn 2003）。

糖信息学的发展使糖基化分析成为可能。目前已经建立了一些糖链结构数据库，如 GlycoSuiteDB（2004）、Glycosciences（2006）、KEGG GLYCAN（2006），以及 Glycan Database（2006）。需要注意的是这些数据库还没有被整合，因此不同数据库含有不同的信息格式。因此，当前急需解决这一问题。尽管在哺乳动物的糖链中只发现了 6 个单糖残基——环己糖（Hex）、*N*-乙酰环己糖胺（HexNAc）、脱氧环己糖（DeoxyHex）、戊糖（Pent）、乙酰唾液酸（NeuAc）和乙醇酰唾液酸（NeuGc），但它们可以按 5 种方式相连接，且在不同的位置可被甲酰基、乙酰基、磷酸基和磺酸基修饰。同样的糖链组成能够以许多不同的构象形式存在。如果考虑物种的不同，这种变化将会进一步增加。因此，迫切需要发展计算机和人都可读的结构格式。

目前已经发展了一种与肽质量序列相似的处理方式，即根据糖链结构数据库来匹配 MS-MS 得到的碎片化数据，从而确定一种糖链的结构（Ethier et al. 2003；Joshi et al. 2004）。该方法的缺点是数据库仍然比较小，只限于测定先前已经报道过的糖链结构。最近，人们还在发展另外一种方法——bottom up 法。该方法利用寡糖结构碎片特征来拼接一个可能的母体结构（Tseng et al. 1999；Zhang et al. 2005；Tang et al. 2005）。此外，top down 法也是一种鉴定糖链结构的方法，即根据母离子拓扑结构来预测和匹配碎片（Gaucher et al. 2000；Lapadula et al. 2005）。随着这些工具的发展，确定蛋白质上糖链的结构和连接位点将不再困难。

5.5　蛋白质翻译后修饰的功能：比所见到的要多？

前面几节所介绍的各类分析知识只是一个前奏。蛋白质中的这些修饰到底具有什么功能？更重要的是，如果我们从人类需求方面考虑，我们该如何应用这些知识来预防或治疗那些因基因在翻译后修饰过程中发生错误而引发的疾病？在人类基因组计划之后，研究的一个重点是利用人类遗传信息的互补性来鉴定和修改一些可导致疾病的遗传缺陷。尽管有些问题可通过这种方法来解决，但是很多问题并不能简单地从遗传的角度进行解释。基因的存在与否对功能至关重要，但是人们渐渐发现蛋白质的不正确修饰对基因产物的正常功能有着重要的影响。

目前发表的大多数文献都只介绍了蛋白质单一修饰类型的功能。许多综述性文章对蛋白质中已知的翻译时和翻译后修饰功能进行了归纳（表 5.5）。尽管分析实验室应该熟悉并且能够分析某种修饰，但从根本上讲，研究人员应研究单个蛋白质上多种修饰的存在及其相互作用。一个很好的实例就是 Ducret 等（1996）通过对血清淀粉样蛋白 A 的 9 种异构体的分析来研究不同修饰对单个基因产物的影响。淀粉样蛋白 A 可以以 N 端精氨酸丢失的形式存在，也可能被部分糖基化；色氨酸残基可能被氧化，也可能发生二甲基天冬氨酸的修饰。

表 5.5 一些翻译后修饰的已知功能

修饰	已知功能	综述文献
磷酸化	可逆分子开关；信号转导	Cohen（2000）
乙酰化	蛋白质氨基端的封尾；可逆分子开关	Glozak 等（2005）
小泛素化	涉及细胞核输入、转录调节和蛋白质相互作用调控；与泛素化不同的是不介导蛋白质降解	Hay（2005）
泛素化	聚泛素化介导蛋白质降解；单泛素化是一种分选信号	Kirkpatrick 等（2005）
甲基化	调节基因表达	Martin 和 Zhang（2005）
磺酸化	调控分泌性蛋白质和膜结合蛋白质的相互作用	Kehoe 和 Bertozzi（2000）
糖基化	蛋白质相互作用；保护蛋白质不被水解；介导蛋白质在高尔基体中折叠	Ohtsubo 和 Marth（2006）
O-连接的 *N*-乙酰葡萄糖胺化	可逆分子开关；与磷酸化可交替存在	Slawson 和 Hart（2003）

人们已经在很多蛋白质上发现了多种翻译后调控机制之间的相互关联。许多功能蛋白质在多个位点上发生磷酸化、乙酰化、甲基化、泛素化、小泛素化和胍氨酸化等修饰（Yang 2005）。例如，泛素化既是蛋白质降解也是蛋白质分类的信号。另外，磷酸化可调控与蛋白质降解相关的多泛素化（Huang et al. 2006）。甲基化、乙酰化、泛素化和磷酸化的可逆性多位点修饰主要发生在组蛋白的 N 端，能够对在发育和分化过程中起重要作用的基因表达和染色质结构产生影响（Beck et al. 2006；Villar-Garea and Imhof 2006）。Hietakangas 等发现邻近的脯氨酸的磷酸化可对几种转录因子的小泛素化进行调节（Hietakangas et al. 2006）。另一个例子是发现在特定的氨基酸（丝氨酸和苏氨酸）上的磷酸化和 *N*-乙酰葡萄糖胺之间存在“互补转换”作用，这与细胞核和细胞质的控制机制有关（Salwson and Hart 2003）。此外，许多蛋白质需要通过低聚体复合物的形式发挥功能，这表明蛋白质-蛋白质聚集过程是翻译后修饰调控的一个通用机制。

糖基化的功能已从“所有的理论都是对的”（Varki 1993）的观点中超脱出来。在关键细胞功能和疾病方面，尤其是炎症、癌症（Dube and Bertozzi 2005）和致病性感染（Sharon 2006），糖基化起到了非常重要的作用。此外，诸如“细菌不会使自身蛋白质糖基化”的观念也已被颠覆（Szymanski and Wren 2005）。尤其重要的是，从健康角度出发，美国和欧盟的管理机构正在仔细审查那些修饰到重组型治疗药物上的糖链结构类型。这些结构不仅对药物活性，而且对其在真核细胞表达系统生长过程中的变化都有很大影响（Bondaryk and Packer 2004）。

5.6　一些有趣的修饰故事

文献开始总是介绍翻译后修饰的重要性。为了进一步证实这一观点，我们选择了一些活性受氨基酸序列上一个或多个修饰所影响的特异性蛋白质。重点介绍从医学角度上对人类非常重要的蛋白质。

5.6.1　促红细胞生成素的故事

促红细胞生成素（EPO）已成为目前世界上产量最大的重组蛋白质药物。因为该药能够增加患者的红细胞数目，因此已被广泛用于消除由于治疗癌症和肾病引起的贫血症。在体育赛事中，EPO 已被认定为是一种能提高运动成绩的违禁药。

由于有 3 个 *N*-连接糖基化位点和 2 个 *O*-连接糖基化位点，EPO 有多种异构体。这从 2-DE 分离上可容易地看出，经唾液酸化作用，会产生带有不同净电荷的糖型。因为从 CHO 细胞系生产的重组型药物有较少的唾液酸化糖链，其异构体可聚焦在更碱性的 pI 点处（图 5.2）。这就是体育赛事尿检中检测该药物的基础（Khan et al. 2005）。随着原始专利的过期，许多公司都开始生产这种药物，这会带来很大问题。如图 5.3 所示，随着细胞表达系统和培养条件的不同，表达的蛋白质的糖型会发生很大的变化。尽管重组药物的糖基化方式与血液中天然的 EPO 不同，但似乎并不影响该蛋白质的促红细胞生成的能力。在 CHO 细胞中的表达产物能够使药物在体内的半衰期延长了 3 倍，并且使得药物在体内的活性也得以增加（Sinclair and Elliott 2005）。因为可以减少患者的注射次数，药物保持得越久就会有更好的临床效果。

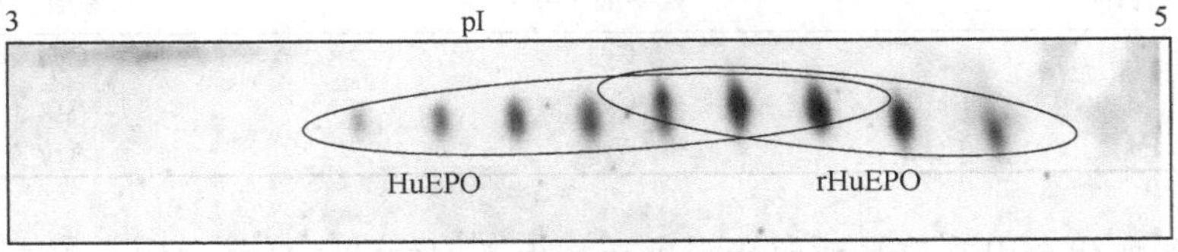

图 5.2　由于不同糖基化导致的 EPO 异构体的 2-DE 分离。HuEPO（人天然异构体），rHuEPO（CHO 细胞中表达的重组异构体）。（引自 Khan et al. 2005）

5.6.2　脱辅基脂蛋白 E 的故事

脱辅基脂蛋白 E（ApoE）是一种血浆糖蛋白，是参与胆固醇转运和清除的几类脂蛋白之一。ApoE 在 2-DE 上会显示出几个异构体。这是由糖基化的微不均一性以及在遗传复杂的生物体中通常存在的等位基因多样性造成的。ApoE 有三大类异构体，分别是 3 个等位基因编码的 E2、E3 和 E4（表 5.6）。3 个等位基因的存在产生了 6 个不同的基因类型。个体遗传的 *ApoE* 基因型会影响疾病的易感性；不同异构体与动脉硬化症和神经退行性疾病（包括阿尔茨海默病）增加的危险性相关（Hatters et al. 2006）。

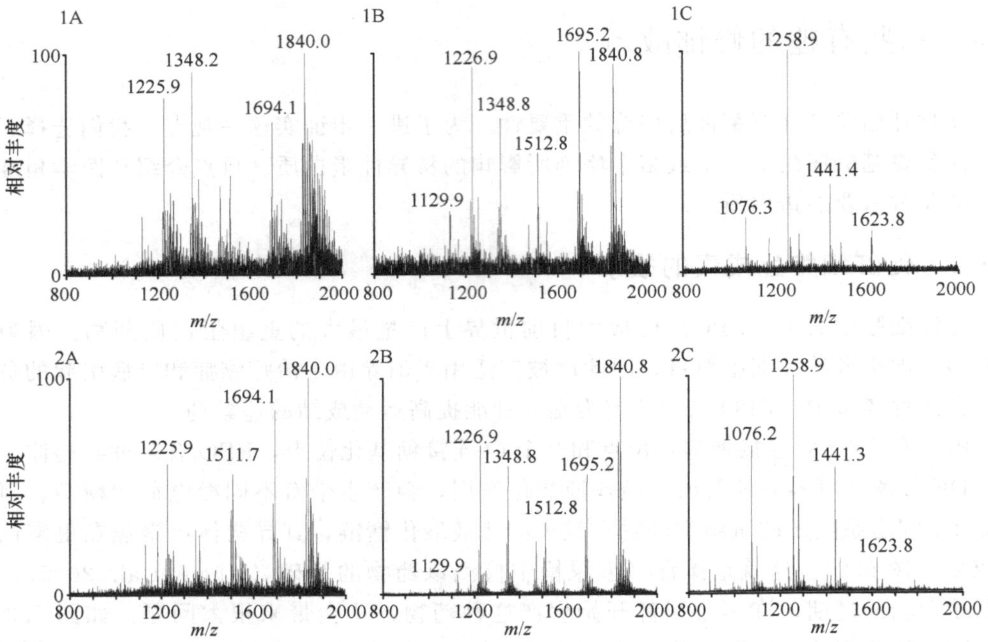

图 5.3　两个不同厂家（1A～1C，2A～2C）生产的重组 EPO 的 MS 图显示糖链修饰的变化。1A，2A：PNGaseF 释放的寡糖；1B，2B：PNGaseF 释放的脱乙酰化还原性寡糖；1C，2C：PNGaseF释放的脱乙酰化脱唾液酸化还原性寡糖。

表 5.6　ApoE 常见异构体的氨基酸置换

异构体	氨基酸 130	氨基酸 176
E2	Cys	Cys
E3	Cys	Arg
E4	Arg	Arg

单核苷酸取代会引起氨基酸取代，进而产生不同的 ApoE 异构体。表 5.6 列出了可能发生的氨基酸取代。由于半胱氨酸取代了精氨酸，因此产生了新的胰蛋白酶酶切位点。通过分析突变体相关的特征性离子，即可根据这些异构体的肽质量指纹谱很容易地判断等位基因突变类型（表 5.7，图 5.4）。目前，采用核酸的聚合酶链反应法可以鉴定个体中的基因突变体，但是这种通过直接分析基因产物的蛋白质组学方法也能为遗传突变提供一种检测手段。

表 5.7　ApoE 常见异构体的特征性肽段质量

异构体	特征性肽段			
	肽段位置	肽段质量/Da	肽段位置	肽段质量/Da
E2	176～185	1051.5 (1108.6[a])	122～132	1165.5 (1222.5[a])
E3	177～185	948.5	122～132	1165.5 (1222.5[a])
E4	177～185	948.5	122～130	1005.5

a. 丝氨酸经碘乙酰胺烷基化后的肽段质量。

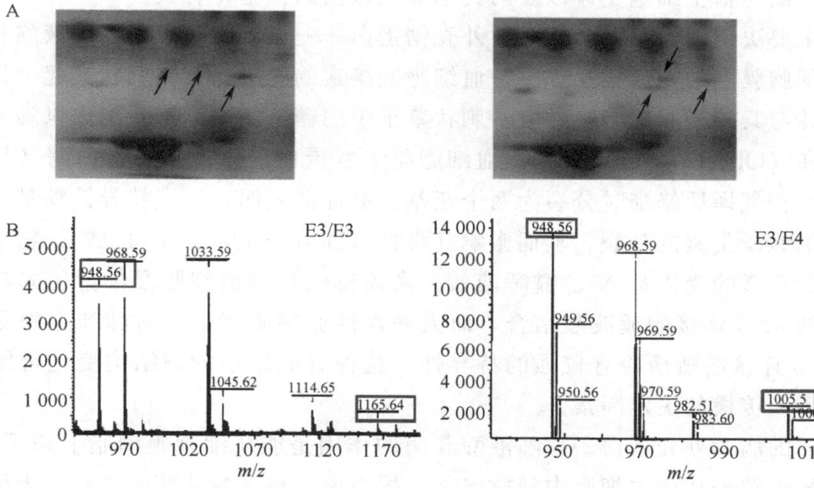

图 5.4　鉴定 ApoE 的不同等位基因变体。A. 2-DE；B. 特征肽质量指纹离子。

5.6.3　早衰症的故事

早衰症或者 Hutchinson's Gilford 早衰症，是一种非常罕见的致命性快速老化综合征。典型症状表现为发育延迟、皮下脂肪组织减少、头发减少、头皮静脉明显、皮肤呈老化状、明显的关节病、骨质疏松症和恶性动脉粥样硬化性心血管病。已被认为是研究衰老代谢过程的一个模型系统。

核纤层蛋白 A（lamin A）的变化很可能是导致该疾病的原因。lamin A 是细胞核膜（称之为 lamina）内骨架蛋白的一个主要组分。其前体分子经过翻译后形成成熟的 lamin A。lamin A 前体蛋白质的 C 端有一个 CAAXQ 区域，可诱导异戊二烯基化，并通过法呢基转移酶将法呢基添加到半胱氨酸上。这会使得 lamin A 前体蛋白质定位在细胞核外围。蛋白质的一部分（含有法呢基）在该处进行最后一步断裂，释放 lamin A，并与核 lamina 结合。被断裂的 lamin A 蛋白又被称为早老素，其内部缺失了 50 个氨基酸，产生了带有法呢基基序，而失去断裂基序的蛋白质。因此，被法呢基化的 lamin A 将会被永久性地结合在细胞核内膜，而不能结合到核骨架中。

法呢基转移酶抑制剂最初用来抑制一些需要法呢基行使功能的致癌蛋白质，如致癌蛋白 Ras。现在已被用于骨髓状白血病患者的Ⅲ期临床药物实验。这些药物能够逆转早衰患者皮肤组织细胞生长过程中的显著核结构畸形（Capell et al. 2005；Glynn and Glover 2005）。这种对翻译后修饰的抑制作用有望被用于治疗早衰症以及在衰老和癌症中因代谢缺陷引起的相关疾病。

5.6.4　流感的故事

一个经典故事是由高致病性禽流感变体病毒带来的潜在的大流感威胁。流感是一种高度传染的、急性的呼吸道病毒性感染疾病。该疾病是由具有免疫学多样性的单链 RNA 病毒引起的。A 型病毒最为常见，且与绝大多数健康危害以及流行病有关。病毒致病的很多方面与宿主细胞受体以及两类主要膜蛋白的糖基化有关。

感染的主要决定因素是两个病毒性外壳糖蛋白——血细胞凝集素和唾液酸苷酶。它们能与宿主细胞膜上的糖链相互作用。血细胞凝集素的壳层具有尖刺状突起，易于结合宿主细胞，并与其外壳和细胞膜融合。刺状茎干中的糖链使血细胞凝集素以易于融合的稳定构象存在（Ohechi et al. 1997）。血细胞凝集素蛋白前体被宿主蛋白酶（与病毒感染至关重要）在翻译后修饰时分裂为两个亚基。有证据表明，位点特异性糖基化会影响流感病毒血细胞凝集素的分裂，从而影响其毒性（Deshpande et al. 1987）。宿主细胞表面的血细胞凝集素的受体是*N*-乙酰唾液酸。禽流感病毒的血细胞凝集素优先与肠上皮细胞受体上的α2-3 连接的唾液酸结合，而人病毒性血细胞凝集素对肺和上呼吸道中上皮细胞的α2-6 连接的唾液酸有较强的特异性。这种看似微小的糖结构变化可能是禽流感病毒从禽到人传播的决定因素。

其他主要的病毒外壳蛋白——唾液酸苷酶的作用是能从细胞膜糖脂上切下唾液酸，从而将新的病毒粒子从宿主细胞中释放出来。据报道，唾液酸苷酶的球状头上的一个糖基化位点与 H5N1 病毒的高毒性相关（Hulse et al. 2004）。此外，该唾液酸苷酶的特异性已成为两种成功开发的流感药物（Relenza™和 Tamiflu™）的药靶。这两种药物都是根据唾液酸苷酶活性位点合成的其结构类似物，从而可抑制病毒传播。

5.7 未来的方向

本章介绍了将蛋白质组从基因组中区分开来时，翻译时和翻译后修饰的重要性。我们重点探讨了目前用来分析这些修饰蛋白质的多种技术。组织、发育阶段、疾病状态或者细胞寿命等因素对翻译时和翻译后的修饰进行调控，并导致其发生变化。我们现在已有一些工具来鉴定、定位和表征这些由于修饰而产生的差异。当我们从蛋白质的鉴定中超脱出来，去研究氨基酸序列上的多种修饰类型、位置和功能时，我们依旧面临一些挑战。更重要的挑战是如何将这些修饰与细胞中的代谢和功能变化联系起来。此外，我们还需要利用已知的蛋白质变化知识去有针对性地开发诊断试剂和药物，以控制因这些蛋白质修饰而导致的疾病。

致谢：本章包含一些没有发表的原始数据，它们是 Niclas Karlsson（第 5.6.1 节）和 Karen Morris（第 5.6.2 节）工作的一部分。作者感谢 Proteome Systems 有限公司的支持。

参考文献

Angelov I (1994) Characterisation of a proline-directed casein kinase from bovine brain. Arch Biochem Biophys 310:97–107

Apostol I, Aitken J, Levine J, Lippincott J, Davidson, JS, Abbott-Brown D (1995) Recombinant protein sequences can trigger methylation of N-terminal amino acids in *Escherichia coli*. Protein Sci 4:2616–2618

Appfel A, Chakel J, Udiavar S, Hancock W, Souders C, Pungor E Jr (1995) Use of hyphenated liquid-phase analyses and mass spectrometric approaches for the characterisation of glycoproteins derived from recombinant DNA. In: Snyder AP (ed) Biochemical and biotechnological applications of electrospray ionization mass spectrometry. American Chemical Society, Washington, pp 432–471

Apweiler R, Hermjakob H, Sharon N (1999) On the frequency of protein glycosylation, as deduced from analysis of the SWISS-PROT database. Biochim Biophys Acta 1473:4–8

Ashline D, Singh S, Hanneman A, Reinhold V (2005) Congruent strategies for carbohydrate sequencing. 1. Mining structural details by MS(n). Anal Chem 77:6250–6262

Beausoleil SA, Jedrychowski M, Schwartz D, Elias JE, Villen J, Li J, Cohn MA, Cantley LC, Gygi SP (2004) Large-scale characterization of HeLa cell nuclear phosphoproteins. Proc Natl Acad Sci USA 101:12130–12135

Beck HC, Nielsen EC, Matthiesen R, Jensen LH, Sehested M, Finn P, Grauslund M, Hansen AM, Jensen ON (2006) Quantitative proteomic analysis of post-translational modifications of human histones. Mol Cell Proteomics 5:1314–1325

Blom N, Sicheritz-Ponten T, Gupta R, Gammeltoft S, Brunak S (2004) Prediction of post-translational glycosylation and phosphorylation of proteins from the amino acid sequence. Proteomics 4:1633–1649

Bondaryk RP, Packer NH (2004) Microheterogeneity, standardization and characterization in glycoprotein drugs. Curr Drug Discov 4:31–32

Capell BC, Erdos MR, Madigan JP, Fiordalisi JJ, Varga R, Conneely KN, Gordon LB, Der CJ, Cox AD, Collins FS (2005) Inhibiting farnesylation of progerin prevents the characteristic nuclear blebbing of Hutchinson-Gilford progeria syndrome. Proc Natl Acad Sci USA 102:12879–12884

Coba MP, Turyn D, Pena C (2003) Synthesis and immunogenic properties of phosphopeptides related to the human insulin receptor. J Pept Res 61:17–23

Cohen P (2000) The regulation of protein function by multisite phosphorylation – a 25 year update. Trends Biochem Sci 25:596–601

Creasy DM, Cottrell JS (2002) Error tolerant searching of uninterpreted tandem mass spectrometry data. Proteomics 2:1426–1434

Creasy DM, Cottrell JS (2004) Unimod: protein modifications for mass spectrometry. Proteomics 4:1534–1536

Denison C, Rudner AD, Gerber SA, Bakalarski CE, Moazed D, Gygi SP (2005) A proteomic strategy for gaining insights into protein sumoylation in yeast. Mol Cell Proteomics 4:246–254

Deshpande KL, Fried VA, Ando M, Webster RG (1987) Glycosylation affects cleavage of an H5N2 influenza virus hemagglutinin and regulates virulence. Proc Natl Acad Sci USA 84:36–40

Driessen HP, De Jong WW, Tesser GI, Bloemendal H (1985) The mechanism of N-terminal acetylation of proteins. Crit Rev Biochem 18:281–325

Dube DH, Bertozzi CR (2005) Glycans in cancer and inflammation–potential for therapeutics and diagnostics. Nat Rev Drug Discov 4:477–488

Ducret A, Bruun CF, Bures EJ, Marhaug G, Aebersold R (1996) Characterization of human serum amyloid A protein isoforms separated by two-dimensional electrophoresis by liquid chromatography/electrospray ionization tandem mass spectrometry. Electrophoresis 17:866–876

Emanuelsson O, Nielsen H, Brunak S, von Heijne G (2000) Predicting subcellular localization of proteins based on their N-terminal amino acid sequence. J Mol Biol 300:1005–1016

Ethier M, Saba JA, Spearman M, Krokhin O, Butler M, Ens W, Standing KG, Perreault H (2003) Application of the StrOligo algorithm for the automated structure assignment of complex N-linked glycans from glycoproteins using tandem mass spectrometry. Rapid Commun Mass Spectrom 17:2713–2720

Ficarro SB, McCleland ML, Stukenberg PT, Burke DJ, Ross MM, Shabanowitz J, Hunt DF, White FM (2002) Phosphoproteome analysis by mass spectrometry and its application to *Saccharomyces cerevisiae*. Nat Biotechnol 20:301–305

Gaucher SP, Morrow J, Leary JA (2000) STAT: a saccharide topology analysis tool used in combination with tandem mass spectrometry. Anal Chem 72:2331–2336

Glycan Database (2006) Consortium for Functional Glycomics, La Jolla, USA. http://www.functionalglycomics.org/glycomics/molecule/jsp/carbohydrate/carbMoleculeHome.jsp. Cited 22 March 2007

Gembitsky DS, Lawlor K, Jacovina A, Yaneva M, Tempst P (2004) A prototype antibody microarray platform to monitor changes in protein tyrosine phosphorylation. Mol Cell Proteomics 3:1102–1118

Glozak MA, Sengupta N, Zhang X, Seto E (2005) Acetylation and deacetylation of non-histone proteins. Gene 363:15–23

Glynn MW, Glover TW (2005) Incomplete processing of mutant lamin A in Hutchinson-Gilford progeria leads to nuclear abnormalities, which are reversed by farnesyltransferase inhibition. Hum Mol Genet 14:2959–2969

Goldstein M, Lee KY, Lew JY, Harada K, Wu J, Haycock JW, Hokfelt T, Deutch AY (1995) Antibodies to a segment of tyrosine hydroxylase phosphorylated at serine 40. J Neurochem 64:2281–2287

Gooley A, Packer N (1997) The importance of co- and post-translational modifications in proteome projects. In: Wilkins MR, Williams KL, Appel RD, Hochstrasser DF (eds) Proteome research: new frontiers in functional genomics. Springer, Berlin. pp 65–91

Gravel P, Walzer C, Aubry C, Balant LP, Yersin B, Hochstrasser DF, Guimon J (1996) New alterations of serum glycoproteins in alcoholic and cirrhotic patients revealed by high resolution two-dimensional gel electrophoresis. Biochem Biophys Res Commun 220:78–85

Gupta R, Birch H, Rapacki K, Brunak S, Hansen JE (1999) O-GLYCBASE version 4.0: a revised database of O-glycosylated proteins. Nucleic Acids Res 27:370–372

Glycosciences (2006) DKFZ, Heidelberg, Germany. http://www.glycosciences.de/sweetdb. Cited 22 March 2007

GlycoSuiteDB (2004) Proteome Systems, Sydney, Australia. http://www.glycosuite.com. Cited 22 March 2007

Hatters DM, Peters-Libeu CA, Weisgraber KH (2006) Apolipoprotein E structure: insights into function. Trends Biochem Sci 31:445–454

Hay RT (2005) SUMO: a history of modification. Mol Cell 18:1–12

Hernandez P, Gras R, Frey J, Appel RD (2003) Popitam: towards new heuristic strategies to improve protein identification from tandem mass spectrometry data. Proteomics. 3:870–878

Hietakangas V, Anckar J, Blomster HA, Fujimoto M, Palvimo JJ, Nakai A, Sistonen L (2006) PDSM, a motif for phosphorylation-dependent SUMO modification. Proc Natl Acad Sci USA 103:45–50

Hirabayashi J (2004) Lectin-based structural glycomics: glycoproteomics and glycan profiling. Glycoconj J 21:35–40

House C, Wettenhall RE, Kemp BE (1987) The influence of basic residues on the substrate specificity of protein kinase C. J Biol Chem 262:772–777

Huang F, Kirkpatrick D, Jiang X, Gygi S, Sorkin A (2006) Differential regulation of EGF receptor internalization and degradation by multiubiquitination within the kinase domain. Mol Cell 21:737–748

Hughes GJ, Frutiger S, Paquet N, Ravier F, Pasquali C, Sanchez JC, James R, Tissot JD, Bjellqvist B, Hochstrasser D (1992) Plasma protein map: an update by microsequencing. Electrophoresis 13:707–714

Hulse DJ, Webster RG, Russell RJ, Perez DR (2004) Molecular determinants within the surface proteins involved in the pathogenicity of H5N1 influenza viruses in chickens. J Virol 7:9954–9964

Jensen ON (2006) Interpreting the protein language using proteomics. Nat Rev Mol Cell Biol 7:391–403

Johnson ES (2004) Protein modification by SUMO. Annu Rev Biochem 73:355–382

Johnson RD, Bhatnagar RS, Knoll LJ, Gordon JI (1994) Genetic and biochemical studies of protein N-myristoylation. Annu Rev Biochem 63:869–914

Jones AM, Bennett MH, Mansfield JW, Grant M (2006) Analysis of the defence phosphoproteome of *Arabidopsis thaliana* using differential mass tagging. Proteomics 6:4155–4165

Joshi HJ, Harrison MJ, Schulz BL, Cooper CA, Packer NH, Karlsson, NG (2004) Development of a mass fingerprinting tool for automated interpretation of oligosaccharide fragmentation data. Proteomics 4:1650–1664

Karlsson NG, Wilson NL, Wirth HJ, Dawes P, Joshi H, Packer NH. (2004) Negative ion graphitised carbon nano-liquid chromatography/mass spectrometry increases sensitivity for glycoprotein oligosaccharide analysis. Rapid Commun Mass Spectrom 18:2282–2292

KEGG GLYCAN (2006) Kanehisa Laboratories, Kyoto, Japan. http://www.genome.jp/kegg/glycan/. Cited 22 March 2007

Kehoe JW, Bertozzi CR (2000) Tyrosine sulfation: a modulator of extracellular protein-protein interactions. Chem Biol 7:R57–61

Khan A, Grinyer J, Truong ST, Breen EJ, Packer NH (2005) New urinary EPO drug testing method using two-dimensional gel electrophoresis. Clin Chim Acta 358:119–130

Kirkpatrick DS, Denison C, Gygi SP (2005) Weighing in on ubiquitin: the expanding role of mass-spectrometry-based proteomics. Nat Cell Biol 7:750–757

Koopmann JO, Blackburn J (2003) High affinity capture surface for matrix-assisted laser desorption/ionisation compatible protein microarrays. Rapid Commun Mass Spectrom 17:455–462

Lapadula AJ, Hatcher PJ, Hanneman AJ, Ashline DJ, Zhang H, Reinhold VN (2005) Congruent strategies for carbohydrate sequencing. 3. OSCAR: an algorithm for assigning oligosaccharide topology from MS(n) data. Anal Chem 77:6271–6279

Larsen MR, Thingholm TE, Jensen ON, Roepstorff P, Jorgensen TJ (2005) Highly selective enrichment of phosphorylated peptides from peptide mixtures using titanium dioxide microcolumns. Mol Cell Proteomics 4 873–886

Lee FJ, Lin LW, Smith JA (1989) N alpha-acetyltransferase deficiency alters protein synthesis in *Saccharomyces cerevisiae*. FEBS Lett 256:139–142

Lee TY, Huang HD, Hung JH, Huang HY, Yang YS, Wang TH (2006) dbPTM: an information repository of protein post-translational modification. Nucleic Acids Res 34:D622–627

Lo-Guidice JM, Wieruszeski JM, Lemoine J, Verbert A, Roussel P, Lamblin G (1994) Sialylation and sulfation of the carbohydrate chains in respiratory mucins from a patient with cystic fibrosis. J Biol Chem 269:18794–18813

Lopez-Rodas G, Georgieva EI, Sendra R, Loidl P (1991) Histone acetylation in *Zea mays* I. J Biol Chem 266:18745–18750

Martin C, Zhang Y (2005) The diverse functions of histone lysine methylation. Nat Rev Mol Cell Biol 6:838–849

Matthiesen R, Trelle MB, Hojrup P, Bunkenborg J, Jensen ON (2005) VEMS 3.0: algorithms and computational tools for tandem mass spectrometry based identification of post-translational modifications in proteins. J Proteome Res 4:2338–2347

Meng F, Du Y, Miller LM, Patrie SM, Robinson DE, Kelleher NL (2004) Molecular-level description of proteins from *Saccharomyces cerevisiae* using quadrupole FT hybrid mass spectrometry for top down proteomics. Anal Chem 76:2852–2858

Morelle W, Canis K, Chirat F, Faid V, Michalski JC (2006) The use of mass spectrometry for the proteomic analysis of glycosylation. Proteomics 6:3993–4015

Mullen JR, Kayne PS, Moerschell RP, Tsunasawa S, Gribskov M, Colavito-Shepanski M, Grunstein-Sherman F, Sternglanz R (1989) Identification and characterisation of genes and mutants in N-terminal acetyltransferase from yeast. EMBO J 8:2067–2075

Neville DC, Rozanas CR, Price EM, Gruis DB, Verkman AS, Townsend RR (1997) Evidence for phosphorylation of serine 753 in CFTR using a novel metal-ion affinity resin and matrix-assisted laser desorption mass spectrometry. Protein Sci 6:2436–2445

Ohtsubo K, Marth JD (2006) Glycosylation in cellular mechanisms of health and disease. Cell 126:855–867

Ohuchi R, Ohuchi M, Garten W, Klenk HD (1997) Oligosaccharides in the stem region maintain the influenza virus hemagglutinin in the metastable form required for fusion activity. J Virol 71:3719–3725

Peng J, Schwartz D, Elias JE, Thoreen CC, Cheng D, Marsischky G, Roelofs J, Finley D, Gygi SP (2003) A proteomics approach to understanding protein ubiquitination. Nat Biotechnol 21:921–926

Perlman D, Halvorson HO (1983) A putative signal peptidase recognition site and sequence in eukaryotic and prokaryotic signal peptides. J Mol Biol 167:391–409

Rosas-Acosta G, Russell WK, Deyrieux A, Russell DH, Wilson VG (2005) A universal strategy for proteomic studies of SUMO and other ubiquitin-like modifiers. Mol Cell Proteomics 4:56–72

Rush J, Moritz A, Lee KA, Guo A, Goss VL, Spek EJ, Zhang H, Zha XM, Polakiewicz RD, Comb MJ (2005) Immunoaffinity profiling of tyrosine phosphorylation in cancer cells. Nat Biotechnol 23:94–101

Schulenberg B, Goodman TN, Aggeler R, Capaldi RA, Patton WF (2004) Characterization of dynamic and steady-state protein phosphorylation using a fluorescent phosphoprotein gel stain and mass spectrometry. Electrophoresis 25:2526–2532

Sharon N (2006) Carbohydrates as future anti-adhesion drugs for infectious diseases. Biochim Biophys Acta 1760:527–537

Sinclair AM, Elliott S (2005) Glycoengineering: the effect of glycosylation on the properties of therapeutic proteins. J Pharm Sci 94:1626–1635

Slawson C, Hart GW (2003) Dynamic interplay between O-GlcNAc and O-phosphate: the sweet side of protein regulation. Curr Opin Struct Biol 13:631–636

Steinberg TH, Pretty On Top K, Berggren KN, Kemper C, Jones L, Diwu Z, Haugland RP, Patton WF (2001) Rapid and simple single nanogram detection of glycoproteins in polyacrylamide gels on electroblots. Proteomics 1:841–855

Szymanski CM, Wren BW (2005) Protein glycosylation in bacterial mucosal pathogens. Nat Rev Microbiol 3:25–37

Tang H, Mechref Y, Novotny MV (2005) Automated interpretation of MS/MS spectra of oligosaccharides. Bioinformatics 21:i431–439

Terwilliger TC, Wang JY, Koshland DE (1986) Kinetics of receptor modification: the multiply methylated aspartate receptors involved in bacterial chemotaxis. J Biol Chem 261:10814–10820

Thomas CE, Kelleher NL, Mizzen CA (2006) Mass spectrometric characterization of human histone H3: a bird's eye view. J Proteome Res 5:240–247

Tseng, K, Hedrick JL, Lebrilla CB (1999) Catalog-library approach for the rapid and sensitive structural elucidation of oligosaccharides. Anal Chem 71:3747–3754

Varki A (1993) Biological roles of oligosaccharides: all of the theories are correct. Glycobiology 3:97–130

Villar-Garea A, Imhof A (2006) The analysis of histone modifications. Biochim Biophys Acta 1764:1932–1939

Wang D, Thompson P, Cole PA, Cotter RJ (2005) Structural analysis of a highly acetylated protein using a curved-field reflectron mass spectrometer. Proteomics 5:2288–2296

Wang JY (1988) Antibodies for phosphotyrosine: analytical and preparative tool for tyrosyl-phosphorylated proteins. Anal Biochem 172:1–7

Wilkins MR, Sanchez JC, Williams KL, Hochstrasser DF (1996) Current challenges and future applications for protein maps and post-translational vector maps in proteome projects. Electrophoresis 17:830–838

Wilkins MR, Gasteiger E, Gooley AA, Herbert BR, Molloy MP, Binz PA, Ou K, Sanchez JC, Bairoch A, Williams KL, Hochstrasser DF (1999) High-throughput mass spectrometric discovery of protein post-translational modifications. J Mol Biol 289:645–657

Wilkins MR, Appel RD, Van Eyk JE, Chung MC, Gorg A, Hecker M, Huber LA, Langen H, Link AJ, Paik YK, Patterson SD, Pennington SR, Rabilloud T, Simpson RJ, Weiss W, Dunn MJ (2006) Guidelines for the next 10 years of proteomics. Proteomics 6:4–8

Wilson NL, Schulz BL, Karlsson NG, Packer NH (2002) Sequential analysis of N- and O-linked glycosylation of 2D-PAGE separated glycoproteins. J Proteome Res 1:521–529

Yamada R, Bradshaw RA (1991) Rat liver polysome N alpha-acetyltransferase: substrate specificity. Biochemistry 30:1017–1021

Yang SH, Galanis A, Witty J, Sharrocks AD (2006) An extended consensus motif enhances the specificity of substrate modification by SUMO. EMBO J 25:5083–5093

Yang XJ (2005) Multisite protein modification and intramolecular signaling. Oncogene 24:1653–1662

Zaia J (2004) Mass spectrometry of oligosaccharides. Mass Spectrom Rev 23:161–227

Zhang FL, Casey PJ (1996) Protein prenylation: molecular mechanisms and functional consequences. Annu Rev Biochem 65:241–269

Zhang H, Aebersold R (2006). Isolation of glycoproteins and identification of their N-linked glycosylation sites. Methods Mol Biol 328:177-185

Zhang H, Singh S, Reinhold VN (2005) Congruent strategies for carbohydrate sequencing. 2. FragLib: an MS(n) spectral library. Anal Chem 77:6263–6270

Zhang H, Loriaux P, Eng J, Campbell D, Keller A, Moss P, Bonneau R, Zhang N, Zhou Y, Wollscheid B, Cooke K, Yi EC, Lee H, Peskind ER, Zhang J, Smith RD, Aebersold R (2006) UniPep, a database for human N-linked glycosites: a resource for biomarker discovery. Genome Biol 7:R73

第6章 蛋白质组成像技术

Patricia M. Palagi, Daniel Walther, Catherine G. Zimmermann-Ivol, Ron D. Appel

摘要

成像技术在蛋白质组学领域的应用，使蛋白质组学研究取得了飞跃式发展。这种长足进步尤其体现在对 2-DE 的数据分析上。蛋白质组成像技术与显微镜功能有异曲同工之处。它不仅可以分辨肉眼看不见的分析对象（这里是指蛋白质组）的特征和组成，而且还能将不同蛋白质组样品之间的差异进行重点分析，使蛋白质组分析更加直观、明确。本章阐述了与目前蛋白质组分析相关的成像技术，主要涵盖以下 4 个领域：2-DE 成像技术、液相色谱质谱联用（LC-MS）成像技术、分子扫描器成像技术及活体组织 MS 成像技术。上述技术的共同目标是以能肉眼直观且便于计算机分析的形式展现蛋白质组，从而为两种或多种蛋白质样品的比较分析及蛋白质鉴定提供技术支持。本章将详细介绍成像的实验要求以及可用的分析软件和工具。同时，还将具体介绍蛋白质组成像技术在蛋白质组分析中的一些应用实例。

6.1 引言

成像技术在生物医学领域起着举足轻重的作用。它通过对庞大而复杂的检验数据的分析为患者提供诊断依据。蛋白质组领域也同样从成像技术中获益匪浅，尤其体现在对 2-DE 的数据分析。成像技术是最早应用于蛋白质组分析的技术之一（见第 2 章）。它先依据等电点和分子质量不同对蛋白质组样品进行 2-DE 分离及染色。然后再以成像技术将 2-DE 结果作为图像形式保存，并进行二次分析。因此可以认为，蛋白质组成像技术是从 2-DE 开始发展起来的，以一种多维的成像或者绘图的形式实现蛋白质组数据可视化和分析的技术（需要指出的是，我们用“蛋白质组成像”这个术语来描述二维或者超过二维的数据分析，而不包括一维的数据，如 MS 数据）。蛋白质组成像技术与显微镜技术有着异曲同工之处。它不仅可以分辨肉眼看不见的分析对象（这里是指蛋白质组）的特征和组成，而且能将不同蛋白质组样品之间的差异进行重点分析。

蛋白质组研究中的新技术，如 MS 技术和液相色谱（LC）技术等，扩展了蛋白质组成像技术的范围。本章旨在介绍与目前蛋白质组分析技术相关的蛋白质组成像技术，主要涵盖以下 4 个领域：2-DE 成像技术、LC-MS 联用成像技术、分子扫描器成像技术，以及活体组织 MS 成像技术。上述技术的共同目标是以能肉眼的直观形式且便于计算机分析的形式展现蛋白质组，并能为两种或多种蛋白质样品的比较分析及鉴定提供技术支撑。本章将详细介绍成像的实验要求以及可用的分析软件和工具。同时还将具体介绍蛋白质组成像技术在蛋白质组分析中的一些应用实例。

6.2 2-DE 成像技术

自 1975 年开始，2-DE 技术就被广泛应用于生物及生物医学领域的蛋白质表达指纹研究。2-DE 分析技术一出现，就让人们意识到计算机辅助分析 2-DE 谱图的必要性。该技术不仅拥有高分辨率——单个样品在每块 2-D 凝胶上能分离出数千个蛋白质点，而且可以同时分析多个样品。可想而知，如果缺乏软件工具，蛋白质组分析将困难重重。

在 20 世纪 80 年代，人们开发了第一代分析 2-DE 凝胶工具软件。在大多数情况下，人们使用主机、微型计算机和带有基础（或没有）可编程图形界面的相关软件来进行数据处理。这一代软件工具的典型代表为 GELLAB（Lemkin and Lipkin 1981）、TYCHO（Anderson et al. 1981）、LIPS（Skolnick 1982）和 Elsie（Vo et al. 1981）。

随着图形界面、视窗系统以及价格合理的工作站的出现，一个新的设计 2-DE 分析软件的高潮也随之到来。这些软件大多数都是在 UNIX 操作系统下运行的。第二代的软件主要包括 Elsie-4（基于 Elsie；Olson and Miller 1988）、QUEST（Garrels 1989）、Gellab-II（基于 Gellab；Lemkin and Lester 1989）和 Melanie（基于 Elsie-4；Apple et al. 1991）。然而，它们致命的缺陷在于缺少一套友好的操作界面，给广大非计算机专业的科学家使用软件带来诸多困难。之后设计者将其中一些软件发展为第三代产品并且商品化，如 PDQuest（基于 QUEST）、Gellab-Ⅱ（基于 Gellab-Ⅱ）和 MelanieⅡ（基于 Melanie；Appel et al. 1997a）。设计精良的图形界面软件的推广、可用的强大功能、低成本的个人工作站、万维网的出现以及面向对象编程的广泛采用促进了第三代产品的发展。它们具有模块化、易于使用及在包括 UNIX、Macintosh 及 PC 的多个平台均可使用等优点。近年来，这一代软件被不断改进，以满足一年只跑几块胶的小型实验室实现高通量分析的需求。人们不断对算法进行优化，以改进凝胶分析的关键步骤，并且使操作界面变得更加用户友好。表 6.1 列出了第三代 2-D 成像软件的一些商品化产品以及一些最近开发和发布的相关软件。尽管列在表 6.1 中的每个分析软件都有各自的原理和操作方法，但它们都能提供对 2-D 凝胶进行完整研究所必需的一些基本功能和操作，其中包括蛋白质点的检测和定量、对不同凝胶的图像对比以发现不同凝胶上对应的蛋白质

表 6.1 2-D 成像分析中的主要商品化软件

软件名称	所属公司	资源网站
DeCyder	GE Healthcare	http://www.gehealthcare.com
Delta2D[a]	Decodon	http://www.decodon.com
ImageMaster™ 2D Platinum	GE Healthcare	http://www.gehealthcare.com
PDQuest[a]	Bio-Rad	http://www.bio-rad.com
Progenesis/Phoretix	Nonlinear Dynamics	http://www.nonlinear.com
Proteomweaver	Definiens	http://www.definiens.com

a. 所有的软件都在 Windows 下运行。Delta2D 还能在 Linux、Sun Solaaris 和 Mac OSX 操作系统下运行。PDQuest 同样能在 Mac OS 系统下运行。

点、对数据的分析以发现不同凝胶上差异表达的蛋白质点等。上述功能将在下面分节详细阐述，并用软件包 ImageMaster 2D Platinum 6 配图说明。该软件包为 Melanie 的加强版，由瑞士生物信息学院蛋白质组信息学研究组开发。

6.2.1　凝胶成像分析的前期步骤

在计算机对 2-DE 进行计算分析前，首先由凝胶生成数码图像。该过程需要使用平板扫描仪、照相机系统、光密度计、磷光成像器或荧光扫描器。扫描分辨率的高低尤为重要，它会影响图像上细节的数量，进而影响整个分析过程。低分辨率的图像每平方厘米内含有的点数（通常表示为每英寸的点数）很少，使得蛋白质点的检测不够精确；高分辨率的图像含有大量的点，但图像文件很大，这会降低图像分析速度。一般而言，可以折中选择每英寸 250 个点的图像。扫描仪以 TIFF 或者其他常用格式生成图像，景深为 12 位或者 16 位，对应着 4096 或者 65 536 的灰度水平。凝胶扫描后，用 2-DE 分析软件打开图像进行计算分析。2-DE 分析软件可以通过多种方式来展示和呈现凝胶图像。用户可以在软件的提示下自行完成处理。图 6.1 给出了同一凝胶成像的几个不同视角图。

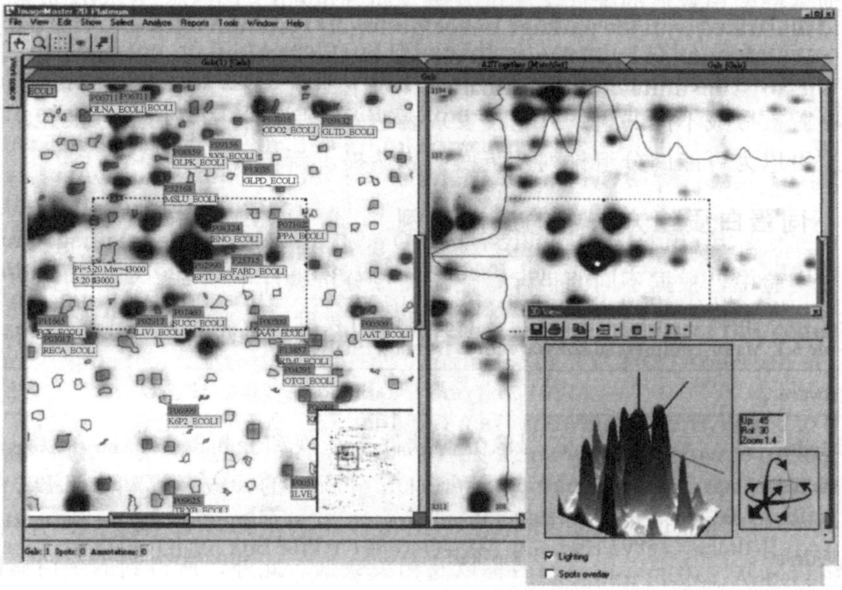

图 6.1　从 SWISS-2DPAGE 数据库中获得的大肠杆菌参考图（左）与来自大肠杆菌不同菌株的结果（右）比较；右下角为参考图上某个区域的 3-D 窗口图。

2-DE 分析首先需要检测蛋白质点。通过划定蛋白质点的边界，先从背景中将这个点的轮廓分离出来。再通过分配一些数值，如强度、面积和体积来进行定量。通过 2-D 高斯函数、扩散模型或采用图像处理算法，如分水岭图像分割方法（Pleissner et al. 1999）等，可模拟蛋白质点的一些物理化学性质。这些算法可以解决一系列 2-DE 实验方法固有的复杂问题，包括重叠、临近点、垂直或水平条纹、颜色极浅或极深点，以及含有很多蛋白质点的复杂区域。Dowsey 等（2003）对目前检测点的算法进行了比较全面的综述。获得理想 2-DE 图像分析结果的前提是较好地确定蛋白质点，从而进行准确的定量。

蛋白质点检测之后，经常需要对一系列凝胶图像进行匹配。最基本的匹配方法是比较两张图像，以发现这些图像上代表相同蛋白质的点。目前，用于凝胶图片匹配的算法原理主要有两种：一是与文献资料检测到的蛋白质点进行匹配分析（Vppel et al. 1997b)；二是对于检测到的没有报道的蛋白质，基于强度分布对整块凝胶进行匹配分析（Smilansky 2001)。

前者对于变形较大或者表达指纹差异很大的图像进行匹配分析时功能很强大；后者则因其分析速度快且使用便捷，非常适合于相似凝胶图像的匹配。无论何种情况，预先指定对应点或者像素对（亦可称为界标或者锚定）可能提高匹配算法的效率。无论软件使用哪种匹配方法，对匹配分析后的结果进行谨慎的评价至关重要。然而，对匹配结果的评价及评价匹配方法的精确度比较困难，因此有必要对匹配结果进行人工校正。

完成凝胶图像匹配分析之后，大多数研究者侧重于发现不同胶上表达水平不同的蛋白质点。这通常需要进行统计学测试。一般而言，如果每个样品的分类是已知的，图像分析软件通常会采用普通的统计学测试方法，如 Student's *t* test、Wilcoxon 和 Kolmogorov。对于更加复杂的分析，例如，双盲实验，其凝胶的分类是未知的，图像分析软件会提供其他的策略来应对，如聚类分析方法和因子或者主成分分析法等。实际上在双盲分析中，凝胶被分成不同的组，有利于发现表达差异最显著的蛋白质以及无法预见的样品差异，这可以为可能的分组排列及蛋白质表达提供新视角。

6.2.2 不同蛋白质组方法中的应用实例

在研究实验中，根据不同的目标，使用图像分析软件中不同的从胶中提取相关信息的方法。这种不同体现在需要分析的 2-DE 图像的数目以及要进行何种比较。

6.2.2.1 单块凝胶分析

科研工作者热衷于应用 2-DE 图像分析软件来呈现和分析凝胶谱图，以期发现全部或尽可能多的蛋白质，特别对于没有采用 2-DE 分析过的，或者那些在 2-DE 的数据库中没有相关参考的样品谱图（见第 7 章)。对凝胶中的蛋白质点通过 MS 方法鉴定后，软件就能给出凝胶图像中的蛋白质名称以及相关数据。此外，所得到的蛋白质图像还能被整合到公共的 2-DE 数据库作为参考图像，并可以被其他研究组共同引用。图 6.1 为 SWISS-2D PAGE 数据库（Hoogland et al. 2004）提供的大肠杆菌 2-D 参考图（Tonella et al. 1998)。这张图还给出了与来自另一大肠杆菌菌株的 2-D 图的比较。这两张图采用了相同的实验方法，因此分析结果具有可比性。

6.2.2.2 多块凝胶分析

目前，多块 2-DE 分析的目的是发现不同条件下不同样品的蛋白质表达谱的差异。这些条件包括疾病与对照组、不同时间点、药物处理与对照组或者一个群体中的不同个体等。这些蛋白质表达的变化可以通过观测蛋白质点的有无（表明这个蛋白质对某个状态的唯一性)、蛋白质点强度的差异(表明蛋白质的上调或者下调)、蛋白质点位置的迁移(包括可能的翻译后修饰、选择性剪接或者多形性)等体现出来。凝胶图像分析软件将这些变化精确定位，并应用 MS 的方法对其进行识别及表征。图 6.2 举例了两组凝胶之间的差异分析，每组包括了三块重复分离的凝胶。第一组(上排)为对照组样品的凝胶，第二组(下排)为经过药物处理过的样品凝胶。显然，在对照组中出现两个相邻的蛋白质点，而在药物处理组中却没有。这些蛋白质在药物处理的样品中未表达或者发生翻译后修饰，导致它们在 2-DE 分析时迁移到其他位置。

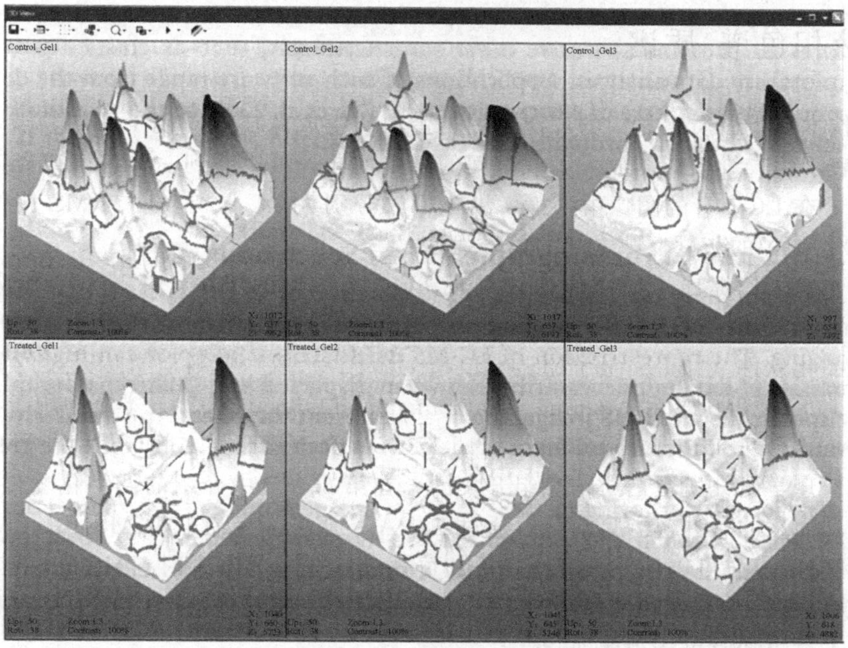

图 6.2　采用成像分析方法对比一组 2-DE 分析结果。上排展现三个对照样品凝胶某个区域的 3-D 图，下排为样品经处理过的三块凝胶的相应区域。对照组中间部分出现的几个点在处理组未出现。

6.2.2.3　二维凝胶差异电泳分析

在第 4 章中介绍过的二维凝胶差异电泳技术(DIGE)颠覆了传统 2-DE 图像的计算机分析方法。该方法是先对最多 3 个样品分别标记光学上可分辨的荧光染料(Cy2、Cy3 或 Cy5)，混合后在同一块胶上共同迁移。然后再对该 2-DE 谱图采用不同波长的激光扫描，从而可以在同一块胶上检测不同的样品分离结果，并通过图像分析软件进行对比分析。利用该方法，可减少因采用不同胶引起的实验参数的变化，一次可以分析多达 3 个不同样品；不同样品中相同的蛋白质在一块胶上的位置相同，使得蛋白质鉴定程序更加简单，并且可避免在不同胶上进行分离以及匹配分析时可能发生的差错。此外，可以在迁移时引入内标物，使得定量更加精确。例如，将实验中的所有生物样品等份混合，用一种染料标记后，与不同的单个样品一起迁移分离。这样可以得到一个呈现所有样品中蛋白质的平均图像。

实际上，DIGE凝胶图像对比分析与非DIGE凝胶很类似，区别在于需要一些特殊的算法进行蛋白质点检测和匹配分析。表6.1中列出了分析该种荧光图像的常用软件。与非DIGE凝胶一样，人们使用统计学来定位差异表达的蛋白质，并利用其他统计学工具，如聚类分析方法，来进行数据分析。这些软件的分析对象十分广泛。从胰腺癌生物标记物的发现（Yu et al. 2005）到细菌蛋白质的定量分析，均能采用这些软件（Gade et al. 2005）。

6.3 液相色谱-质谱

MS技术在蛋白质组学中的广泛使用为蛋白质组成像技术开创了新的领域。将LC-MS数据表示为二维投影图放大了数据间的微小差异，可以看到一维色谱或光谱不能看到的差异。在LC-MS的图像中，横、纵坐标轴分别为LC保留时间与MS获得的质荷比（m/z）；图像的灰度反映MS的信号强度。

近年来，人们提出了以图像形式展现LC-MS数据的想法，并开发了相应的软件（Berger et al. 2002；Palmblad et al. 2002）。已知的工具主要分成两类：生命科学公司开发的商品化软件（如Decyder MS，GE Healthcare）及一些科研机构开发的软件，如Pep3D（Li et al. 2004）和Mzmine（Katajamaa and Oresic 2005）。本章中用于说明LC-MS图像应用的MSight软件（Palagi et al. 2005）介于这两类之间，是由科研机构——瑞士生物信息学研究所蛋白质信息组开发的，在第6.2节中介绍的商品化软件Melanie基础上发展而来的软件包。目前可以通过ExPASy服务器免费获取MSight（1.0版本）（MSight 2007）。它可以使MS的运行更加可视化。在撰写本章时，MSight发布了2.0 alpha版。它能匹配和比较分析MS运行数据。同样，该软件也可在ExPASy服务器免费获取。不过也随时可能被商业化。

6.3.1 液相色谱-质谱成像分析技术的前期步骤

基于LC-MS获得的蛋白质表达谱在比较分析时的可靠性和实用性主要取决于精确测量样品中蛋白质或者肽段的相对丰度。为了进行精确测量，软件必须实现自动峰检测、峰排列和匹配等，以便最终完成肽段的定量分析。这些与2-DE成像软件分析方法类似。

LC-MS数据处理的第一步为打开数据文件。MSight，与其他图像处理软件一样，能处理主流的MS仪器，如Bruker、Waters及ABI-SCIEX等生成的数据。所有图像分析应用都支持mzXML格式（Pedrioli et al. 2004）。其他格式输出后经转换也同样可行。人类蛋白质组学研究组织的蛋白质组学标准计划致力于开发生成一种大多数LC-MS分析软件都支持的通用的MS数据标准，称为mzData（Orchard et al. 2005）。

如果数据噪声很大，需在LC-MS数据处理时过滤噪声。该步骤通过去除数据中强度最弱的峰——基本上都是背景化学噪声，来降低谱图的复杂程度，并且有利于峰的检测。在峰检测完成后，通过去同位素的方法来寻找单同位素峰，并确定离子的电荷状态。最后，将质量相同的同位素峰聚集成一个单峰信号，以便帮助我们从大量的数据中获得感兴趣的峰。

在理想状态下，相同的蛋白质或者肽段在同样的 LC-MS 分析平台中保留时间、分子质量和信号强度应该相同。然而，因为实验过程的偏差，结果并不能完全重现。m/z 取决于 MS 仪器的质量精度和分辨率；保留时间则取决于所使用的色谱方法。由相同的蛋白质或者肽段所得到峰的 m/z 应当比较接近，但是每次运行时的保留时间则可能会有明显的变化。通过峰形校正可以修正这些变化，从而在不同批次的 LC-MS 运行时都能找到相应的峰。每次运行校正后，峰强度则可以用来做定量。通过进一步的比较和统计学分析，可以发现那些表达发生显著变化的蛋白质及肽段。

6.3.2　不同蛋白质组学方法中的应用

LC-MS 图像分析软件的主要用途之一是数据可视化和整理。可以从不同视角观察，并能按需缩放所获得的图像。例如，在图 6.3 的左边有 4 个按照不同比例缩放的 LC-MS 图像。同时还能给出一系列的单维叠加谱图（右下角）、LC-MS 实验选择区域的三维图（叠加图上方）以及用来控制和调节不同图像和实验的工具窗口。利用该软件，不仅可以利用 LC 和 MS 采集速率的冗余性方便地全方位观察所有谱图，而且可以容易地选择同位素峰。将数据以不同模式展现有助于区分同一个肽段的同位素峰或者重叠的肽段峰。反之，如果一次只看一张图，则很难区分它们。

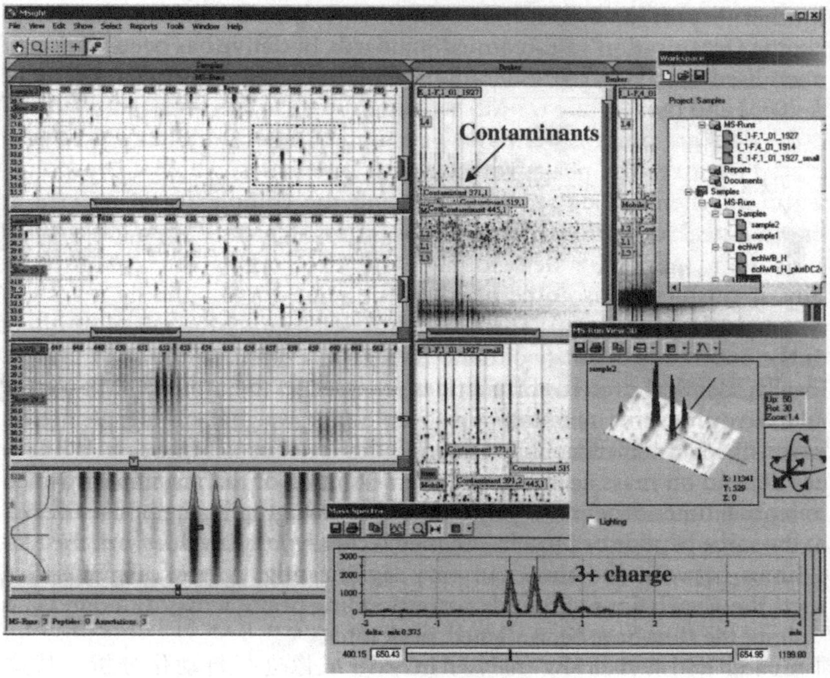

图 6.3　以 MSight 方法生成的 LC-MS 全局图

6.3.2.1 监测实验和翻译后修饰

LC-MS 图像分析软件对于监测样品和实验出现的问题，如样品在色谱柱上进行分离时被非目标蛋白质及其他杂质污染，非常有用。该软件和图像还能监测特意添加在样品中的一些 MS 校正品。这样就可以定性或者定量地测定其他信号。从图 6.3 中可以清晰地看见色谱柱的污染物表现为图像上一些垂直的条带。这种蛋白质组的成像技术的最大优点就是能发现一些肽段的翻译后修饰状态。直观地分析单个谱图和二维图像有利于发现和诠释一些小分子的变化，如肽段的氧化或者糖基化修饰。图 6.4 直观展示了从 2-DE 点中胰蛋白酶酶解产物获得的数据，从中可以发现被氧化的肽段。LC-MS-MS 通过提供全方位的阐释，可以对 2-DE 的信息进行补充。如图 6.5 所示，利用 LC-MS 图像分析软件可以选择前体离子进行 MS-MS 分析、对蛋白质进行鉴定所获得的蛋白质离子序列及电荷与 LC-MS 图像相关联等。

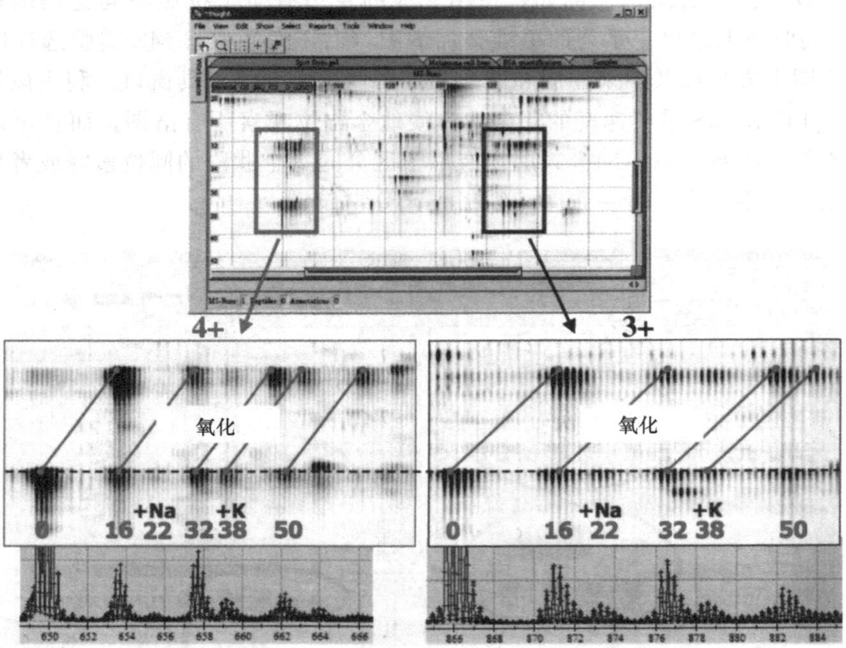

图 6.4 翻译后修饰分析。(图中给出了钠和钾的氧化加合物)

6.3.2.2 样本数目

LC-MS 成像软件的最终目标是对比分析两个或多个样品，发现它们之间的差异，并对这些差异进行定量分析。这与多重 2-DE 成像技术对比分析的概念类似。如果在多次分析中都检测到相同的样品峰，即可对 LC-MS 成像进行自动化分析。从这一方面来看，LC-MS 成像技术有望成为与同位素标记定量蛋白质组学相互补的方法。在不使用任何同位素标记情况下即可实现不同样品间蛋白质含量的比较。图 6.5 显示了在对已知

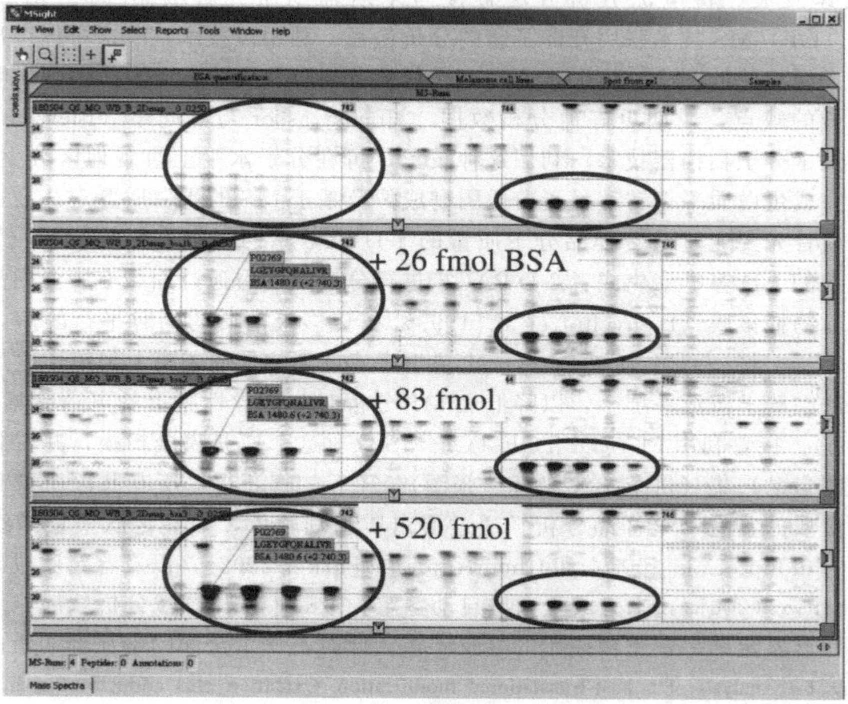

图 6.5　基于 LC-MS 成像的定量分析。在第一次运行时，牛血清白蛋白中一个肽段缺失（上排，左边）。同位素点的大小随着肽段浓度的变化而增加。图中右侧圆圈里的肽段在每次运行时均未发生变化，表明另一肽段的浓度没有发生变化。

组成的样品进行多次分析时，也可能发现一些特定的蛋白质。该实验以 B 细胞裂解液中分子质量为 32～45kDa 的蛋白质组分作为样品（W. Bienvenut and M. Quadroni，个人通讯）。首先用胰蛋白酶酶解样品；然后用反相毛细管 LC-电喷雾四级杆飞行时间质谱（SCIEX/应用生物系统 QSTAR）分离鉴定肽段。图 6.5 中，最上排所示为约 1 pmol 蛋白质样品分析的 LC-MS 谱图；在下面三排中，分别在样品中添加了 26 fmol、83 fmol 和 520 fmol 的牛血清白蛋白（BSA）胰蛋白酶酶解产物。发现 BSA 酶解产物中的一个肽段的同位素标记物（通过 LC-MS/MS 鉴定为 LGEYGFQNALIVR）的斑点大小随着蛋白质浓度的增加而逐渐增加。

Zhang 等（2005）提供了另一该方法的应用实例。他们通过 LC-MS 成像技术分析了血浆蛋白 N 端连接的糖肽，以期区分没有做任何处理的正常小鼠和通过皮肤癌致癌药剂诱导的同一传代小鼠。在该研究中，采用 Pep3D 软件进行成像和鉴定，并通过结合其他相关软件，对鉴定的肽段进行了聚类分析，实现了正常样品和癌症样品的区分。

6.4　分子扫描器

海量数据的产生，特别是 2-DE 图像数据及 LC-MS 获得谱图数据，推动了软件和工具的飞速发展。将电泳分析方法直接与基质辅助激光解吸附/离子化飞行时间（MALDI TOF）MS技术联用开辟了新的分析途径。利用该技术，一次可以产出上千个与蛋白质成像相关的图谱。为了避免自动化程度有限以及凝胶与MS技术联用时所需分析时间过长的缺点，以期更好地分析数据，Hochstrasser与其同事（Bienvenut et al. 1999）开发了分子扫描器技术。利用这种技术，可在分子水平上直观地区分生物样品，最大化地完成蛋白质平行转移、蛋白质图谱成像及基于MS的蛋白质鉴定。在这种技术中，蛋白质首先要通过基于样品分子质量的1-D SDS-聚丙烯酰胺凝胶电泳（PAGE）、基于等电点的1-D等电聚焦或者2-D PAGE进行分离。然后通过固载有胰蛋白酶的聚亚乙烯基二氟物捕集膜（Bienvenut et al. 1999）在转移蛋白质的同时平行酶解，也称为一步酶解转移。将一薄层MALDI离子化基质溶液点到整个捕获膜上，蒸干之后再通过阳极气化法在膜上沉淀一层金，以降低在MS分析时非传导性膜上的电荷聚集（Scherl et al. 2005）。接着利用MALDI TOF-TOF MS仪对这个捕获膜全扫描，并对膜上每个位置的谱图自动采集（每个x/y坐标一张图）。随后，将获得的所有肽段质量和碎片数据用于蛋白质的鉴定和全样品分析。通过蛋白质识别软件，如鉴定肽质量指纹图谱的Aldente（Tuloup et al. 2003）和ChemApplex（Parker 2002），以及鉴定肽段碎片指纹图谱的Phenyx（2007），来完成蛋白质自动鉴定。最后，采用图像分析软件，依据谱图强度和蛋白质鉴定结果，重构原始的凝胶图像。此时，一个全面的带注释的蛋白质图像即可创建完成。

从分子扫描器中获得的图像是将扫描过程产生的大量数据以最简单、最直观的方式展示出来。同时，还能通过半自动的方法完成不同样品间的差异蛋白质分析。目前已经开发了3种工具来帮助分析这些图像。每个工具都有特殊的实验目的和功能。

1）分子扫描器成像工具

由瑞士生物信息研究所开发的分子扫描器成像软件，能够鉴定和展现经过2-DE分离，并且由分子扫描器分析过的蛋白质。该软件通过查询已公布的数据库来鉴定蛋白质，然后利用所得图谱和鉴定的数据重建带有注释的凝胶图片。目前，已经应用于分析大肠杆菌蛋白质样品（Müller et al. 2002a）及人血浆蛋白质样品（Müller et al. 2002b）。创建这种凝胶图像最大的挑战是要根据多肽信号强度、空间分布的相似性和任何相邻蛋白质的位置对多肽进行聚类。该软件可以从不同角度分析数据，具体情况如图6.6所示。可视化工具的开发及应用为证实观察到的现象（多个不同蛋白质点中相同多肽的存在及单个蛋白质点含有多个蛋白质）提供了可能。同时，它还能鉴定低丰度蛋白质，排除很多与肽质量指纹鉴定无关的假阳性数据。

2）BioMap

该工具由Stoeckli等（2002）开发，可以产生任何质荷比的MS成像图谱，并且能够展示出组织切片扫描轮廓图。它可以直观地展示整个区域中目标肽段的信号强度、MS图及注释等信息。图6.7展示了小鼠大脑组织切片图像，并根据其定位信息显示了大量肽段数据的分布图（Rohener et al. 2005）。因为两个拥有不同序列、相同质量的肽段可能存在于同一位置，因此需要通过MS/MS来准确鉴定蛋白质。我们将在本章第6.5节介绍直接在组织区域中定位化合物技术以及BioMap的应用。

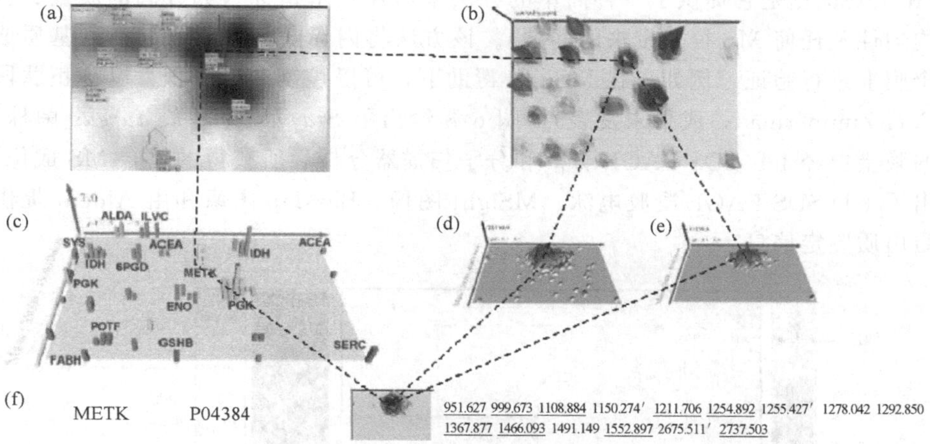

图 6.6　经过分子扫描器分析的大肠杆菌 2-DE 蛋白质的图像和鉴定。所选择的区域对应于从一个 1.2 cm^2 的超小 2-DE 上，共获得 1536 个 MS 图。(a) 总 MS 强度成像；(b) 中心成像的平滑区域点；(c) 蛋白质定位图；(d)，(e) 在整个表面上，m/z 比为 951.627 和 1108.664 的 MS 强度与位置；(f) 鉴定的蛋白质 METK *S*-腺苷甲硫氨酸合成酶的实例。(经 Elsevier 允许复制 Binz et al. 2004 的文献的图片)

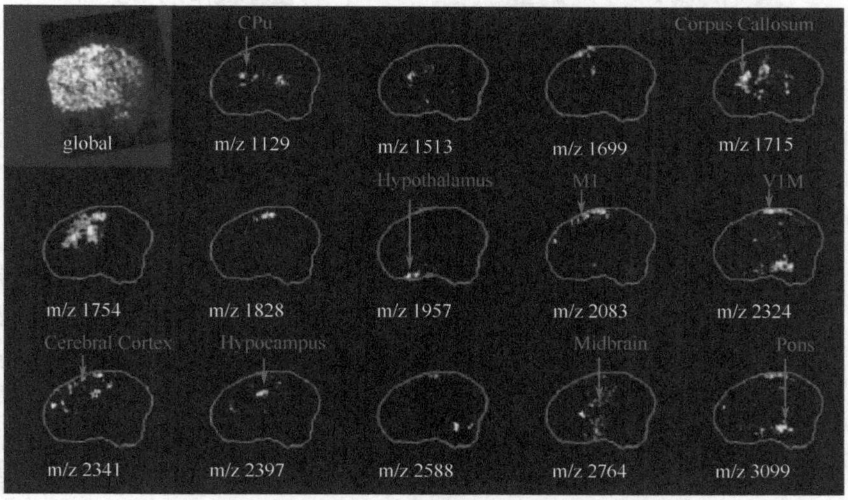

图 6.7　大脑组织区域经分子扫描器分析后产生的 BioMap 图。特定的肽段在不同的脑 loci. CPu 尾壳核（纹状体），M1 初级运动皮层，V1M 初级视皮层，单眼区的图像。(经 Elsevier 允许复制 Rohner et al. 2005 的文献的图片）（另见图版）

3) MSight

在第 6.3 节介绍的 MSight 软件同样可以将分子扫描器处理的数据转换成 m/z 形式的数据图像。然而，该方法弃用了以 LC 保留时间作为横坐标，而是选择从 1-D SDS-PAGE 凝胶获得的分子质量数据或者 1-D 等电聚焦凝胶电泳估算的 pI 作为横坐标。

MSight 主要优点是它提供了一种简单的方法来监控技术指标（如分离的质量、基质点靶的均匀性及任何 MS 校正带来的问题）。该方法将内标随着样品一起点到基质或者点到整个膜上进行验证。例如，在 MSight 帮助下，可以控制基质沉积，以防止肽段的扩散（C. G Zimmerman，成果未发表）。图 6.8 给出了 *Staphylococcus aureus* 菌株 N315 提取的膜蛋白经 1-D SDS-PAGE 分离和分子扫描器分析后所获得的复合 MS 成像数据。它给出了 1-D SDS-PAGE 凝胶电泳、MSight 图像、BioMap 图像和由 Aldent 提供的相应的蛋白质鉴定信息。

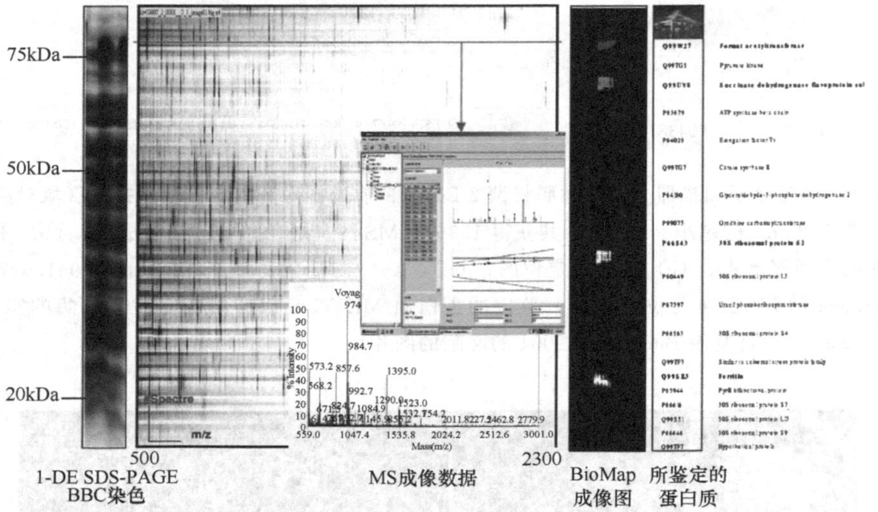

图 6.8　经分子扫描器处理后的金黄色葡萄球菌 N315 菌株的膜蛋白直观展示图。左边，1-D SDS-PAGE 分离图；中间，MSight 成像图、光谱图和 Aldente 鉴定窗口；右边，BioMap 成像图以及所鉴定的蛋白质。

上面所介绍的数据处理方法主要是用于处理大量肽段的质量指纹图谱数据。然而，生物样品中的蛋白质组成非常复杂，需要根据 MS/MS 信息对蛋白质进行准确鉴定。从理论上说，这也应该包含在软件中。如果对这些软件工具进一步优化，则应该增加从 MS 或者 MS/MS 分析获得定量信息以及自动完成蛋白质性质（如翻译后修饰等）阐释等功能。

分子扫描器技术最大的优势是避免了从 1-DE 或者 2-DE 分离后对蛋白质点的顺序切割，极大地缩短了建立一个生物样品完整的蛋白质图谱所需时间（Nadler et al. 2004）。它的主要弊端在于捕获膜的能力限制了它的分析灵敏度。目前检测限只能达到皮摩尔级。通过分子扫描器对蛋白质构建谱型主要依赖于实验室的蛋白质分离技术和图像成像技术。分子扫描器所生成的相关信息作为其他成像方法的补充，已被广泛应用到各种生物样品的分析中。成像质谱（IMS）等技术也被用来建立具有蛋白质鉴定和定位信息的蛋白质 MS 图谱。我们在后面部分将会做相关介绍。

6.5 成像质谱

医学成像技术，如计算机断层扫描及核磁共振成像等，在人体解剖学、生理学和功能信息学的研究中占有举足轻重的地位。然而基于这些方法生成的图像并不能显示蛋白质分布。组织化学方法能通过标记、亲和标签或者表达标记物创建蛋白质分布的 2-D 谱图，但是该方法一次只能同时分析几个已知的蛋白质。为此，Caprioli 和 Stoeckli（Stoeckli et al. 2001；Caprioli et al. 1997）开发了能在高分辨率的 MS 技术帮助下，对组织切片中的蛋白质创建分布图的 MALDI IMS 新方法。

6.5.1 成像质谱技术

在典型的 IMS 流程中，首先将冻干组织在低温条件下切割成小片，固定在有氧化铟锡包被的导电载玻片上（Galicia et al. 2002）或如 MALDI 板等金属表面（Stoeckli et al. 2002）。采用玻璃载玻片，也可平行地完成蛋白质的光学组织学评价分析。然后用 MALDI 质子化基质包被组织切片，并将目标分析靶板插入 MALDI MS 分析器进行分析。与传统的已经将蛋白质提取出来的 MS 分析相比，组织切片的 MALDI 处理过程需要有高能量的脉冲激光。在目前可行的 MS 分析技术中，主要有以下 3 种方法被成功地用于生物实验中以提高组织成像效果（Heeren 2005）。它们的主要区别在于扫描分辨率不同。

- 激光微探针质量分析（LAMMA）或微探针成像。MALDI MS 的微探针模式（也称 LAMMA）使用微聚焦 UV 激光束对选择的单个样品点进行激光照射（Hillenkamp and Karas 1990；Spengler and Hubert 2002）。所获得的 MS 图谱按照该点的空间坐标进行保存，然后照射新的区域并记录相应的 MS 图谱。重复上述过程直至检测完所有样品区域，并且获得每个特定位置相关的 MS 数据。实验的分辨率与样品点的大小相关。在优化好的 MALDI 系统中，分辨率可达 25 μm（Todd et al. 2001）。微探针 MALDI 方法一般作为 IMS 的参考方法。采用其他方法，如次级离子 MS（SIMS）和显微镜成像，可以获得更高的空间分辨率。
- SIMS。采用高能量的原子离子束照射靶板表面样品，生成次级离子后进行 MS 分析。MALDI 和 SIMS 的共同目标是将高空间分辨率与质量碎片化结合起来（Todd et al. 2001）。因为 LAMMA 方法生成的离子最大分子质量为 100 kDa，其特征像素大于 25 μm；SIMS 生成的图像空间分辨率小于 1 μm，但是对于高分子质量的物质灵敏度很低。目前，该方法的应用存在明显局限性。例如，它的最终分辨率是由基质晶体大小来控制的，因此受基质沉积的影响。如果晶体较大，可以提供很强的信号（McDonnell et al. 2003），但空间分辨率较低；反之，如果晶体很小，空间分辨率则会很高，但是信号会很弱。如果沉积上一薄层金则可以增强分子的离子化效率，在分辨率和晶体大小二者之间获得折中效果。Maarten Altelaar 等（2005）和 Stoeckli 等（2005）成功地将金镀在脑组织切片上，实现了对药物分布的跟踪。
- 显微镜成像。采用 LAMMA 和 SIMS 方法生成几平方厘米图像的速度很慢。因为激光每次只能照射一个样品点，因此要获得几平方厘米图像可能需要超过 24 h。采用显微镜成像则可以对每个 m/z 一次产生整张图片（极像一张照片），从而解决了上述问题。这种技术按照 m/z 生成一系列的分子图像，展示蛋白质的空间分布。因此，其空间分辨率取决于离子光学镜（激光束）的质量以及检测器的空间分辨率，而不是激光束的大小。用显微镜成像模式可以获得 2 μm 的分辨率（Luxembourg et al. 2004）。

6.5.2 成像质谱应用

通常用 IMS 来评价组织切片中的蛋白质分布。因为该方法是基于完整蛋白质或者小分子（如药物和代谢物）的分析，最大的不便之处是必须事先知道目标蛋白质。因此，在采用 IMS 方法研究生物标记物之前，必须通过一些传统方法对目标物质进行预鉴定和证实。该方法的最大优势在于可以不用对蛋白质进行标记，便可根据图像分布模式显示分析物的质量信息，进而了解其空间分布。以下是目前与 IMS 相关的应用实例。

- *药物追踪*。尽管采用传统的放射自显影法可以定位组织切片中的已知药物，并利用放射性标记了解药物的分布情况。而采用 IMS 方法则无需标记蛋白质就能研究药物的胞内分布（Rubakhin et al. 2005）。IMS 的优越性很明显。在单次实验中，就能根据相对分子质量等信息来追踪药物及其代谢产物。因此有望在药物开发过程中发挥重要作用。
- *形态学信息展示*。与蛋白质分布图像及组织图像的结合，对于保证 IMS 信息的医学准确性非常重要。Chaurand 等（2004）研究了一种对组织切片进行染色然后直接利用 IMS 分析的方法。这种染色方法能够追踪蛋白质在形态学结构上的变化，并且能同时避免用原始分析样品连续染色的局限性。在 Chaurand 等的研究中，他们监测了性成熟老鼠的附睾中超过 400 个不同的蛋白质，观察到头部及身体组织中的一些组织特异性蛋白质。在另一成像分析中，Rohner 等（2005）利用 IMS 对整个老鼠的身体切片进行扫描分析，揭示了已知的母体化合物和其代谢产物的分布。
- *图像分类*。人们可以对每次分析生成的大量 IMS 图像进行分析和分类。Schwartz 等（2004）对 20 个脑肿瘤活体组织生成的图像按照聚类分析法进行分类研究，显示了 IMS 有区分形态学差异的潜力。在发现两个脑白质区域的蛋白质图谱具有相似性的同时，也发现了脑白质区与皮质区的模式差异。研究还表明，IMS 能够对不同恶化程度的神经胶质瘤组织进行区分（癌前病变、Ⅱ级和Ⅲ级神经胶质瘤）。同时该研究发现，利用该技术能将神经嵴区肿瘤与其他所有肿瘤以及正常的脑组织进行区分。上述结果充分显示了 IMS 在鉴定未知起源肿瘤或者区分两种不同肿瘤方面的强大能力。此外，在另外一篇研究中，Yanagisawa 等（2003）也利用 IMS 技术对 80 个肺肿瘤样品进行了分类。

目前 IMS 正飞速发展，并展现出极大的发展潜力。因此，在未来的临床和生物领域，IMS 的应用会得到显著提升。在高分辨 MS 仪器的帮助下，利用激光捕获显微切割获得单细胞后，对蛋白质或者肽段在不同细胞器内的分布进行定位研究将会变得越来越可行。

6.6　结语

蛋白质组技术对生物学领域和医学领域的发展将会作出巨大贡献。目前大多数医学成像技术，如核磁共振成像和断层分析成像等，主要依赖于不同器官和组织解剖学间的相互关系。而未来的发展方向则更多依赖于分子或者细胞成像技术。蛋白质组成像技术在发现新的药物靶标以及与医学诊断和疾病预测相关的生物标记物方面会起到举足轻重的作用。2-DE、LC-MS、分子扫描器和 IMS 是研究分子定位的关键技术。它们可以用更直观的图像展示相关数据，进而巩固了其在该领域的地位。这些成像技术无需使用生物化学靶体，如抗体或标记物，将会为传统医学成像技术提供很多的补充信息。目前，这些进行蛋白质组图像处理的软件和工具，不仅具有鉴定蛋白质的能力，还能深层次地进行蛋白质组的研究和比较。随着实验技术的发展和成熟，这些工具将得到更好的发展和应用。人们也可以利用多维图像更好地展示蛋白质组数据。

致谢：作者衷心感谢 Willy Bienvenut（比森癌症研究所，格拉斯哥，英国）和 Manfredo Quadroni（蛋白质分析实验室，洛桑大学，瑞士）提供生成图 6.3～图 6.5 的 LC-MS 数据。同时，作者也非常感谢生物医药蛋白质研究组提供的图 6.1 所示的凝胶谱图。

参考文献

Anderson NL, Taylor J, Scandora AE, Coulter BP, Anderson NG (1981) The TYCHO system for computer analysis of two-dimensional gel electrophoresis patterns. Clin Chem 27:1807–1820

Appel RD, Hochstrasser DF, Funk M, Vargas JR, Pellegrini C, Muller AF, Scherrer JR (1991) The MELANIE project: from a biopsy to automatic protein map interpretation by computer. Electrophoresis 12:722–735

Appel RD, Palagi PM, Walther D, Vargas JR, Sanchez JC, Ravier F, Pasquali C, Hochstrasser DF (1997a) Melanie II – a third-generation software package for analysis of two-dimensional electrophoresis images: I. Features and user interface. Electrophoresis 18:2724–2734

Appel RD, Vargas JR, Palagi PM, Walther D, Hochstrasser DF (1997b) Melanie II – a third-generation software package for analysis of two-dimensional electrophoresis images: II. Algorithms. Electrophoresis 18:2735–2748

Berger SJ, Lee SW, Anderson GA, Pasa-Tolic L, Tolic N, Shen Y, Zhao R, Smith RD (2002) High-throughput global peptide proteomic analysis by combining stable isotope amino acid labeling and data-dependent multiplexed-MS/MS. Anal Chem 74:4994–5000

Bienvenut WV, Sanchez JC, Karmime A, Rouge V, Rose K, Binz PA, Hochstrasser DF (1999) Toward a clinical molecular scanner for proteome research: parallel protein chemical processing before and during western blot. Anal Chem 71:4800–4807

Binz PA, Muller M, Hoogland C, Zimmermann C, Pasquarello C, Corthals G, Sanchez JC, Hochstrasser DF, Appel RD (2004) The molecular scanner: concept and developments. Curr Opin Biotechnol 15:17–23

Caprioli RM, Farmer TB, Gile J (1997) Molecular imaging of biological samples: localization of peptides and proteins using MALDI-TOF MS. Anal Chem 69:4751–4760

Chaurand P, Schwartz SA, Caprioli RM (2004) Profiling and imaging proteins in tissue sections by MS. Anal Chem 76:87A–93A

Dowsey AW, Dunn MJ, Yang GZ (2003) The role of bioinformatics in two-dimensional gel electrophoresis. Proteomics 3:1567–1596

Gade D, Gobom J, Rabus R (2005) Proteomic analysis of carbohydrate catabolism and regula-

tion in the marine bacterium *Rhodopirellula baltica*. Proteomics 5:3672–3683
Galicia MC, Vertes A, Callahan JH (2002) Atmospheric pressure matrix-assisted laser desorption/ionization in transmission geometry. Anal Chem 74:1891–1895
Garrels JI (1989) The QUEST system for quantitative analysis of two-dimensional gels. J Biol Chem 264:5269–5282
Heeren RM (2005) Proteome imaging: a closer look at life's organization. Proteomics 5:4316–4326
Hillenkamp F, Karas M (1990) Mass spectrometry of peptides and proteins by matrix-assisted ultraviolet laser desorption/ionization. Methods Enzymol 193:280–295
Hoogland C, Mostaguir K, Sanchez JC, Hochstrasser DF, Appel RD (2004) SWISS-2DPAGE, ten years later. Proteomics 4:2352–2356
Katajamaa M, Oresic M (2005) Processing methods for differential analysis of LC/MS profile data. BMC Bioinformatics 6:179–191. doi:10.1186/1471-2105-6-179
Lemkin PF, Lester EP (1989) Database and search techniques for two-dimensional gel protein data: a comparison of paradigms for exploratory data analysis and prospects for biological modeling. Electrophoresis 10:122–140
Lemkin PF, Lipkin LE (1981) GELLAB: a computer system for two-dimensional gel electrophoresis analysis. III. Multiple two-dimensional gel analysis. Comput Biomed Res 14:407–446
Li XJ, Pedrioli PG, Eng J, Martin D, Yi EC, Lee H, Aebersold R (2004) A tool to visualize and evaluate data obtained by liquid chromatography-electrospray ionization-mass spectrometry. Anal Chem 76:3856–3860
Luxembourg SL, Mize TH, McDonnell LA, Heeren RM. (2004) High-spatial resolution mass spectrometric imaging of peptide and protein distributions on a surface. Anal Chem 76:5339–5344
Maarten Altelaar AF, Ponsioen B, Jalink K, Heeren RM, Piersma SR (2005) Imaging mass spectrometry study of the spatial behaviour of membrane molecules in single neuroblastomas cells. In: Proceedings of the 53rd ASMS conference on mass spectrometry, San Antonio, TX, 5–9 June 2005
McDonnell LA, Mize TH, Luxembourg SL, Koster S, Eijkel GB, Verpoorte E, de Rooij NF, Heeren RM (2003) Using matrix peaks to map topography: increased mass resolution and enhanced sensitivity in chemical imaging. Anal Chem 75:4373–4381
Müller M, Gras R, Appel RD, Bienvenut WV, Hochstrasser DF (2002a) Visualization and analysis of molecular scanner peptide mass spectra. J Am Soc Mass Spectrom 13:221–231
Müller M, Gras R, Binz PA, Hochstrasser DF, Appel RD (2002b) Molecular scanner experiment with human plasma: improving protein identification by using intensity distributions of matching peptide masses. Proteomics 2:1413–1425
MSight (2007) Swiss Institute of Bioinfomatics, Geneva. http://www.expasy.org/MSight/. Cited 1 March 2007
Nadler TK, Wagenfeld BG, Huang Y, Lotti RJ, Parker KC, Vella GJ (2004) Electronic Western blot of matrix-assisted laser desorption/ionization mass spectrometric-identified polypeptides from parallel processed gel-separated proteins. Anal Biochem 332:337–348
Olson AD, Miller MJ (1988) Elsie 4: quantitative computer analysis of sets of two-dimensional gel electrophoretograms. Anal Biochem 169:49–70
Orchard S, Hermjakob H, Binz PA, Hoogland C, Taylor CF, Zhu W, Julian RK Jr, Apweiler R (2005) Further steps towards data standardisation: the Proteomic Standards Initiative HUPO 3(rd) annual congress, Beijing 25–27(th) October, 2004. Proteomics 5:337–339
Palagi PM, Walther D, Quadroni M, Catherinet S, Burgess J, Zimmermann-Ivol CG, Sanchez JC, Binz PA, Hochstrasser DF, Appel RD (2005) MSight: an image analysis software for liquid chromatography-mass spectrometry. Proteomics 5:2381–2384
Palmblad M, Ramstrom M, Markides KE, Hakansson P, Bergquist J (2002) Prediction of chromatographic retention and protein identification in liquid chromatography/mass spectrometry. Anal Chem 74:5826–5830
Parker KC (2002) Scoring methods in MALDI peptide mass fingerprinting: ChemScore, and the ChemApplex program. J Am Soc Mass Spectrom 13:22–39
Pedrioli PG, Eng JK, Hubley R, Vogelzang M, Deutsch EW, Raught B, Pratt B, Nilsson E, Angeletti RH, Apweiler R, Cheung K, Costello CE, Hermjakob H, Huang S, Julian RK, Kapp E, McComb ME, Oliver SG, Omenn G, Paton NW, Simpson R, Smith R, Taylor CF, Zhu W, Aebersold R (2004) A common open representation of mass spectrometry data and its application to proteomics research. Nat Biotechnol 22:1459–1466
Phenyx (2007) Geneva Bioinformatics, Geneva. http://www.genebio.com/products/ protein_id.html.

Cited 1 March 2007

Pleissner KP, Hoffmann F, Kriegel K, Wenk C, Wegner S, Sahlstrom A, Oswald H, Alt H, Fleck E (1999) New algorithmic approaches to protein spot detection and pattern matching in two-dimensional electrophoresis gel databases. Electrophoresis 20:755–765

Rohner TC, Staab D, Stoeckli M (2005) MALDI mass spectrometric imaging of biological tissue sections. Mech Ageing Dev 126:177–185

Rubakhin SS, Jurchen JC, Monroe EB, Sweedler JV (2005) Imaging mass spectrometry: fundamentals and applications to drug discovery. Drug Discov Today 10:823–837

Scherl A, Zimmermann-Ivol CG, Di DJ, Vaezzadeh AR, Binz PA, Amez-Droz M, Cochard R, Sanchez JC, Gluckmann M, Hochstrasser DF (2005) Gold coating of non-conductive membranes before matrix-assisted laser desorption/ionization tandem mass spectrometric analysis prevents charging effect. Rapid Commun Mass Spectrom 19:605–610

Schwartz SA, Weil RJ, Johnson MD, Toms SA, Caprioli RM (2004) Protein profiling in brain tumors using mass spectrometry: feasibility of a new technique for the analysis of protein expression. Clin Cancer Res 10:981–987

Skolnick MM (1982) An approach to completely automatic comparison of two-dimensional electrophoresis gels. Clin Chem 28:979–986

Smilansky Z (2001) Automatic registration for images of two-dimensional protein gels. Electrophoresis 22:1616–1626

Spengler B, Hubert M (2002) Scanning microprobe matrix-assisted laser desorption ionization (SMALDI) mass spectrometry: instrumentation for sub-micrometer resolved LDI and MALDI surface analysis. J Am Soc Mass Spectrom 13:735–748

Stoeckli M, Chaurand P, Hallahan DE, Caprioli RM (2001) Imaging mass spectrometry: a new technology for the analysis of protein expression in mammalian tissues. Nat Med 7:493–496

Stoeckli M, Staab D, Staufenbiel M, Wiederhold KH, Signor L (2002) Molecular imaging of amyloid beta peptides in mouse brain sections using mass spectrometry. Anal Biochem 311:33–39

Stoeckli M, Knochenmuss R, McCombie G, Staab D, Rohner TC (2005) MALDI MSI of compounds and metabolites in whole-body tissue sections. In: Proceedings of the 53rd ASMS conference on mass spectrometry, San Antonio, TX, 5–9 June 2005

Todd PJ, Schaaff TG, Chaurand P, Caprioli RM (2001) Organic ion imaging of biological tissue with secondary ion mass spectrometry and matrix-assisted laser desorption/ionization. J Mass Spectrom 36:355–369

Tonella L, Walsh BJ, Sanchez JC, Ou K, Wilkins MR, Tyler M, Frutiger S, Gooley AA, Pescaru I, Appel RD, Yan JX, Bairoch A, Hoogland C, Morch FS, Hughes GJ, Williams KL, Hochstrasser DF (1998) '98 *Escherichia coli* SWISS-2DPAGE database update. Electrophoresis 19:1960–1971

Tuloup M, Hernandez C, Coro I, Hoogland C, Binz PA, Appel RD (2003) Aldente and BioGraph : an improved peptide mass fingerprinting protein identification environment. In: Ducret A, Eberle AN, Faupel MD et al (eds) Proceedings of the Swiss Proteomics Society 2003 congress: understanding biological systems. FontisMedia, Lausanne, pp 174–176

Vo KP, Miller MJ, Geiduschek EP, Nielsen C, Olson A, Xuong NH (1981) Computer analysis of two-dimensional gels. Anal Biochem 112:258–271

Yanagisawa K, Shyr Y, Xu BJ, Massion PP, Larsen PH, White BC, Roberts JR, Edgerton M, Gonzalez A, Nadaf S, Moore JH, Caprioli RM, Carbone DP (2003) Proteomic patterns of tumour subsets in non-small-cell lung cancer. Lancet 362:433–439

Yu KH, Rustgi AK, Blair IA (2005) Characterization of proteins in human pancreatic cancer serum using differential gel electrophoresis and tandem mass spectrometry. J Proteome Res 4:1742–1751

Zhang H, Yi EC, Li XJ, Mallick P, Kelly-Spratt KS, Masselon CD, Camp DG 2nd, Smith RD, Kemp CJ, Aebersold R (2005) High throughput quantitative analysis of serum proteins using glycopeptide capture and liquid chromatography mass spectrometry. Mol Cell Proteomics 4:144–155

第 7 章　蛋白质组学的数据集成

Frédérique Lisacek, Christine Hoogland,
Lydie Bougueleret, Amos Bairoch

摘要

本章介绍了适于对集成的蛋白质组数据进行表达、显示和处理方法的研究进展，并列举和评价了一些集成的蛋白质数据。此外，还简要讨论了在数据集成中存在的挑战和今后的发展方向。我们尤其关注数据集成、整合生物学和系统生物学间的交叉。

7.1　引言

蛋白质组学的主要实验流程通常由蛋白质的提取、分离和质谱分析构成。通过对谱图的进一步处理，并将得到的质谱数据与数据库中的序列数据进行匹配，即可实现对存在蛋白质的鉴定。因此，简单地说，蛋白质组学研究的初步结果通常包括一系列的蛋白质及其相关实验条件下的表达谱。在下一步，需要对选取的蛋白质进行精细的表征。这是一项艰巨的工作。它不仅涉及鉴定每种蛋白质的精确形式（如剪接变异体、表型、翻译后加工），而且还涉及对其相互作用的研究。蛋白质相互作用的研究与生物信息学应用领域关注的问题是相一致的。事实上，这些问题涉及的核心数据就是蛋白质的序列。

人们可以从不同的独立来源手动或自动获得一种或者几种相关的序列信息（在蛋白质组学中，主要关注氨基酸序列）。但是必须确保所有采集到的数据的可靠性。需要对不同的数据来源进行交互验证，并深入研究可能包含的质谱数据。只有那样，才能根据序列信息，获得可靠的蛋白质结构、功能、修饰和相互作用等信息。这就是所说的序列诠释。好的诠释无疑对解释实验结果非常有价值。

数据集成通常被认为是收集多来源的、不同类的信息的自动化过程。根据定义，数据集成必须通过完成两个任务来产生一张综合的图像。这两个任务分别是在一个基本原则的指导下，实现信息的集中和融合。为完成第一个任务，生物信息学领域需要努力解决许多与格式兼容性相关的技术难题。否则可能会导致信息在某一位置的堆积。但是生物实体特性的积累，所做的只是列明烹饪所需的原料清单，却没有提供菜谱。不完整的生物学知识无法帮助我们恰当地组合这些蛋白质的特征，或者适时地处理这些组合。

烹饪的类比还强调了在集成中融合的必要性。这一问题常常被忽视。事实上，特性分析是融合过程中的隐性关键。就像原料能否合适地混合搭配一样，关键是多源数据能否相互补充。信息结构决定了信息组合的方式。明确和了解不同信息的特性或尺度可以帮助我们确定如何实现信息的融合。限定和了解信息的条理可以帮助我们确定信息的层次。从技术上来说，通常在一个层次的数据放大到另一个层次的数据时，可以产生综合图。换句话说，在每个缩放点处都会对应数据特性的变化。因此，明确信息层次和缩放操作对信息的融合步骤非常必要（Lisacek et al. 2004）。

从基因到蛋白质的数据集成遵循这样一个过程。例如，在 Ensembl（Hubbard et al. 2005）中，所有的步骤都可见。已知的从高级的染色体转变成低级的蛋白质序列就是根据基因序列进行适当剪切形成的。DNA 序列对应于多种转录产物，与被剪接的内含子和被转录的外显子有关。染色体的基因位点可以作为限定缩放过程的参考。在此情况下，数据的集成反映了分子生物学的中心法则。

对于蛋白质组学来说，数据集成中的融合步骤的基本原则体现在两个方面。第一，实验流程的连接和协调需要集中化和均一性。这个技术挑战已经被一些学者成功攻克，我们在本章的后面部分将进一步说明（Hoogland et al. 2004；Desiere et al. 2005）。第二，生物学因素推动了集中化和均一性，这是生物学和生物信息学中的关键问题，然而人们对这一方面的研究还很少。

数据集成开始于多年前一些最可靠和公认的生物信息学资源（如 Swiss-Prot、KEGG、FlyBase）。它们从多种资源中集中信息，通过人工诠释来补充数据，以此绕开了融合步骤，所得到的知识可以比作百科全书（百科全书定义为一门知识的全面的汇编，它是高度管理的数据库。所以说，Swiss-Prot 被认为是知识库，而不是百科全书）。不幸的是，我们不仅对控制蛋白质折叠和相互作用的规律缺乏了解，而且对作用途径和细胞活性了解也不完全，因此阻碍了适当的蛋白质相关信息融合模型的设计。迄今为止，在分子水平和细胞水平组织生物学中解释蛋白质数据时，基因本体论（GO）（Harris et al. 2004）仍然是最通用的。但是在 GO 中，由于这方面的研究比较少以及我们对生物学的认识有限，提供的知识是不均衡的。目前本体论设计已经成为生物信息学中比较活跃的领域（Schulze-Kremer，2002）。这种趋势进一步证明了在进行更加稳定的数据集成时需要确定相关准则。

近来，数据集成的主动性蕴含的另一个难题就是信息的量化。实际上，对复杂实体或者过程的有意义和有用的描述是质与量的匹配。量代表了实体中每个成分或者过程中每个事件的相对重要性。确定描述信息或者特征通常比较简单，但对生物知识的缺乏阻碍了精确的量化系统的建立。一些生物信息学数据库提供了相互关联的对象的图示，但是没有结合量来支持数据诠释。因此，这些图示并不能被进一步发掘。相反，数据可视化越来越能帮助定义更为精确的量化方法。数据的各种图像可用于进一步的信息筛选。

从生物信息学数据到图谱集（EMAGE，Baldock et al. 2003；Protein Atlas，Ulhen et al. 2005；Novartis Atlas，Su et al. 2004；PeptideAtlas，Desiere et al. 2005）的转变可以看出近来人们更加关注从数据采集到展示的迅速转换。例如，多肽图谱集和蛋白质图谱集近来已经作为可以浏览和访问蛋白质数据的资源。图谱集或资源通常看作图谱、图解和说明书，它的产生可能反映出我们无法恰当地融合信息。用这种方法，数据调查可能成为集成中必不可少的基本步骤。有趣的是，图谱集中不同的图像的检索可以帮助我们精炼定义，这对整个生物学数据集成是必需的。

在本阶段，数据集成的任务可以概括为：①资源的选择，从资源中提取信息，集中在某个位置；②采集到的信息的量化和相互关联，包括评价部分信息的相关重要性；

③相关信息的可视化；④对构建信息（如本体和模型）的一个或多个潜在的基本原理的逐步定义和应用。最后一个任务包括事件的年代学和动力学的问题。这些都仅仅是数据集成的开始。也就是说一系列没有解决的问题和以上每个任务是紧密相连的。

本章首先列举和评价集成蛋白质数据的例子。然后简要讨论在数据集成中遇到的挑战和今后的发展方向。我们尤其关注数据集成化、整合生物学和系统生物学之间的交叉。

7.2 集成中信息的采集和交联

7.2.1 资源的选择和量化

各种各样的生物信息学数据资源是公开的。为了帮助新手，Nucleic Acids Research 出版了数据库的年刊，概括了在因特网上可以查阅的数据库，且数据库的数量持续增长。惊人的是，分子生物学数据集是以年代变化为标题进行分类的。换句话说，没有标准化和持久的资源分类。因此，资源的选择是主观的、有地理依赖性的工作。

可靠性和详尽性是评价资源质量的两个通用标准。可靠性通常会随着使用时间的增加而不断提高；详尽性正好相反，是一个变化的标准。我们将在下一章节中详细描述。第三个重要的标准是时间耐受性或者更新的频率。DNA 和蛋白质数据过时很快。分子生物学技术发展迅速，许多高通量方法的快速发展以及引入数据的不断增多要求正规严格地验证其一致性。新的数据需要经过本质验证和交互验证。不断更新的数据库比只出版一次的数据库要可靠得多。

7.2.1.1 数据库的趋向

人们可以对任何特定的蛋白质及其相关的生物学信息资源（数据库和工具）进行客观评价。许多年来，不平衡的数据产出使对某些蛋白质了解得很多，但对其他蛋白质几乎一无所知。例如，蛋白质结构数据库包含更多容易形成晶体的蛋白质，而不包括不容易形成晶体的跨膜蛋白质。

多年来数据库资源的条目快速增长，反映了数据的不断产出。当初要求人们尽可能多地提供一个类别或者一个种属所有的信息。因此，许多大的数据库的信息通常是冗余的。换句话说，这些数据具有平均性，而没有特异性。

最近公布的基因序列正逐渐改变人们的观点。人们将完整的一个种属的蛋白质组，可能不包括剪接变异体，定义为一些确定的、易处理的实体。因此，基因或蛋白质实体的数据库的数目不会增长，但是与每个实体的相关信息却会迅速增长。因此，我们希望每个种属的信息越详细越好。数据库的延伸从宽度向深度以及从物质向性质的转移，必将促进我们对生物学的进一步了解。

由于曾要求数据应尽可能详尽，因此人们收集了所有能得到的生物学数据，而并没有进行特意筛选，由此可以看出数据库的趋向性。例如，大多数蛋白质种属的数据库都与酶有偏向性。一旦这种倾向变得非常明显，那么必将影响人们对数据分析的质量，并产生相关问题。因此，必须想办法来消除这种偏向性的影响。

7.2.1.2　数据的发展

在 1997 年发表的综述中，我们中的一人（Bairoch 1997）对将来重要的发展趋势进行了预测。正如所预测的，信息量的指数增加导致了新型数据库的出现和人们对数据集成的关注。

鉴于当前人们对加快完成所有的基因测序而付出的大量努力，如何快速地处理数据就显得非常必要。但是，速度和数量却常以牺牲质量为代价。Gattiker 等（2003）在如何获得可靠的蛋白质数据分析的文章中提出了这个问题。人们应该精确定义相似性，并将序列按相似性进行分类。然而分类的标准不应只局限于氨基酸序列的全部相似。某些蛋白质虽然序列不同，但是却有相似的功能。

新一代整合的和全面的数据资源有望解决目前信息泛滥的情况（Matys et al. 2003；Cooper et al. 2003；Schomburg et al. 2004）。这些资源包括非冗余的和详尽的数据，以及可用来研究、显示和分析多种数据的工具，还需要科学家们进行大量的研究。

7.2.2　生物学上的交联

7.2.2.1　UniProt——通用的蛋白质知识库

Swiss-Prot 自 1986 年创立以来已经被公认为蛋白质序列和关联数据的金标准。它因百科全书式的数据库和序列诠释的高质量而享有盛名。1996 年，在第一次公布早期的基因组序列不久，人们就发展了具有自动翻译功能的 EMBL 核苷酸序列数据库（TrEMBL），以跟上基因组序列数据的快速积累。TrEMBL 可以被视作 Swiss-Prot 的补充。其条目完全严格按照 Swiss-Prot 的格式自动产生（见下一节）。20 世纪 80 年代中期，人们还创建了蛋白质信息资源（PIR）和相应的蛋白质序列数据库（PSD），以跟上大量产出的核苷酸序列分析（Wu et al. 2003）。

2003 年，Swiss-Prot、TrEMBL 和 PIR-PSD 合并成 UniProt 知识库（UniProt-KB）。UniProtKB 已经成为包含蛋白质序列诠释和补充功能信息的参考资源（Bairoch et al. 2005）。Swiss-Prot 和 TrEMBL 中遗漏的所有合适的 PIR-PSD 序列都被合并到 UniProtKB 中，并发展了双向相互对照，从而可以更容易地跟踪 PIR-PSD 条目。

UniProtKB 包括两个部分：①由文献信息提取和收集人评价计算分析得出的完全人工诠释的结果部分（UniProt/Swiss-Prot）；②随同计算分析结果有待进行完全人工诠释的部分（UniProt/TrEMBL）。UniProtKB 能在很大程度上提供序列数据和所有可能的蛋白质性质之间的关系，包括三维结构、生物化学活性、功能和结构分类。UniProtKB 条目的结构在本质上和以前的 Swiss-Prot 条目（Bairoch 1997）是一样的。UniProtKB 的数据集成是指将序列数据和一系列蛋白质的性质对应起来。UniProtKB/TrEMBL 来源于自动化诠释方法的应用。它可以对 EMBL/GenBank/DDBJ 核苷酸序列数据库中所有编码序列（CDS）进行翻译，并通过采用过滤规则来保证自动化诠释的一致性（Apweiler 2001）。

在 UniProtKB 库中，生物学家依据文献查阅和序列分析实现了人工诠释，并根据种属对人工诠释的结果进行分类。研究焦点主要集中在完整基因数据的不断产生以及①人类蛋白质启动（HPI）计划，即诠释人类和其他哺乳动物的蛋白质；②高质量自动的和人工的诠释微生物蛋白质组学（HAMAP）计划，即诠释已被完全测序的原核生物物种的蛋白质；③植物蛋白质诠释计划，即诠释已被完全测序的植物物种的蛋白质。

HPI 工程的主要目标是根据 UniProtKB/Swiss-Prot（O'Donovan et al. 2001）的质量标准诠释所有已知的人类序列。每个已知蛋白质的信息包括对它的功能、结构域结构、亚细胞位点、后翻译修饰、变异体，与其他蛋白质的相似性等方面的描述。HPI 还包括一些附属内容：①所有已知人类蛋白质的诠释；②哺乳动物中人类蛋白质的直系同源物的诠释；③在蛋白质水平上所有已知人类多态性的诠释；④人类蛋白质组中所有的后翻译修饰的诠释；⑤与结构信息的关联。

HAMAP 工程的主要目标是在保证质量的同时，对来源于细菌/古细菌基因测序的大多数蛋白质进行自动化诠释。也需要诠释所有植物和藻类质体基因（如叶绿体、蓝色体、质体样细胞器和非光合作用的质体）编码的蛋白质。自动化诠释需要依据一定的规则（Gattiker et al. 2003）。此诠释只有与人工诠释匹配时才能被保存。为了防止错误诠释的增长，并发现有问题的地方，必要时还可以进行人工验证。

HAMAP 需要获得蛋白质直系同源物的信息。专家可以人工划分出同源微生物蛋白质种类，并基于此进行微生物蛋白质组学的高质量的自动化诠释。每个蛋白质家族包括以下数据：①在子条目中的诠释（如蛋白质名称、关键词）；②利用恰当的预测程序测算的特征（如输出信号、跨膜区域）；③一套代表性条目的比对；④基于比对产生的可用于所有的微生物蛋白质组学中新种类鉴定的资料。

PPAP 计划致力于诠释植物蛋白质或蛋白质家族（Schneider et al. 2005）。人们首先研究了拟南芥的蛋白质。在 UniProtKB/Swiss-Prot 库中的拟南芥蛋白质和基因数据相关，因此可以找到一个有序位点名称或者基于染色体上的基因序列的拟南芥基因（AGI）编码。缺乏这类信息的蛋白质要么在没有被测序的基因区域，要么无法从基因进行预测。拟南芥蛋白质的广泛诠释主要依赖于这种有序位点名称的存在。根据 AGI 编码，可以很清楚地区分两个几乎相同的同源基因，或者因测序误差导致的简单冲突。此外，大量的拟南芥 DNA 全序列有助于精炼基因模型和确定蛋白质序列。自 2005 年以来，水稻成为另一个 PPAP 诠释的对象（International Rice Genome Sequencing Project 2005）。经水稻基因的自动化诠释，预测存在 55 000 多个基因。但是许多与拟南芥类似物没有同源性的假定基因可能是由错误预测产生的，或者是不能在体内被翻译成功能蛋白的序列。

这些对象的研究都强调了全序列有机体的蛋白质诠释研究。用“complete proteome”作为 UniProtKB/Swiss-Prot 的关键词来访问数据库，可以获得相应的蛋白质信息。

7.2.2.2 人类蛋白质图谱集

Uhlen 等（2005）利用设计和构建的人类蛋白质图谱集（HPA），基于抗体的蛋白质组学技术，研究了正常和疾病组织表达的蛋白质。其目标是在系统地产生高质量的所有非冗余人类蛋白质的抗体后，利用这些抗体定位人类组织中所有的蛋白质。该项目也研究了后翻译修饰和蛋白质异构体对可能的功能变异的影响。人类蛋白质非冗余位点被定义为每个基因位点对应的一个产物。抗体与蛋白质的结合主要位点是蛋白质表面的表位。可利用克隆和表达蛋白质表位信号标签的方法高通量地产生抗体（Nilsson et al. 2005）。

HPA 含有来自人体组织样本切片的组织学成像。数据库中的每个抗体都用于正常组织和疾病组织的免疫组化染色。黑褐色斑点揭示了相关感兴趣蛋白质的定位。经组化染色后，可清晰地看到组织切片的微观特征。可利用组织微阵列来对大量各种各样的正常组织和癌症组织进行免疫组化染色。

人们通过上述研究获得了基于抗体的蛋白质图谱集，包括正常人体组织和许多不同癌症的蛋白质表达和定位图。此信息可以通过基因或组织的名字、染色体定位或抗体标识符在联机数据库中访问和浏览。图像可以被放大到所需程度。2.0 版本的 HPA（2006 年 10 月 30 日）包括 1500 多个抗体，代表了 1300 多个不同的蛋白质，和将近 120 万个免疫组化染色图像。所有的蛋白质图谱集的条目都和 HPA 上的同源的 UniProtKB 条目相链接。这样，它就可提供序列数据和系统蛋白质定位表达的直接链接。正如第 7.1 节所讨论的，在这种情况下数据集成必须确保序列数据和蛋白质表达之间的一致性。

7.2.3　蛋白质组学工作流程的集成单元

7.2.3.1　高通量数据：标准和知识库

高通量的分析方法使得新数据不断产出，进而提高了人们对解决数据存储和标准化问题的关注。根据应用需求，转录组学引入了称为 MIAME——关于微阵列实验的最小化信息——的数据形式。遵循同样的原则，目前又发展了 MIAPE——关于蛋白质组学实验的最小化信息。这些形式的设立能够使实验结果的解释更加明确，以及使实验结果具有更好的重现性（Microarray Gene Expression Data Society 2005）。

MIAPE 技术由负责定义蛋白质组学实验标准化形式的一个研究小组实施。这个小组是人类蛋白质组组织（HUPO）中的蛋白质组学标准计划（PSI）的三个启动小组成员之一。他们于 2002 年 4 月在华盛顿举行了论坛。PSI 倡导者提议建立蛋白质组学数据的公共标准，以期简化数据的比较、互换和验证。从那时起，他们就定期在杂志上讨论这些标准（Taylor et al. 2003；Pedrioli et al. 2004）。除了设立标准化的通用蛋白质组学格式以外，PSI 还支持蛋白质组学关键领域的其他工作，包括规范 2-DE、质谱、蛋白质之间相互作用的数据（Proteomics Standards Initiative 2002）。

HUPO PSI 和蛋白质组学鉴定数据库（PRIDE）的发展紧密联系。PRIDE 的建立给蛋白质组学研究团体提供了一个公共的知识库，以便鉴定蛋白质和多肽。同时，它们还提供支持这些鉴定的证据（Martens et al. 2005）。PRIDE 是一个集中的、与标准兼容的、公共的蛋白质数据库。数据库中的每个条目都包括鉴定的蛋白质、用于鉴定的一组多肽、组织、实验实施方式、实验条件和肽的后翻译修饰，并与描述实验的刊物链接。PRIDE 具有双重目标。它不仅提供公共的数据交换形式和支持蛋白质组学文献刊物的知识库，而且也为组织样品的鉴定提供参考。

还有一些知识库比 PRIDE 更为高级。我们将在第 7.2.4 节中作为成熟的资源加以介绍。最近，人们又提出了一项最新的被称为计算接口和分析系统（CPAS）的计划。它提供了一套基于网站的生物信息学和协作工具，用来帮助科学家存储、分析和共享高通量实验获得的蛋白质和其他的实验数据（CPAS 2006）。

7.2.3.2　SWISS-2D PAGE

SWISS-2D PAGE 是一个被诠释了的包括人类、老鼠、拟南芥、盘基网病菌、大肠杆菌、酿酒酵母、金黄色葡萄球菌等蛋白质数据的数据库。在所有情况下，蛋白质都依据 2D PAGE 结合参考图谱来鉴定。SWISS-2D PAGE 提供了序列数据和蛋白质表达之间的链接。大多数记录的蛋白质都由一种以上的方法鉴定，包括质谱、微量测序、免疫印迹、凝胶对照或氨基酸组成。

SWISS-2D PAGE 是互联网上的第一个 2-DE 联合数据库（Appel et al. 1993），并被不断完善和扩大（Hoogland et al. 2004）。不同类型的信息（如基因数据、生物种类数据、蛋白质家族或结构域、多态性、突变、结构、代谢途径等）通过 UniProtKB，PubMed 及其他 2-DE 联合数据库（HSC-2D PAGE，PHCI-2D PAGE，Siena-2DPAGE）相关联。

每种蛋白质条目都包括绘图过程、生理病理信息、实验数据（等电点、分子质量、氨基酸组成）和参考文献。对于被质谱鉴定的蛋白质，还提供了肽段的质谱数据。此外，SWISS-2D PAGE 提供了许多 2-D PAGE 谱图。二维凝胶谱图显示了已确认的蛋白质的位置和从蛋白质序列计算得出的理论区域。在这个区域内，可以找到没有被鉴定的蛋白质。

SWISS-2D PAGE 数据最初以单个文件存储。但是，最近被变成可关联的格式，以便数据库的管理和维护（Mostaguir et al. 2003）。当前数据库模式很灵活，便于集成新类型的数据，并满足特殊需要。多方面的完善确保了信息的一致性，便于从外部资源扩充数据。例如，蛋白质功能和分类可以依据 UniProtKB 得到的信息进行自动更新。

以下一些查询工具是 SWISS-2D PAGE 特有的。

1. 从参考图谱得出蛋白质列表：可以从一个给定的参考图谱得到已鉴定的所有蛋白质的列表和所有的 2-DE 相关信息（斑点序列号、等电点、分子质量、制图过程和参考文献）。
2. 从序列判断在 2-DE 出现的区域：根据计算的等电点和分子质量，对用户输入的序列进行电泳位置估算。

在 SWISS-2D PAGE 中，数据集成试图将蛋白质组学的分析流程单元和蛋白质的数据对应起来，并帮助指导进一步的研究。例如，二维凝胶的参考谱图可以指导选择筛选蛋白质斑点。以便将没有得到鉴定的斑点和已被鉴定的点与绘制图谱的蛋白质相对应。

7.2.3.3　肽图谱集和全球蛋白质组机器

肽图谱集（Desiere et al. 2005）用来储存采用高通量方法得到的蛋白质组数据。它实际上是一个可扩展资源，可由各种蛋白质组学实验集成数据。人们认为蛋白质表达数据有助于诠释真核基因组。

数据的产生遵循传统的液相色谱-串联质谱的工作流程，包括蛋白质提取和酶解、肽的质谱分析和序列匹配，以及最后和绘制的基因组图谱相对应。肽数据产生的标准化方法和肽质谱数据的描绘都要遵循肽图谱集对数据的要求。质谱数据也必须符合 mzXML 标准（Pedrioli et al. 2004）和 mzData（PSI）。正如先前讨论的，还有一些其他方法也在解决蛋白质数据标准化的问题（如 MIAPE）。

在肽图谱数据库中储存着串联质谱数据。每个统计学上验证的和质谱匹配的肽段都被记录下来。任意可信度阈值范围都能用来筛选可能和蛋白质匹配的肽。同时也可估算假阳性。数据库模式支持不同形式的肽图谱集、几种版本的 Ensembl、一系列真核生物和若干参考蛋白质序列组。肽图谱集包括该管理资源者——系统生物学研究所，提供的数据。从数据库中可以下载到大量已发表的数据。

全球蛋白质组机器（The Global Proteome Machine，GPM）是另外一个类似的储存串联质谱数据的方式（Craig et al. 2004）。该数据库相对独立，为具体查询提供答案，并且可以为储存在 XML 文档中的实验信息提供索引。为了确认观察到的蛋白质覆盖范围和肽段数据，其基本模式是 MIAPE 概念的扩充和简化。

7.2.3.4　其他显著的成果

本章节无法详尽介绍为了蛋白质组学的数据集成而采取的全部措施。读者可以通过一些相关链接对该领域进行深入地了解。例如，WORLD-2D PAGE（1995）目录提供了大量的 2D-PAGE 数据库服务器。表 7.1 给出了一些公认参考资源。

表 7.1　一些有价值的蛋白质数据库资源

名称	网址	参考
常规目的		
Integr8	http://www.ebi.ac.uk/integr8	Kersey 等(2005)
Proteome browser	http://genome.ucsc.edu	Hsu 等(2005)
植物蛋白		
PROTICdb	http://cms.moulon.inra.fr/proticdb/protic/home	Ferry-Dumazet 等（2005)
微生物		
Proteome Web	http://proteomeweb.anl.gov	Babnigg 和 Giometti (2003)
Proteome Database System for Microbial Research	http://www.mpiib-berlin.mpg.de/2D-PAGE/	Pleissner 等 (2004)

7.2.4　联合集成机制

7.2.4.1　蛋白质组学服务器

1993 年创建的 ExPASy（ExPASy 蛋白质组学服务器 1993）是由瑞士生物信息学

研究所开发和维护（Gasteiger et al. 2003）。它主要致力于数据库和蛋白质组学相关研究工具的结合。服务器支持以下在相同物理位置开发和维护的数据库。

- 第 7.2.2 节描述的 UniProtKB。
- 第 7.2.3 节描述的 SWISS-2D PAGE。
- 蛋白质结构域和家族的 PROSITE 数据库。
- 有关酶术语信息的酶知识库。
- SWISS-MODEL 知识库，一个可自动产生三维蛋白质结构模型的数据库。

ExPASy 提供的所有数据库都和其他在互联网上获得的分子生物学数据库或资源相互参照。为了查看 UniProtKB 的一些结果，需要创建将近 30 多个与其他额外资源的隐链接。那些隐链接主要针对自己没有独特的标识符体系，但可以通过其他标识符（如编号或者基因名称等）作为参考进行数据收集。例如，和 UniProtKB 共享标识符（HUGO 认可的基因名称）的 GeneCards（1997）就是和 UniProtKB 建立隐链接的数据库。隐链接是 ExPASy 的特征。这在通过其他 Web 服务器或文件传输协议下载的 UniProtKB 数据文件中是无法实现的。它们极大地提高了数据库的互用性，巩固了 UniProtKB 在分子生物学资源互联中的中枢网络的地位。

ExPASy 收集了大量的软件工具（ExPASy Proteomics Tools 1994）。其中一些专门用于访问和显示以上列出的数据库。另一些用于数据分析，例如，蛋白质序列的预测、2-D PAGE 和质谱得出的蛋白质数据的处理。ExPASy 还有一些专门用于质谱数据分析的工具，可以对 UniProtKB 表中的数据进行计算和预测（如肽质谱指纹图谱引擎 Aldente 包括一系列蛋白质的信息）。这有助于检测可能的蛋白质剪接变异体、翻译后修饰或蛋白质加工。

欧洲生物信息学研究所（EBI）开发并维护了 PRIDE 蛋白质组数据库（见第 7.2.3 节），并广泛结合了蛋白质相关的数据库（European Institute of Bioinformatics Protein Databases 2006）。但是，EBI 的软件工具不是专门针对质谱数据进行分析的。相反，系统生物学研究为蛋白质组学研究提供了很多软件工具（Seattle Proteome Center 2004）。然而除了肽图谱集以外，并没有开发维护其他各种蛋白质相关的数据库。ExPASy 仍然是满足蛋白质组学研究者不同需求的最好的服务器。

7.2.4.2 语义万维网方法

一些网络资源的结合促进了这些资源之间的数据交换。但是，不同资源在形式、内容和结构上的不一致性阻碍了数据的交叉。万维网联盟（W3C）自 2001 年以来一直致力于开发被称为 Semantic Web 的互操作技术（World Wide Web Consortium 1994）。其遵循的以下原则显示了该方法和生物学数据集成具有潜在相关性。

原则 1：每个事物都可由统一的标识符（URI）来识别。“人类、地点、物质世界的任何事物都利用各种标识符提交到 SemanticWeb。管理 Web 域名空间的任何人都可以创建一个用 URI 来识别物质世界任何事物的方法”。这个描述充分显示了人们对生物学资源信息约束的愿望。

原则 2：资源和链接有区别。当前的 Web 包括资源和链接。资源是 Web 的文件，很少明确说明它们的可能用途和与其他 Web 文件的链接特点。这类说明应该被看作用 depends on、is a version of、has subject 或 anthors 等相互关系来描述的元数据。生物学资源中很显然缺乏这样的信息。

原则 3：允许不完整的信息。SemanticWeb 工具必须容许数据衰变和地址的重新利用。这对探讨生物学数据的形式化和标准化非常重要。就像 Wang 等（2005）讲述的，资源描述框架的灵活性和通常选择的 XML 技术的关系是不可置疑的。无法避免生物学中可能存储不完善的甚至错误的知识。

原则 4：不需要绝对真理。“在网上找到的每件事并不都是正确的，Semantic Web 无法改变这个事实”。这项声明在生物学中明确有效。信息的可靠性问题在第 7.2.1 节已经提过。

原则 5：支持发展。“众所周知，不同地点的不同人群，甚至同一人群在不同的时间通常可以定义相似的概念。这有助于联合使用基于这些概念的网上可利用的数据”。这个观点在生物科学领域非常正确。“Semantic Web 提供了解决模糊性和澄清矛盾的工具。不用强调旧信息必须修改，新信息同样可以加入”。

原则 6：简化设计。“Semantic Web 使简单的事情简单，使复杂的事情也可能简单。W3C 的目标是低于实际需要标准”。这个观点在生物学中耐人寻味。

以上提出的原则有助于改善不同资源的管理。这个观点很适合在生命科学中应用。迄今为止，只有一篇文献详细地论述了 Semantic Web 的实施（Cheung et al. 2005）。但是，在相应的网站上访问资源（Integrative Yeast Hub Project 2006）仍然遇到很大的挑战。

7.3　信息融合集成

这部分主要集中在集成的语义方面，也就是采用不同的生物学知识佐证、构建和尽可能地合并各种信息。值得注意的是规范知识的一个重要目的是预测新知识。长期以来人们通过挖掘数据来实现这种预测。实际上，传统上数据挖掘和知识发现是相互关联的（Wikipedia 2001）。目前主要通过过程模拟来获得预测结果。

7.3.1　文本信息

一般来说，生物学数据通常被储存在数据库中（见前面的章节）或者发表在文献里。因此，人们对生物学知识主要以文本形式储存已经司空见惯。注解都用文本形式书写。并且，最正当的诠释就是以文章形式发表。生物学数据集成通常依赖于从文章中挖掘和提取信息。反之，这类信息也会破坏或者巩固数据库中陈述或推断的事实。因此，生物学的文本挖掘领域正在不断扩展。例如，目前采用一系列的方法来扩充蛋白质与蛋白质相互作用的数据库（如 IntAct 2004）和补充蛋白质诠释。在科技论文中，英语的句法，特别是动词（如 inhibit、bind、associate、activate），可以用来识别描述研究的蛋白质和其他蛋白质的分子间相互作用，这种方法被称为自然语言处理。提取的信息要结构化，但不需要量化。换句话说，简单地通过计数预定义词库中术语出现的次数就可以识别描述分子相互作用的表达，不分词语的语法作用。获取的信息需要量化而不需要结构信息，这种方法是基于统计学方法的。几十年前人们就设计出分析文本的两个重要策略——发展和改进。它的应用广泛地覆盖了信息处理的问题，如文本概括或语言翻译。但是，生物学中的核心问题仍然对大多数自然语言处理方法提出了挑战。生物学知识的特点是术语高度可变，描述实体和过程缺乏连续性和一致性。正如在第一本描述生物学文本挖掘的书中所说明的（Ananiadou and McNaught 2006），在这种情形下产生了模糊和粗略近似。一些公开的问题仍然存在。高质量的诠释越来越依赖于好的文本挖掘工具。尽管文本挖掘是本章讨论的一小部分，但是它在下一节讨论的本体构建中起到了非常重要的作用。

7.3.2 本体

我们在第 7.2.1 节中提到，蛋白质数据被收集在数据库中。一些数据库实际上是分类的数据库，包括根据序列相似性定义的蛋白质家族数据库（如 InterPro 2001）、根据结构相似性定义的结构数据库（如 SCOP 1994）和根据酶分类定义的酶数据库（如 ENZYME 1994）。每次定义相似性度量后，阈值就作为蛋白质分类的标准。每个相似性度量都是独立的。除了 UniProtKB 相互链接，GO 术语是独立的蛋白质分类的唯一有生物学意义的链接。换句话说，GO 用来结构化可解释的蛋白质数据，从而集成这些数据。但是“结构化”尚待进一步定义。

GO 术语由独立的三类组成：生物学过程、分子功能和细胞成分。Bodenreider 等（2005）指出，GO 的主要缺点是它的层次结构阻碍了从一级到另一级的链接。假定分子功能和 EC 号（如 EC3. 1. 1. 3）匹配，或者这个 EC 号绘制在一条途径（如甘油酯类的新陈代谢）上，那么这条信息就不能在 GO 中直接找到。有必要利用其他资源关联这条信息。例如，UniProtKB 可能和以下两个 GO 号相关联。

1. GO：0004806；分子功能：三酰甘油脂肪酶活性。
2. GO：0006641；生物学过程：三酰甘油新陈代谢。

用户可以根据术语的同时出现来推测酶活性与适当的新陈代谢的过程之间的关系。对于上面这么简单的例子，可以利用计算机做出推测。但是，如果特定的酶活性同时是几个代谢途径的一部分，那么可能会出现不确定的情形。然而，生物化学专家不会接受这种不确定性，他们会根据上下文的信息来对不同途径加以区分。虽然可能从书中得到信息，但很不幸这些信息没有被储存在 GO 中。Schulze-Kremer（2002）认为应该尽可能不使用‘is a’或‘part of’来描述生物实体之间的关系。此外，因为矛盾经常需要根据具体情况来解决，因此自动化程序通常不能很好地处理不确定性。Schulze-Kremer（2002）指出本体和限定词之间的重要区别，并通过举例，列举出一些 GO 的缺点，认为 GO 代表了后者。

目前各种本体都得到了发展。一些作者强调一致努力建立本体的必要性。公开的生物医学本体论（2004）计划反映了这一发展趋势。被定义的几类本体覆盖了相关实体的各种描述。实验方案、分子或化学过程和解剖学是一些最有针对性的主题。每个主题的相关术语正逐步呈树状发展，表明了这些术语之间的关系。然后建立本体之间的对应。

例如，Soldatova 和 King（2005）认为实验的本体是以上本体和具体的科学领域本体的媒介。Lan 等（2003）提出应该依据种属来定义和利用结构本体和功能本体。目前，人们对这些问题的讨论非常活跃。

7.3.3　融合资源的可视化工具举例

尽管数据库也是数据的相关资源，但是前面提到的本体主要来源于从文章中提取的信息。实际上，在生物学研究中通常混淆了实验数据和数字数据。Yan 等在基于蛋白质组学研究中，在干扰素对人类肝脏细胞的影响中提到了这一点（Yan et al. 2004）。作者比较了存在和缺失 α-干扰素情况下，人类肝脏癌细胞的蛋白质表达情况。采用质谱鉴定了近 1400 个蛋白质，其中 60%与部分注释的人类基因的 GO 对应。与干扰素诱导相关的 GO 术语将相关蛋白质和免疫反应或信号转导通路关联起来；和干扰素抑制相关的蛋白质似乎和发育及 RNA 转运相关。在蛋白质鉴定过程中，首先发现的是这个区别。进一步的数据集成需要通过蛋白质与蛋白质相互作用的数据库来完成。然后，利用一个通用的开放资源可视化软件包——Cytoscape（2001）来显示数据。Cytoscape 是显示分子相互作用网络及集成这些相互作用和其他数据的工具。毫无疑问，从这项研究中得出的重要结论仍需要通过人们的专业知识来确定。边缘部分量化相互关联的对象图只能得出一般、不特异的结论。数据的可视化可以帮助获得更精确的信息；同时，信息反过来又可以帮助改进数据图。实际上，一旦一个问题被很好地理解，数据挖掘技术就是唯一强大的技术。利用大部分生物信息学工具，只能得到指导解释生物学结果的粗略成果，但不一定能直接得到对生物学的见解。目前的发展方向是发展更多的探索工具。

上面的例子说明了数据集成在综合方面尚有待进一步发展。这个方面依赖于层次结构的定义。蛋白质数据集成的基础应该基于从序列向结构、从结构向相互作用部分、从相互作用部分向途径过渡的明确表达。这些过渡很可能包括蛋白质的不同性质，因而应该有不同的表示形式。此外，需要在特定的环境下研究蛋白质的性质。正如第 7.1 节中所述，综合图像每次都是在一个层次缩小到另一个层次时产生的（Lisacek et al. 2004）。Aloy 和 Russell（2005）进一步认可了这个观点。他们通过把相互作用的网络的一部分缩小到三维结构来展示蛋白质的数据。同样，在 Nikitin 等（2004）的工作中，细菌蛋白质是通过将通路中家族指纹和特定的蛋白质组结合来展示的。可视化工具显然是集成的关键问题。

7.3.4　从数据集成到系统生物学

整合生物学可以认为是系统生物学的先驱。15 年前，整合生物学作为一门新的学科被提出。它是发育生物学发展的自然延伸（University of California，Berkeley 2005）。古老办法中形态发生和发育模式的数学模型是数据集成的一部分。事实上，新的主题源于在时间尺度上集成的那些生物学学科。

研究和确定数据集成的生物学原则恰好是整合生物学所关注的。有机体及其环境要从基因到整个有机体的一系列层次结构上研究。整合生理学也促进了从单个分子到蛋白质的研究（Noble and Boyd 1993）。实际上，这些学科的共同目的使整合生物学/生理学和系统生物学的界限变得模糊（Liu 2005）。所有的情况都必须遵循将知识分级（按照数量来排序）和确定各级过渡的规则。生物有机体被认为是可用网络显示的分布式系统（见第 7.3.3 节）。这里，规则是合理说明观察到的系统产物的核心过程，是生物学研究的关键。但是，仍然很难建立拓扑学、动力学和这些网络的基本逻辑学之间的关系（Schlitt and Brazma 2005）。

系统生物学启动了很多集成工程，特别是在蛋白质组学方面（Institute for Systems Biology 2006）。Zhu 等（2003）讨论了一些最受关注和最有挑战性的系统生物学问题。可以概括为：①缺乏恰当的数据；②实验数据的时间不变性；③级别的不明确定义。第一个问题可能似非而是。虽然大量数据泛滥，但是我们需要从新的角度来完全理解生物学。这一点符合第二个问题。途径和图通常只能描述分子实体之间的静态信息，而生物学进程本质上是随着时空变化的。第三个问题是针对模型中使用的各种造成我们理解混乱的描述方法。

问题归结为语言的规范化，它应该能解释而不仅仅是描述实体及其关系。Lazebnik（2002）曾采用幽默的方式讨论了这个问题。然而，讨论得出的严肃又重要的结论就是需要语言帮助将生物学知识规范化。这个问题得到人们的广泛关注（Campbell 1982；Konopka 1997；Lisacek 2004），且目前还在讨论中。低估上下文的影响加剧了知识的不完全性。有趣的是，对上下文敏感语言的识别仍然是 NP-完全问题（在计算机科学中，在可获得的时间内没有运算法则也可得出结果时，这个问题就被称为 NP-完全问题）。

规范化的通用方法是开发一系列的流程模拟计算。模拟的目的是量化体系的行为。模拟反应产量、分子途径中的各步骤，以致表征一个细胞活动的相互作用实体的完整网络，然后检测体系行为对特定扰动的响应。例如，Moleculizer 模拟了生物化学网络，并用随机模型来量化对蛋白质复合体的影响（Lok and Brent 2005）。一些其他计划正致力于设计虚拟的细胞（E-Cell International Research Project 2003；National Resource for Cell Analysis and Modeling 2005）。此外，人们还在努力进行本体构建、数据表示和建模的融合。特别需要指出的是，人们还在开发专用语言，如系统生物学标记语言（SBML）（Hucka et al. 2003）等，以期能够支持数据的表达和建模。SBML 主要基于 XML，可以使用或转换成几十个可用的软件包（Systems Biology Markup Language 2003）。正如第 7.2.3 节中提到的互换质谱数据的例子，人们希望能通过比较来实现不同生物化学通路中的数据互换。人们在这方面的努力，很可能有望解决与综合信息集成相关的一些关键问题。

7.4 结语

蛋白质研究总的目标是动态描述一个或几个生物过程中的分子参与者。这可被看作是实验或者数据的合理化。传统意义上，数据集成的方法被分成对立的两类，即数据驱动和模型驱动。数据驱动方法试图不基于或者基于很少的假定来使数据合理化。而模型驱动方法则必须依赖预设的模型来指导数据的合理化。大多数成功的数据集成和可视化都依赖上述两种方法的组合。蛋白质数据库为弥补生物学过程不完善的模型提供了丰富的信息。

参考文献

Aloy P, Russell RB (2005) Structure-based systems biology: a zoom lens for the cell. FEBS Lett 579:1854–1858

Ananiadou S, McNaught J (2006) Introduction to text mining for biology. In: Ananiadou S, McNaught J (eds) Text mining for biology and biomedicine. Artech House, London, pp 1–12

Appel RD, Sanchez JC, Bairoch A, Golaz O, Miu M, Vargas JR, Hochstrasser DF (1993) SWISS-2DPAGE: a database of two-dimensional gel electrophoresis images. Electrophoresis 14:1232–1238

Appel RD, Bairoch A, Hochstrasser DF (1994) A new generation of information retrieval tools for biologists: the example of the ExPASy WWW server. Trends Biochem Sci 19:258–260

Apweiler R (2001) Functional information in SWISS-PROT: the basis for large-scale characterisation of protein sequences. Brief Bioinform 2:9–18

Babnigg, G, Giometti CS (2003) ProteomeWeb: a web-based interface for the display and interrogation of proteomes. Proteomics 3:584–600

Bairoch A (1997) Proteome databases. In: Wilkins MR, Williams KL, Appel RD, Hochstrasser DF (eds) Proteome research: new frontiers in functional genomics. Springer, Berlin, pp 93–132

Bairoch A, Apweiler R, Wu CH, Barker WC, Boeckmann B, Ferro S, Gasteiger E, Huang H, Lopez R, Magrane M, Martin MJ, Natale DA, O'Donovan C, Redaschi N, Yeh LS (2005) The Universal Protein Resource (UniProt). Nucleic Acids Res 33:D154–159

Baldock RA, Bard JB, Burger A, Burton N, Christiansen J, Feng G, Hill B, Houghton D, Kaufman M, Rao J, Sharpe J, Ross A, Stevenson P, Venkataraman S, Waterhouse A, Yang Y, Davidson DR (2003) EMAP and EMAGE: a framework for understanding spatially organized data. Neuroinformatics 1:309–325

Bodenreider O, Aubry M, Burgun A (2005) Non-lexical approaches to identifying associative relations in the gene ontology. Proc Pac Symp Biocomput 91–102

Campbell, J (1982) Grammatical man: information, entropy, language, and life. Simon and Schuster, New York, pp 1–319

Cheung KH, Yip KY, Smith A, Deknikker R, Masiar A, Gerstein M (2005) YeastHub: a semantic web use case for integrating data in the life sciences domain. Bioinformatics 21(Suppl 1):i85–i96

Cooper CA, Joshi HJ, Harrison MJ, Wilkins MR, Packer NH (2003) GlycoSuiteDB: a curated relational database of glycoprotein glycan structures and their biological sources. 2003 update. Nucleic Acids Res 31:511–513

CPAS (2006) https://cpas.fhcrc.org/Project/home/begin.view. Cited 18 Jan 2007

Craig R, Cortens JP, Beavis RC (2004) Open source system for analyzing, validating, and storing protein identification data. J Proteome Res 3:1234–1242

Cytoscape (2001) http://www.cytoscape.org/. Cited 18 Jan 2007

Desiere F, Deutsch EW, Nesvizhskii AI, Mallick P, King NL, Eng JK, Aderem A, Boyle R, Brunner E, Donohoe S, Fausto N, Hafen E, Hood L, Katze MG, Kennedy KA, Kregenow F, Lee H, Lin B, Martin D, Ranish JA, Rawlings DJ, Samelson LE, ShiioY, Watts JD, Wollscheid B, Wright ME, Yan W, Yang L, Yi EC, Zhang H, Aebersold R (2005) Integration with the human genome of peptide sequences obtained by high-throughput mass spectrometry. Genome Biol 6:R9

E-Cell International Research Project (2003) http://www.e-cell.org. Cited 18 Jan 2007

ENZYME (1994) Swiss Institute of Bioinformatics, Geneva. http://www.expasy.org/enzyme/. Cited 18 Jan 2007

European Institute of Bioinformatics Protein Databases (2006) European Institute of Bioinformatics, Hinxton. http://www.ebi.ac.uk/Databases/protein.html. Cited 18 Jan 2007

ExPASy Proteomics Server (1993) Swiss Institute of Bioinformatics, Geneva. http://www.expasy.org. Cited 18 Jan 2007

ExPASy Proteomics tools (1994) Swiss Institute of Bioinformatics, Geneva. http://www.expasy.org/tools/ Cited 18 Jan 2007

Ferry-Dumazet H, Houel G, Montalent P, Moreau L, Langella O, Negroni L, Vincent D, Lalanne C, de Daruvar A, Plomion C, Zivy M, Joets J (2005) PROTICdb: a web-based application to store, track, query, and compare plant proteome data. Proteomics 5:2069–2081

Gasteiger E, Gattiker A, Hoogland C, Ivanyi I, Appel RD, Bairoch A (2003) ExPASy: the proteomics server for in-depth protein knowledge and analysis. Nucleic Acids Res 31:3784–3788

Gattiker A, Michoud K, Rivoire C, Auchincloss AH, Coudert E, Lima T, Kersey P, Pagni M, Sigrist CJ, Lachaize C, Veuthey AL, Gasteiger E, Bairoch A (2003) Automated annotation of microbial proteomes in SWISS-PROT. Comput Biol Chem 27:49–58

GeneCards (1997) Weizmann Institute, Rehovot. http://www.genecards.org. Cited 18 Jan 2007

General Proteomics Standards (2002) http://psidev.sourceforge.net/gps/index.html. Cited 18 Jan 2007

Harris MA, Harris MA, Clark J, Ireland A, Lomax J, Ashburner M, Foulger R, Eilbeck K, Lewis S, Marshall B, Mungall C, Richter J, Rubin GM, Blake JA, Bult C, Dolan M, Drabkin H, Eppig JT, Hill DP, Ni L, Ringwald M, Balakrishnan R, Cherry JM, Christie KR, Costanzo MC, Dwight SS, Engel S, Fisk DG, Hirschman JE, Hong EL, Nash RS, Sethuraman A, Theesfeld CL, Botstein D, Dolinski K, Feierbach B, Berardini T, Mundodi S, Rhee SY, Apweiler R, Barrell D, Camon E, Dimmer E, Lee V, Chisholm R, Gaudet P, Kibbe W, Kishore R, Schwarz EM, Sternberg P, Gwinn M, Hannick L, Wortman J, Berriman M, Wood V, de la Cruz N, Tonellato P, Jaiswal P, Seigfried T, White R, Gene Ontology Consortium (2004) The Gene Ontology (GO) database and informatics resource. Nucleic Acids Res 32:D258–261

Hoogland C, Mostaguir K, Sanchez JC, Hochstrasser DF, Appel RD (2004) SWISS-2DPAGE, ten years later. Proteomics 4:2352–2356

Hsu F, Pringle TH, Kuhn RM, Karolchik D, Diekhans M, Haussler D, Kent WJ (2005) The UCSC Proteome Browser. Nucleic Acids Res 33:D454–458

Hubbard T, Andrews D, Caccamo M, Cameron G, Chen Y, Clamp M, Clarke L, Coates G, Cox T, Cunningham F, Curwen V, Cutts T, Down T, Durbin R, Fernandez-Suarez XM, Gilbert J, Hammond M, Herrero J, Hotz H, Howe K, Iyer V, Jekosch K, Kahari A, Kasprzyk A, Keefe D, Keenan S, Kokocinsci F, London D, Longden I, McVicker G, Melsopp C, Meidl P, Potter S, Proctor G, Rae M, Rios D,Schuster M, Searle S, Severin J, Slater G, Smedley D, Smith J, Spooner W, Stabenau A, Stalker J, Storey R, Trevanion S, Ureta-Vidal A, Vogel J, White S, Woodwark C, Birney E (2005) Ensembl 2005. Nucleic Acids Res 33:D447–453

Hucka M, Finney A, Sauro HM, Bolouri H, Doyle JC, Kitano H, Arkin AP, Bornstein BJ, Bray D, Cornish-Bowden A, Cuellar AA, Dronov S, Gilles ED, Ginkel M, Gor V, Goryanin II, Hedley WJ, Hodgman TC, Hofmeyr JH, Hunter PJ, Juty NS, Kasberger JL, Kremling A, Kummer U, Le Novere N, Loew LM, Lucio D, Mendes P, Minch E, Mjolsness ED, Nakayama Y, Nelson MR, Nielsen PF, Sakurada T, Schaff JC, Shapiro BE, Shimizu TS, Spence HD, Stelling J, Takahashi K, Tomita M, Wagner J, Wang J (2003) The systems biology markup language (SBML): a medium for representation and exchange of biochemical network models. Bioinformatics 19:524–531

IntAct (2004) European Institute of Bioinformatics, Hinxton. http://www.ebi.ac.uk/intact/. Cited 18 Jan 2007

Institute for Systems Biology (2006) http://www.systemsbiology.org/. Cited 18 Jan 2007

Integrative YeastHub Project (2006) Yale Center for Medical Informatics, New Haven. http://yeasthub.gersteinlab.org. Cited 18 Jan 2007

International Rice Genome Sequencing Project (2005) The map-based sequence of the rice genome. Nature 436:793–800

InterPro (2001) European Institute of Bioinformatics, Hinxton. http://www.ebi.ac.uk/interpro/. Cited 18 Jan 2007

Kersey P, Bower L, Morris L, Horne A, Petryszak R, Kanz C, Kanapin A, Das U, Michoud K, Phan I, Gattiker A, Kulikova T, Faruque N, Duggan K, Mclaren P, Reimholz B, Duret L, Penel S, Reuter I, Apweiler R (2005) Integr8 and Genome Reviews: integrated views of complete genomes and proteomes. Nucleic Acids Res 33:D297–302

Koivunen M-R, Miller E (2001) W3C Semantic Web Activity. Proceedings of the Semantic Web kick-off seminar, Helsinki, Finland, November 2001. http://www.cs.helsinki.fi/u/eahyvone/stes/semanticweb/kick-off/proceedings.html

Konopka AK (1997) Theoretical molecular biology. In Meyers RA (ed) Encyclopedia of molecular biology and molecular medicine, vol 6. VCH, Weinheim, pp 37–53

Lan N, Montelione GT, Gerstein M (2003) Ontologies for proteomics: towards a systematic definition of structure and function that scales to the genome level. Curr Opin Chem Biol 7:44–54

Lazebnik Y (2002) Can a biologist fix a radio? Or, what I learned while studying apoptosis. Cancer Cell 2:179–182

Lisacek F (2004) Methods of computational genomics: an overview. In: Konopka AK, Crabbe JC (eds) The compact handbook of computational biology. Dekker, New York, pp 279–342

Lisacek F, Chichester C, Gonnet P, Jaillet O, Kappus S, Nikitin F, Roland P, Rossier G, Truong L, Appel RD (2004) Shaping biological knowledge: applications in proteomics. Comp Funct Genomics 5:190–195

Liu ET (2005) Systems biology, integrative biology, predictive biology. Cell 121:505–506

Lok L, Brent R (2005) Automatic generation of cellular reaction networks with Moleculizer 1.0. Nat Biotechnol 23:131–136

Martens L, Hermjakob H, Jones P, Taylor C, Gevaert K, Vandekerckhove J, Apweiler R (2005) PRIDE: The PRoteomics IDEntifications database. Proteomics 5:3537–3545

Matys V, Fricke E, Geffers R, Gossling E, Haubrock M, Hehl R, Hornischer K, Karas D, Kel AE, Kel-Margoulis OV, Kloos DU, Land S, Lewicki-Potapov B, Michael H, Munch R, Reuter I, Rotert S, Saxel H, Scheer M, Thiele S, Wingender E (2003) TRANSFAC: transcriptional regulation, from patterns to profiles. Nucleic Acids Res 31:374–378

Microarray Gene Expression Data Society (2005) http://www.mged.org/Workgroups/MIAME/miame.html. Cited 18 Jan 2007

Mostaguir K, Hoogland C, Binz PA, Appel RD (2003) The Make 2D-DB II package: conversion of federated two-dimensional gel electrophoresis databases into a relational format and interconnection of distributed databases. Proteomics 3:1441–1444

National Resource for Cell Analysis and Modeling (2005) http://www.nrcam.uchc.edu/. Cited 18 Jan 2007

Nilsson P, Paavilainen L, Larsson K, Odling J, Sundberg M, Andersson AC, Kampf C, Persson A, Al-Khalili Szigyarto C, Ottosson J, Bjorling E, Hober S, Wernerus H, Wester K, Ponten F, Uhlen M (2005) Towards a human proteome atlas: high-throughput generation of mono-specific antibodies for tissue profiling. Proteomics 5:4327–4337

Nikitin F, Rance B, Itoh M, Kanehisa M, Lisacek F (2004) Using protein motif combinations to update KEGG pathway maps and orthologue tables. Genome Inform 15:266–275

Noble D, Boyd CAR (1993) The challenge of integrative physiology. In: Boyd CAR, Noble D (wds) The logic of life. Oxford University Press, Oxford, pp 1–13

O'Donovan C, Apweiler R, Bairoch A (2001) The human proteomics initiative (HPI). Trends Biotechnol 19:178–181

Open Biomedical Ontologies (2004) http://obo.sourceforge.net/browse.html. Cited 18 Jan 2007

Pedrioli PG, Eng JK, Hubley R, Vogelzang M, Deutsch EW, Raught B, Pratt B, Nilsson E, Angeletti RH, Apweiler R, Cheung K, Costello CE, Hermjakob H, Huang S, Julian RK, Kapp E, McComb ME, Oliver SG, Omenn G, Paton NW, Simpson R, Smith R, Taylor CF, Zhu W, Aebersold R (2004) A common open representation of mass spectrometry data and its application to proteomics research. Nat Biotechnol 22:1459–1466

Pleissner KP, Schmelzer P, Wehrl W, Jungblut PR (2004) Presentation of differentially regulated proteins within a web-accessible proteome database system of microorganisms. Proteomics 4:2987–2990

Proteomics Standards Initiative (2002) http://psidev.sourceforge.net/. Cited 18 Jan 2007

Seattle Proteome Center (2004) Proteomics tools. http://tools.proteomecenter.org/ software.php. Cited 18 Jan 2007

Schlitt T, Brazma A (2005) Modelling gene networks at different organisational levels. FEBS Lett 579:1859–1866

Schneider M, Bairoch A, Wu CH, Apweiler R (2005) Plant protein annotation in the UniProt knowledgebase. Plant Physiol 138:59–66

Schomburg I, Chang A, Ebeling C, Gremse M, Heldt C, Huhn G, Schomburg D (2004) BRENDA, the enzyme database: updates and major new developments. Nucleic Acids Res 32:D431–433

Schulze-Kremer S (2002) Ontologies for molecular biology and bioinformatics. In Silico Biol 2:179–193

SCOP (1994) Medical Research Council, Cambridge. http://scop.mrc-lmb.cam.ac.uk/scop/. Cited 18 Jan 2007

Soldatova LN, King RD (2005) Are the current ontologies in biology good ontologies? Nat Biotechnol 23:1095–1098

Su AI, Wiltshire T, Batalov S, Lapp H, Ching KA, Block D, Zhang J, Soden R, Hayakawa M, Kreiman G, Cooke MP, Walker JR, Hogenesch JB (2004) A gene atlas of the mouse and

human protein-encoding transcriptomes. Proc Natl Acad Sci USA 101:6062–6067
Systems Biology Markup Language (2003) http://sbml.org/index.psp. Cited 18 Jan 2007
Taylor CF, Paton NW, Garwood KL, Kirby PD, Stead DA, Yin Z, Deutsch EW, Selway L, Walker J, Riba-Garcia I, Mohammed S, Deery MJ, Howard JA, Dunkley T, Aebersold R, Kell DB, Lilley KS, Roepstorff P, Yates JR 3rd, Brass A, Brown AJ, Cash P, Gaskell SJ, Hubbard SJ, Oliver SG (2003) A systematic approach to modeling, capturing, and disseminating proteomics experimental data. Nat Biotechnol 21:247–254
Uhlen M, Bjorling E, Agaton C, Szigyarto CA, Amini B, Andersen E, Andersson AC, Angelidou P, Asplund A, Asplund C, Berglund L, Bergstrom K, Brumer H, Cerjan D, Ekstrom M, Elobeid A, Eriksson C, Fagerberg L, Falk R, Fall J, Forsberg M, Bjorklund MG, Gumbel K, Halimi A, Hallin I, Hamsten C, Hansson M, Hedhammar M, Hercules G, Kampf C, Larsson K, Lindskog M, Lodewyckx W, Lund J, Lundeberg J, Magnusson K, Malm E, Nilsson P, Odling J, Oksvold P, Olsson I, Oster E, Ottosson J, Paavilainen L, Persson A, Rimini R, Rockberg J, Runeson M, Sivertsson A, Skollermo A, Steen J, Stenvall M, Sterky F, Stromberg S, Sundberg M, Tegel H, Tourle S, Wahlund E, Walden A, Wan J, Wernerus H, Westberg J, Wester K, Wrethagen U, Xu LL, Hober S, Ponten F (2005) A human protein atlas for normal and cancer tissues based on antibody proteomics. Mol Cell Proteomics 4:1920–1932
University of California, Berkeley (2005) Department of Integrative Biology. http://ib.berkeley.edu/aboutib/index.php. Cited 18 Jan 2007
Wang X, Gorlitsky R, Almeida JS (2005) From XML to RDF: how semantic web technologies will change the design of 'omic' standards. Nat Biotechnol 23:1099–1103
Wikipedia (2001) Data mining. http://en.wikipedia.org/wiki/Data_mining. Cited 18 Jan 2007
WORLD-2DPAGE List (1995) Swiss Institute of Bioinformatics, Geneva. http://www.expasy.org/ch2d/2d-index.html. Cited 18 Jan 2007
World Wide Web Consortium (1994) http://www.w3.org. Cited 18 Jan 2007
Wu CH, Yeh LS, Huang H, Arminski L, Castro-Alvear J, Chen Y, Hu Z, Kourtesis P, Ledley RS, Suzek BE, Vinayaka CR, Zhang J, Barker WC (2003) The Protein Information Resource. Nucleic Acids Res 31:345–347
Yan W, Lee H, Yi EC, Reiss D, Shannon P, Kwieciszewski BK, Coito C, Li XJ, Keller A, Eng J, Galitski T, Goodlett DR, Aebersold R, Katze MG (2004) System-based proteomic analysis of the interferon response in human liver cells. Genome Biol 5:R54
Zhu H, Huang S, Dhar P (2003) The next step in systems biology: simulating the temporospatial dynamics of molecular network. BioEssays 26:68–72

第 8 章　蛋白质的相互作用

Anne-Claude Gavin

摘要

蛋白质-蛋白质相互作用是后基因组生物学的中心问题。复杂的细胞功能的实现通常是多个蛋白质影响分子组装和信号转导通路的协同作用的结果。根据蛋白质相互作用的网络图，我们可以了解基因组与表型之间的复杂关系。在人体里，信息流过程受损或者是信息通信失控就可能会引起病变。当前治疗目标大部分集中在有限的几条信号转导途径上。本章的目的之一是通过举例来说明研究蛋白质之间相互作用在生物学和病理学中的重要意义。内容包括蛋白质相互作用网络是如何有助于人们了解表型和人类基因紊乱之间的关系、改进人们寻找基因的方法以及建立在人类疾病综合征中常见的基因遗传异质性和基因多效性的分子构架。本章的另一个重要内容是介绍了蛋白质组技术在整个细胞或者生物体层面绘制蛋白质相互作用网络图方面的进展和应用，并讨论了这些方法各自的优缺点和局限性。在本章的最后，将介绍最近几年发现的一些可以靶向或者干扰特定蛋白质之间相互作用的小分子。正是这些成功的应用实例开启了一扇通过设计药物来抑制或者调节疾病相关的蛋白质相互作用的大门。

8.1 引言

蛋白质间的相互作用研究对开展后基因组生物学研究至关重要。虽然蛋白质是基因组所包含信息的主要对应产物，但是蛋白质自身只提供了部分信息。事实上，蛋白质很少单独发挥作用。复杂的细胞功能的实现是多个蛋白质通过分子组装和信号转导通路等协同作用完成的（Alberts 1998）。由蛋白质相互作用得到的蛋白质组网络图可以帮助我们了解基因组与表型之间的复杂关系（Jeong et al. 2001；Rubin 2001；Brunner and van Driel 2004）。从进化论的观点来看，生物个体水平上表现出来的复杂性和基因组数目多少没有必然关系。例如，人类基因组与一种非常简单的生物——线虫相比，在数目上没有显著的差别。除了蛋白质的剪接和翻译后修饰的因素，很显然是邻位基因组合的多样性，产生了分子的多样性以及表型的复杂性。在人体里，信息流过程受损或者是信息通信失控可能会引起病变。当前治疗目标大部分集中在有限的几条信号转导途径（Brown and Superti-Furga 2003）。

本章的目的之一是通过举例来说明研究蛋白质之间相互作用在生物学和病理学中的重要性。我们将探索蛋白质相互作用网络是如何帮助人们了解表型和人类基因紊乱之间的关系、改进人们寻找基因的方法，以及建立在人类疾病综合征中常见的基因异质性和基因多效性的分子构架。传统意义上，蛋白质相互作用的研究集中在特定的生理学范围内的少数基因产物。近来，人们更注重从整体水平去了解整个细胞或者生物体中的蛋白质-蛋白质相互作用。本章的另一个重要内容是介绍了蛋白质组技术在整个细胞或者生物体层面绘制蛋白质相互作用网络图方面的进展和应用，并讨论了这些方法各自的优缺点和局限性。从最简单的观点来看，对蛋白质复合物以及蛋白质-蛋白质相互作用的研究，有助于在分子水平上重新构建疾病相关或者药理学相关的信号传输通道，从而鉴定出新的药物作用靶点。另外，还可以帮助人们了解药物的药效及副作用的机制。在本章的最后，将介绍最近几年发现的一些可以靶向或者干扰特定蛋白质之间相互作用的小分子。正是这些成功的应用实例开启了一扇通过设计药物来抑制或者调节疾病相关的蛋白质相互作用的大门。

8.2 人类疾病中的蛋白质相互作用：蛋白质的错误连接导致病变

人们已鉴定出超过 1500 种人类致病基因，并可以从人类孟德尔遗传数据库（OMIM，Online Mendelian Inheritance in Man 2005）在线查到超过 2000 种单基因缺陷导致的综合征。这为我们提供了非常丰富的功能和表型数据。有趣的是，综合征很少是因基因完全缺失而导致的。尽管无义突变和错义突变偶尔会表达出一些非常不稳定的蛋白质，这些部分或者全部非功能化的产物依然会在生物体内积累。由于基因突变而影响蛋白质之间相互作用的现象比较普遍。表 8.1 虽然不全面，但列举了一些已经得到较深入研究的例子。很显然，受体的变异会影响与同源多肽配体的相互作用。例如，成纤细胞生长因子受体 2（FGFR2）的变异会与 FGF2 选择性地结合（Anderson et al. 1998），并会导致 Apert 综合征。其特征为颅骨畸形、发生并指（趾）和引起智障。骨架蛋白和本身没有催化功能的酶调节蛋白的变异也会引起病变。家族性黑色素瘤是由于肿瘤抑制基因 p16（INK4）的变异阻止了它和细胞周期蛋白依赖激酶（CDK4，CDK6）的结合而引起的（Yarbrough et al. 1999）。酶也能够影响蛋白质-蛋白质相互作用。例如，一种 DNA 甲基转移酶——DNMT3B，和 ICF（免疫缺陷、染色体着丝点不稳定及面部异常）综合征相关。该病发病原因是罕见的常染色体隐性失调。ICF 综合征的错义突变发生在患者酶催化结构域的相关基因上，同时会影响发生蛋白质相互作用的 N 端的结构域 PWWP（Shirohzu et al. 2002）。突变会阻碍多蛋白功能复合体的形成。一个很典型的例子就是编码 RFXANK 的基因突变使调节因子 X 复合体（一种转移因子，是表达 MHCII 类基因所必需的）不能被组装，进而导致裸淋巴细胞综合征（Wiszniewski et al. 2003）。此外，脑蛋白质之间的不正常和错误相互作用会导致蛋白质小纤维有害聚集体的形成。这种“致命吸引”（Trojanowski and Lee 2000）和许多神经退行性疾病，如散发性和家族遗传性的阿尔茨海默病、帕金森病、肌萎缩侧索硬化症和朊病毒脑病相关。

这里所选的例子不能代表全部。只是证明蛋白质相互作用通过对酶活在时空上协调性的调控，最终影响细胞的功能。突变损害、环境因素导致的信息流过程受损或者是信息通信失控，都能影响酶的催化活性位点，并引起病变。

表 8.1　蛋白质相互作用改变引起的病变

疾病和综合征	变异基因产物	作用对象	参考文献
Apert 综合征（尖头并指综合征）	成纤细胞生长因子受体 2：FGFR2	FGF	Anderson 等（1998）
家族性黑色素瘤	肿瘤抑制基因：p16（INK4）	细胞周期蛋白依赖激酶（CDK4，CDK6）	Yarbrough 等（1999）；Cammett 等（2003）
CADASIL（遗传性多发梗死痴呆病）	*NOTCH3* 基因	NOTCH3，Fringe 蛋白	Zweifel 等（2003）；Arboleda-Velasquez 等（2005）
裸淋巴细胞综合征	RFXANK 蛋白	RFX 复合物	Wiszniewski 等（2003）
鳃-耳-肾综合征	SIX1 蛋白	*EYA1* 基因	Ruf 等（2004）
脑白质肾上腺萎缩症	三磷酸腺苷结合盒转运体：ABCD1	ABCD1	Zhou（2004）
Holt-Oram 综合征（上肢心血管综合征）	*TbX5* 基因	*NKX2.5* 基因	Fan 等（2003）
ICF 综合征（免疫缺陷、染色体着丝点不稳定及面部异常）	甲基转移酶基因：DNMT3B	未知	Chen 等（2004）
巨轴突神经病	*Gigaxonin* 基因	MAP1B-LC 蛋白	Ding 等（2002）
遗传性非息肉结直肠癌	基因错误匹配：MLH1	*PMS2* 基因	Guerrette 等（1999）

8.3　探索蛋白质相互作用

通常人们采用一对一的方式研究蛋白质以及它们之间的相互作用。这些详细的、小范围的研究已经阐明了许多蛋白质的功能。此外，还定位了许多结合特定模体的调节性结合结构域。这对于我们了解复杂的蛋白质-蛋白质相互作用非常有利（Pawson et al. 2002）。同时，通过逐一研究单个蛋白质的方法，人们已经确认在所有被预测的基因中，只有 5％～10％包含功能信息（Vidal 2005）。近来，对许多生物全基因测序的完成以及在功能基因组学和蛋白组学领域取得的重大突破，为全面研究蛋白质-蛋白质间的相互作用铺平了道路（见第 2～7 章）。目前主要采用两种方法研究蛋白质-蛋白质相互作用（表 8.2）。一是利用酵母双杂交系统定位出两个或成对的蛋白质之间的相互联系；二是依靠质谱进行蛋白质的亲和纯化以及鉴定，这是专门设计用来表征蛋白复合物的方法。最近也出现了其他方法，如蛋白质芯片和发光自显影哺乳动物蛋白质相互作用组连锁图（LUMIER）。采用荧光标记检测相互作用的分析方法，如荧光共振能量转移技术（FRET），可以检测活体细胞内的蛋白质-蛋白质相互作用，因而被人们寄予厚望。由于这些技术还没有被广泛应用，在此我们将不做深入讨论。最近在一些综述中，人们详细报道了这些技术（Presley 2005；Wallrabe and Periasamy 2005）。值得注意的是，人们还基于大量的物理或者基因相互作用实验和文献搜集，建立起了许多蛋白质相互作用数据库。这些也为研究蛋白质-蛋白质相互作用提供了非常有用的信息来源（表 8.3）。

表 8.2　大规模蛋白质-蛋白质相互作用研究一览表

方法	生物物种（蛋白质组蛋白质数目）	相互作用数目	参考文献
酵母双杂交	幽门螺旋杆菌（1590）	约 1520	Rain 等（2001）
	酿酒酵母（6500）	约 4500	Ito 等（2001）
	酿酒酵母（6500）	约 1000	Uetz 等（2000）
	秀丽线虫（约 20 000）	约 5000	Li 等（2004）
	黑腹果蝇（约 14 000）	约 20 400	Giot 等（2003）
	黑腹果蝇（约 14 000）	约 2300	Formstecher 等（2005）
亲和层析			
串联亲和-纯化/质谱联用	酿酒酵母（6500）	约 4100	Gavin 等（2002）
	大肠杆菌（4300）	约 5250	Butland 等（2002）
	人类（约 30 000）	约 220	Bouwmeester 等（2002）
免疫亲和纯化/质谱联用	酿酒酵母（6500）	约 3620	Ho 等（2002）
发光自显影哺乳动物蛋白质相互作用组图谱	人类（约 30 000）	约 950	Barrios-Rodiles 等（2005）
其他蛋白质微阵列	酿酒酵母（6500）	约 40	Zhu 等（2001）

注：有些研究针对全体蛋白质，有些是针对特定的蛋白通路。

表 8.3　蛋白质相互作用数据库的网络资源（The Jena Centre for Bioinformatics 2005）

数据库	网址	物种	作用种类
GRID(General repository For Interaction Datasets)	http://biodata.mshri.on.ca/grid/servlet/Index	线虫 果蝇 酵母	G、B、C、P
SGD(Saccharomyces Genome Database)	http://www.yeastgenome.org/	酵母	G、B、C、P
CYGD(The MIPS Comprehensive Yeast Genome Database)	http://mips.gsf.de/genre/proj/yeast/	酵母	G、B、C
BIND(The Biomolecular Interaction Network Database)	http://bind.ca/	拟南芥、牛、线虫、果蝇、鸡、幽门螺旋杆菌 艾滋病病毒、人、大鼠、酵母、小鼠	B、C、P
HPRD(Human protein reference database)	http://www.hprd.org/	人	B、C、P
DIP(Database of Interacting Protein)	http://dip.doe-mbi.ucla.edu/	线虫、果蝇、大肠杆菌、幽门螺旋菌、人、小鼠、大鼠、酵母	B、C
MINT(Molecular INTeraction database)	http://160.80.34.4/mint/index.php	牛、线虫、果蝇、大肠杆菌、幽门螺旋杆菌、人、小鼠、大鼠、酵母	B
IntAct	http://www.ebi.ac.uk/intact/index.jsp	线虫、果蝇、大肠杆菌、人、小鼠、酵母	B
Biocarta	http://www.biocarta.com/	人、小鼠	P
MPPI(The MIPS Mammalian Protein-Protein Interaction Database)	http://mips.gsf.de/proj/ppi/	哺乳动物	B
PathCalling	http://curatools.curagen.com/cgi-bin/com.curagen.portal.servlet.PortalYeastList	酵母	G、B

注：G，基因；B，双蛋白作用；C，复合物；P，信号通路。

8.3.1　表征生物体中所有编码序列

开展大规模的蛋白质相互作用研究，需要在目标蛋白质编码区插入标记物，如短肽或者蛋白质结构域。这样就可以采用亲和方法（亲和纯化、质谱联用和蛋白质芯片）加以纯化，并（或）进一步采用酵母双杂交或荧光标记法检测蛋白质-蛋白质相互作用。通常情况下，在蛋白质组水平研究一种生物体内的蛋白质相互作用，需要事先鉴定用于克隆或者操作的所有编码序列或者是可读框（ORF）。对于相对简单的生物，如线虫，剪接形式变化很少，因此可采取比较直接的策略，通过对 DNA 进行基因组层次的 PCR 扩增即可研究蛋白质-蛋白质间的相互作用（Hudson et al. 1997）。对于高等生物，由于有非常复杂的内含子-外显子结构，其克隆对象是非常庞大的反向转录 DNA（cDNA）文库。要达到同样目的，必须要有目标基因的全长 cDNA 序列。因而，对低丰度或者 mRNA 非常长的序列来说，很容易发生转录错误。值得注意的是，人们通常只选择一种剪接 mRNA 代表每个 ORF。因此，在基因组层次上，高等生物的克隆会损失一些自然存在的蛋白质异构体多样性。

人们正在通过几个项目的执行来收集几种生物的无冗余的 ORF，包括线虫 ORF 组项目（Lamesch et al. 2004）和伯克利的果蝇基因组项目（DGP）（Stapleton et al. 2002）。在人类和老鼠基因收集方面，已开展了哺乳动物基因收集计划（MGC）（Gerhard et al. 2004）、单基因序列集（Bussow et al. 2000）、全长表达基因（FLEXGene）库（Brizuela et al. 2001，Brizuela 2002）、基因及其表达产物的集成分子分析（IMAGE Consortium）cDNA 收集。

8.3.2　监测双向作用：酵母双杂交系统

酵母双杂交系统是一种可以发现两个蛋白质间相互作用的基于基因的体外评价方法。其原理是基于转录因子的模块化特点。转录因子包含 DNA 结合结构域（DBD）和转录活性结构域（AD）。转录活性结构域可以激活转录因子的启动子（图 8.1）。“诱饵”融合蛋白（杂交蛋白形式为 X-DBD 形式）和“猎物”融合蛋白（杂交蛋白形式为 Y-AD）之间的相互作用将重新构建具有完整功能的转录因子，这样就可以表达报告基因或者是选定的标记物（Fields and Song 1989）。

酵母双杂交系统是一种非常经济且扩展性好的方法，因此在基因组研究中很快得到了应用。现已设计了几种实验方案，并实现了蛋白质-蛋白质相互作用的高通量检测。该系统最精密但劳动强度最大之处是系统地、逐一测定所有可能结合的蛋白质。例如，Uetz 等在酵母研究中，利用 192 个“诱饵”融合蛋白对全部 6000 个“猎物”蛋白进行了筛选（Uetz et al. 2000）。也有一些方法，可利用“猎物”融合蛋白的全克隆文库对每个“诱饵”融合蛋白进行筛选（Giot et al. 2003；Li et al. 2004；Rain et al. 2001；Uetz et al. 2000）。人们还发展了一种多对多的筛选策略，即用“诱饵”融合蛋白库的所有蛋白质去筛选“猎物”蛋白库（Ito et al. 2001）。与逐一筛选方法比较，筛选“诱饵”蛋白库或者是“猎物”蛋白库需要质粒测序来确定发生相互作用的蛋白质。不管怎样，这是目前最经济的高通量筛选方法，但是通常只能鉴定到较少的相互作用。

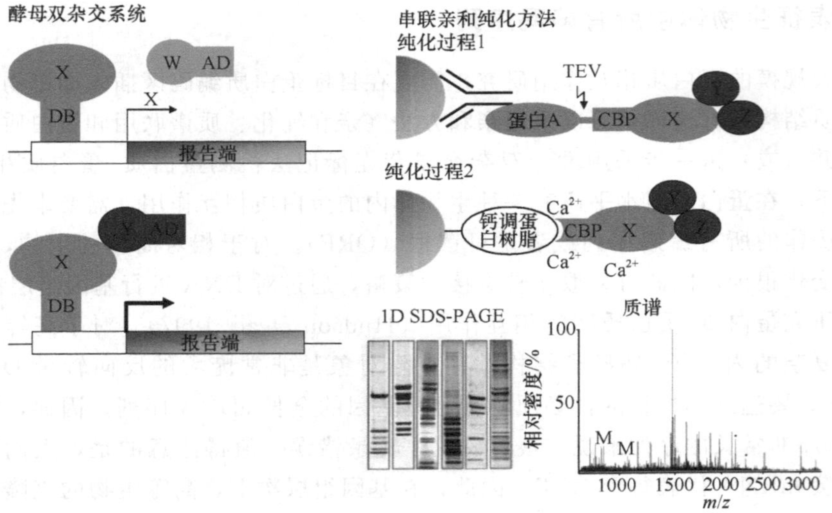

图 8.1 左图：酵母双杂交系统是利用许多转录因子具有的模块化特点，转录因子包含两部分，一个是DNA结合结构域（DBD），另一个是转录活性结构域（AD）。“诱饵”融合蛋白（杂交蛋白形式为X-DBD形式）和“猎物”融合蛋白（杂交蛋白形式为Y-AD）之间的相互作用将重新构建具有完整功能的转录因子，这样就可以表达报告基因。注意如果“猎物”融合蛋白（杂交蛋白形式为W-AD）不能和“诱饵”融合蛋白发生作用，那么报告基因就不能被表达。右图，串联亲和纯化（TAP）方法将用到两种多肽标签：蛋白A和钙调蛋白结合肽（CBP）。带有TAP标签的融合蛋白X可以在细胞中得到表达，在生理条件下可以与内源性成分（Y，Z）形成蛋白质复合物。蛋白质复合物可以通过两步亲和纯化方法来提纯。首先用固载免疫球蛋白的树脂对蛋白A进行结合，再用钙调蛋白树脂进一步结合钙调蛋白结合肽（CBP）。蛋白质复合物最后可以用1D SDS-PAGE或者是质谱来鉴定。注：TEV是烟草花叶病毒。

除了具有可扩展性、适应性好的特点外，酵母双杂交系统还可以检测短暂的和非常弱的相互作用。这其中包括解离常数只有 10^{-7} mol/L 的细胞内所发生的最弱的相互作用。该系统的缺陷在于它是在体外进行的。表达的融合蛋白被强迫进入细胞核位置，而这并不一定是它们在正常条件下的定位。膜蛋白通常就不适合用这种基因方法来评价。“诱饵”和“猎物”融合蛋白也许不会被进行适当的翻译后修饰。同样，协同作用、构象变化和伴侣辅助组装的相互作用也很难在核内准确发生。酵母双杂交系统检测到的是相互作用的物理属性，以及不同蛋白质间匹配或作用的潜在可能性。因为它的本质是体外检测，无法反映生理条件下的真实情况。在体内生理条件下，蛋白质会在不同时间、不同组织或不同细胞器中表达。此外，转录因子和其他一些蛋白质（占5%～10%的基因翻译产物）可以自动激活报告基因的转录。因此，不适合采用该方法研究可自激活蛋白质的相互作用。

人们对酵母双杂交系统已经做了不断的改进，可以在一定程度上克服上述缺点，其中包括利用重建模块蛋白质而不是转录因子，以及分析传统双杂交系统无法评价的蛋白质（如膜蛋白和转录因子）。此外，还包括SOS（Aronheim et al. 1997）、Ras招募系统（Broder et al. 1998）、G蛋白相关筛选评价方法（Ehrhard et al. 2000）和分裂泛素化系统（Stagljar et al. 1998）。虽然这其中的一些方法的稳定性得到明显改善（Iyer et al. 2005），但是还没有一种方法可被真正用于蛋白质组水平上的高通量的筛选。

8.3.3 亲和纯化和质谱方法分析蛋白质复合物

在基因信息的翻译过程中，其关键点是蛋白质复合物或者是分子机器的动态组装和解装。这一切必须在正确的时间和空间发生，以完成必要的细胞功能。例如，组装通常需要能量驱动的构象转变、特定的翻译后修饰、伴侣辅助以及上述步骤按照一定顺序进行（Goh et al. 2004）。因此，不能通过一些单独的相互作用推测出整个蛋白质复合物的构成（Aloy and Russell 2002；Bader and Hogue 2002；Edwards et al. 2002；Jansen et al. 2002；Kemmeren et al. 2002；von Mering et al. 2002）。采用传统方法表征蛋白质复合物，通常需要将它们从其生理环境中，即细胞中纯化出来。

可检测低至飞摩尔级浓度的肽段碎片（见第3.5节）的高灵敏度和高通量质谱检测方法的出现，推动了整个细胞复合体生化纯化方法的发展。人们开始采用特定抗体纯化技术与质谱的结合来鉴定各种组织和细胞中的蛋白质复合物，例如，检测老鼠神经触突上神经传递素受体周围的蛋白质复合物（Husi et al. 2000；Becamel et al. 2002）。最为重要的是，抗体可以在非常接近生理条件的环境下，从细胞甚至组织中纯化内源性表达的天然蛋白质。但是这些方法的传统局限在于需要找到特定的抗体或者是亲和富集试剂。

纯化蛋白质复合物的基因方法是采用亲和技术捕获键合在表位标签上的“诱饵”融合蛋白。在该方法中常常使用带标签的抗体，而不是“诱饵”融合蛋白。在过去的几年中，人们发展了各种各样的表位标签，如Myc、HA、Flag、KT3和GST，并实现了相应抗体和亲和树脂（如anti-Myc、anti-HA、anti-Flag、anti-KT3和谷胱甘肽）的商品化。人们可以将许多不同的可读框同时融合到同一表位标签上。在适当的细胞类型中表达后，采用亲和树脂进行提取纯化。对于纯化后的蛋白复合物，既可采用串联质谱直接分析，也可以用一维凝胶电泳分离后基于多肽指纹谱进行鉴定（见第3章）。

最近，人们已将富集方法用于蛋白质组水平的蛋白质复合物研究。Ho等（2002）基于Flag表位标签和抗标签（anti-Flag）系统采用一步法免疫亲和纯化法，表征了由725个参与DNA损伤响应和细胞信号转导的酵母“诱导”融合蛋白（激酶、磷酸酶和调节亚基酶）组装的蛋白质复合物，共分析鉴定了1578个不同蛋白质之间的相互作用。

在纯化蛋白质复合物过程中，要求纯化技术对非特异性的蛋白质背景有较高的鉴别能力，同时可以纯化真正的蛋白质复合物。但是，采用传统的高强度洗脱，包括用高浓度的盐或去污剂，无法保证蛋白质复合物的完整性。为了解决这些问题，人们发展了串联亲和纯化（TAP）方法。先后使用两种表位标签——葡萄状球菌蛋白A和钙调蛋白结合肽（CBP），来代替原来使用的一种标签（Rigaut et al. 1999；Puig et al. 2001）。作为“诱饵”的TAP——融合蛋白可以在细胞中得以表达（表8.1）。在一定生理条件下，一些内源性成分可以组装成蛋白质复合物。可以通过两步亲和纯化法得到被标记的蛋白质和与其相关联的蛋白质。首先是采用免疫亲和树脂与蛋白A标签结合。通过烟草花叶病毒（TEV）蛋白酶酶切，将蛋白质复合物从树脂上选择性解吸下来。需要特别提到的一点是，TEV蛋白酶针对蛋白A和CBP标签之间的一个7个氨基酸残基序列的酶切位点具有非常高的专一性。TEV蛋白酶的酶切位点序列只在人、老鼠和酵母中很少的几个蛋白质中出现。这样就可以保证回收的蛋白质复合物不会被酶解。在第二步亲和步骤中，蛋白质复合物通过CBP标签结合到包被有钙调蛋白的树脂上。通过这一步可以去除TEV和其他杂质。因为钙调蛋白结合肽与钙调蛋白的相互作用必须依赖钙离子的存在，可以在第二步冲洗步骤中使用乙二醇四乙酸作为螯合试剂来去除钙离子。

酵母菌蛋白质组分析最早验证了串联亲和纯化/质谱法在蛋白质组学分析中的可行性。酵母的1739个基因表达了231个蛋白质复合物（Gavin et al. 2002）。这其中有134个蛋白质复合物是新发现的。随后这一方法被应用到多类细胞，如大肠杆菌（Butlan et al. 2005）和人（Bouwmeester et al. 2004）的蛋白质-蛋白质相互作用的高通量分析中。

串联亲和纯化/质谱法的最大优点是蛋白质复合物是在生物体内产生的，因此所处环境非常接近蛋白质复合物的正常生理环境。实际上分子组装是在适当的细胞器中完成的。由于这种方法并不只局限于一种类型的细胞，在不同细胞发展期或者使用不同的处理方式时，此方法都有可能被用来检测在不同细胞系中蛋白质复合物组成的变化。更重要的一点是，在蛋白质复合物中，只有一个蛋白质被克隆和标记，其他蛋白质还保持原始状态，从而可以反映蛋白质异构体的自然多样性（见第5章）。在亲和纯化的一系列方法中，串联亲和纯化方法被证明普遍适用于蛋白质组水平的筛选。这是因为蛋白质复合物在纯化过程中始终处于接近天然的环境中。由于采用两步纯化，可以有效减少非特异蛋白质结合，并避免因过度冲洗而产生的复合体解离。因此，采用TAP纯化方法纯化的复合物已被成功应用于其他领域，如电子显微镜研究（Aloy et al. 2002，2004）。

TAP方法的主要缺点是采用亲和纯化/质谱鉴定法一般不能用来检测不稳定和短暂的相互作用（通常K_d值在纳摩尔范围或更低，未发表数据）。此外，多肽标签的融合有时也会干扰被标记蛋白质的生理功能。这可能是由于蛋白质折叠、蛋白质复合物形成或者亚细胞定位的改变而引起的。通过同时标记和分析N端和C端的融合蛋白可以显著降低上述影响。在一些同源重组蛋白质不能有效合成的体系和物种，如哺乳动物细胞中，TAP标签不能直接融合在目标蛋白质染色体位点。在这种情况下，TAP融合是通过质粒来过度表达的。这可能会导致蛋白质定位异常、蛋白质凝聚或者是产生生物毒性。通常，在任何系统的筛选过程中，都必须严格控制过度表达水平和诱饵蛋白质的定位（Bouwmeester et al. 2004）。

8.3.4 发光标记哺乳动物相互作用组定位方法

发光标记哺乳动物相互作用组定位方法（luminescence-based mammalian interactome mapping，LUMIER）是最近发展的一种改进的亲和纯化方法。该方法基于荧光素酶融合蛋白与 Flag-标记目标蛋白质的共同表达。相互作用可以通过在抗 Flag 标记抗体的免疫共沉淀中测定荧光素酶的活性来确定。这方面的一个例子是分析了与 RL 蛋白质融合的和信号转导通路相关的 TGF-β 家族的 10 个核心成员以及融合到标签上的 518 个老鼠的 cDNA（Barrios-Rodiles et al. 2005）。这种方法已经在 96 孔板上进行了改进和优化。这一策略的有趣一点是可以得到相互作用强度的半定量数据。

8.3.5　蛋白质生物芯片

近年来，利用 DNA 芯片同时平行测定上千个基因已成为常规方法。同样，蛋白质芯片的发展也提供了大规模确定蛋白质生化活性、蛋白质-蛋白质相互作用、蛋白质-脂类相互作用、蛋白质-核酸相互作用以及蛋白质-小分子相互作用的快速手段。在发展的第一类高密度蛋白质芯片上，就已包含了 5800 个 GST-His 标记的酵母菌融合蛋白（Zhu et al. 2001）。现已出现了多种商品化蛋白质芯片，并在许多综述中具体地介绍了蛋白质芯片的操作细节（Schweitzer et al. 2003；Poetz et al. 2005b）。

从原理上来讲，蛋白质芯片可以用于在蛋白质组水平上研究蛋白质-蛋白质之间的相互作用。然而，该技术目前只被成功用于鉴定新的钙调和磷脂结合蛋白，并监测了结构域-结构域以及抗原-抗体之间相互作用（Zhu et al. 2001；Espejo et al. 2002；Hiller et al. 2002；Poetz et al. 2005a）。

8.3.6　数据质量

目前，人们并没有对许多大规模的相互作用研究进行很严格的质量控制，因此可能出现假相互作用（假阳性）或遗漏真正的相互作用（假阴性）。最近，人们已经发展了几种方法来评价各种蛋白质相互作用的数据，包括集成化的附加功能注释或者用已知的蛋白质相互作用进行比较（表 8.2）。据估计，基于酵母双杂交结果的假阳性率有 50%～90%；基于质谱法的有 30%左右（Mrowka et al. 2001；Gavin et al. 2002；Sprinzak et al. 2003）。在最近的研究中，人们乐观地看到通过蛋白质共沉淀实验可以确定酵母双杂交实验中 65%的相互作用（Li et al. 2004）。

另外一个重要的发现是，各种大规模分析蛋白质相互作用的数据的相互重叠性非常低。如通过对两个目前最大规模的酵母双杂交蛋白质相互作用的比较研究，发现可以在两个数据库中都鉴定到的高可信度的核心相互作用仅有 15%～20%（Ito et al. 2001；Bader and Hogue 2002；von Mering et al. 2002）。不同实验方法之间的内在差别，如筛选标准严格度的不同或者方法的差异（逐一法或是诱饵/猎物方法），都可能造成结果之间的差异。因此，酵母双杂交与亲和纯化/质谱方法相比，仅有 7%的数据重叠（Gavin et al. 2002）就不足为奇了。正如已经提到的，这两种方法测定的是蛋白质的不同性质，分别为蛋白质之间相互作用的能力（酵母双杂交）和在蛋白质复合物中稳定存在的能力（质谱检测技术）。这两种方法具有高度互补，应该结合起来使用，从而更好地绘制给定细胞中的蛋白质之间相互作用的网络图。在众多关于酵母菌蛋白质相互作用的分析方法中，还没有一种方法能够重现超过 50%的已知相互作用（von Mering et al. 2002）。这说明目前的相互作用筛选方法还有很多缺陷。即使在相对简单而又研究充分的生物体中，如酿酒酵母菌，依然有许多相互作用没有被发现。

8.4 生物和生物医学应用

8.4.1 探索病理学和药理学相关的作用途径

当今治疗学关注的靶蛋白主要集中在有限的几条细胞信号转导途径上（Brown and Superti-Furga 2003）。可以通过构建一个分子框架，来选择性地阐明与人类疾病相关的信号转导问题，进而解释与疾病基因的相关性，从而有助于发现新的更易于化学处理的靶标。

在不同基因位点的突变可能导致同样的或相似的人类综合征。这种被称为遗传异质性的现象被推断为蛋白质在相互作用网络过程中遭到了干扰。例如，受体-配体之间、多蛋白质复合物的不同亚基，以及生化通路或信号转导的不同阶段执行不同功能的蛋白质群体间的相互作用网络（Brunner and van Driel 2004）。一个很典型的例子是针对涉及 9 个基因的范可尼贫血综合征（FA）的研究。鉴定结果表明，这 9 个基因通过一个共同的网络进行协同作用，即参与 DNA 修复的 FA/BRCA2 途径。在该通路中，有 7 个蛋白质能形成一个多蛋白复合物（Mace et al. 2005）。

总的来说，我们对与疾病相关的通路的认识还是很匮乏的。随着我们在这一方面知识的不断积累，人们可以了解到相互作用组与表型组之间的联系。对一个由突变基因产生的蛋白质-蛋白质相互作用网络的完全了解，有助于在类似综合征中发现新的参与基因。同理，也可以根据导致相同或者类似表型的一组基因来指导相互作用网络的重建和解释。

经过近期的不断努力，人们已经对涉及人类疾病相关途径的蛋白质有了比较全面的认识。Tewari 等（2004）结合酵母双杂交和多重扰动的方法，系统地研究了线虫中的 TGB-β 信号转导通路。TGB-β 信号转导通路和许多疾病，如家族性肺部高血压、遗传性软骨病和易感肿瘤综合征有关（Massague et al. 2000）。通过分析，发现了 8 个新的 TGB-β 信号转导通路调节因子。作者用串联亲和/质谱检测方法，系统地定位了人体内促炎症细胞因子 TNF-α/NF-κB 信号关联的 32 个组分的相互作用网络，并鉴定了它可以与之关联的 221 个分子。Bouwmeester 等通过对相互作用网络分析和使用 RNA 干扰进行直接功能扰动研究，发现了 10 个新的功能调节因子。该项研究有助于加深人们对信号转导通路逻辑关系的了解，同时也可能为新药作用提供了潜在靶点信息（Bouwmeester et al. 2004）。

8.4.2 从酵母相互作用全谱分析中得到的启示

很久以来人们就知道蛋白质不只有一种细胞功能。从基因水平来讲，这一现象应该解释为基因的多效性。在单一基因水平，不同的突变会引起多种表现型或者看似彼此无关的疾病，这一现象称为基因多效性（Hodgkin 1998）。一个很好的例证就是 XPD (ERCC2) 基因的突变会引起皮肤干燥症（XP），一种 DNA 修复紊乱症状；或者引起毛发低硫营养不良症（TTD），这种疾病特点是患者智力发展迟缓、面部畸形、鱼鳞状皮肤和身材矮小。XPD 是 TFIIH 基础转录因子的亚单位，TFIIH 与转录调节和 DNA 修复有关。TFIIH 复合物的两个功能会选择性地对特定因子产生作用（Egly 2001）。最简单的解释和当前的假设是 XPD 的不同突变影响了 TFIIH 的 DNA 修复功能或者是它的转录作用，分别导致了 XP 或者是 TTD（Lehmann 2001）。表 8.4 列出了如何通过蛋白质与不同对象在不同环境（细胞器、细胞类型或者组织中）发生作用的趋势来解释蛋白质的多功能化。多功能可以体现为具有多种特异性、生化活性和功能。

表 8.4　多功能蛋白质的例子

蛋白质名称	复合物	生理功能	参考文献
Yotiao（PKA 和 PP1 的锚定蛋白）	NMDA 受体	触突传递、大脑发育、学习和记忆	Marx 等（2002）
	K^+ 离子通道蛋白 KCNQ1/KCNE1	依赖 β-肾上腺素受体调节心脏电势	
TRRAP	TRRAP/TIP60 组蛋白乙酰化酶	启动特定的组蛋白乙酰化	
	PCAF 复合物（Spt-Ada-Gcn5-乙酰化转移酶）	启动特定的组蛋白乙酰化	Park 等（2001）
Hsp70（分子伴侣）	Hsp70/Hsp90 伴侣复合体 类Ⅰ组蛋白去乙酰化酶	蛋白质折叠 核小体重构	Johnson 等（2002）
Hsp90（分子伴侣）	Hsp70/Hsp90 伴侣复合体 p23（辅助分子伴侣）端粒末端酶	蛋白质折叠 维持端粒	Forsythe 等（2001）
硫辛酰胺脱氢酶	支链酮酸脱氢酶 丙酮酸盐脱氢酶	氨基酸分解分解 糖酵解	Odievre 等（2005）
磷酸果糖激酶	α-酮戊二酸盐脱氢酶 磷酸果糖激酶 微管蛋白	三羧酸循环 糖酵解和糖原异生作用 微管组织化	Vertessy 等（1997）
葡萄糖激酶（glucokinase）	葡萄糖激酶调节的蛋白质复合物	血糖稳定	Danial 等（2003）
	PKA/PP1/Wiskott-Aldrich 家族成员 WAVE-1 葡萄糖激酶	调节糖酵解和细胞凋亡	

最近对酿酒酵母蛋白质复合物的基因组分析结果表明，蛋白质的多功能化是一种比原来预想的更为普遍的现象（Gavin et al. 2002；Gavin and Superti-Furga 2003）。人们发现大约 37％的蛋白质在两种及两种以上的复合物中出现（Krause et al. 2004），因此推断不同的蛋白质复合物似乎可以通过同一种蛋白质来执行不同的生理功能。蛋白质就如同组成它们的结构域一样，是通过组合的方式构成“分子机器”来发挥作用的。蛋白质的模块化和多功能化是通过有限数量的基因来实现生物复杂性的简便途径。理解高等真核细胞中的蛋白质模块化，不仅有助于解释遗传特性的分子框架，如基因多效性，而且有助于找到更专一和安全的药物靶点。

8.4.3 一个新应用：蛋白质相互作用的小分子抑制剂的发展

目前新药的产生，主要是针对酶的活性位点或者是受体表面配体结合口袋来设计。从纯理论上说，用药物干扰蛋白质-蛋白质相互作用可以作为一种更有效地调控疾病相关蛋白质的手段。蛋白质相互作用的一个重要特征就是它的多样性，这也是它在药物靶向研究领域很有吸引力的地方。不像酶和底物之间的相互作用，蛋白质-蛋白质相互作用通常没有那么牢固，或者也不必在配体结合部位的深处，而是在面积较大、较平坦的部位发生。长期以来，与对天然产物或者多肽和多肽模拟物的了解形成鲜明对比的是，主流观点认为很难靶向干扰蛋白质-蛋白质相互作用，尤其是基于传统的小分子化学。

近年来，采用传统小分子成功调节蛋白质相互作用的报道逐渐增多（表 8.5）。这些方法或者直接定位于蛋白质-蛋白质相互作用的界面，或者定位于构象变化位点上（Pagliaro et al. 2004）。这些成果的取得主要归功于高灵敏、高通量的蛋白质相互作用研究方法的发展，如荧光共振能量转移（Bergendahl et al. 2003）、各种双杂交系统（Zhao 2004）或者是荧光偏振方法。Degterev 等（2001）设计了一种新颖的高通量的荧光偏振筛选方法，用它监测到从溶液中的 Bc1-X_L蛋白置换出荧光标记的 Bak-BH3 肽段的过程。他们鉴定出有两类化合物（BH3Is）可以阻断亲和力在微摩尔级的 Bak-BH3/Bc1-X_L间的相互作用（表 8.5）。

表 8.5 可以干扰蛋白质-蛋白质相互作用的药物和小分子

目标分子	小分子或者药物	研发阶段	参考文献
天然产物和天然产物类似物			
PKBP12/mTOR	西罗莫司(Rapamycin)	已获批准	Huang 等(2003)
神经钙蛋白/FK506 结合蛋白	FK506	已获批准	Jin 和 Harrison(2002)
神经钙蛋白/亲环素	环孢菌素	已获批准	Jin 和 Harrison (2002)
微管蛋白/微管蛋白	长春碱	已获批准	Wilson 等(1999)
SH3 调节的相互作用	UCS15A	发现	Oneyama 等(2002)
Tcf4/β-连环素	PKF118-310(IC_{50} 0.8 μmol/L)， PKF115-584 (IC_{50} 3.2 μmol/L)	发现	Lepourcelet 等(2004)
多肽和多肽模拟物			
Myc/Max	IIA4B20 (IC_{50} 75 μmol/L)， IIA6B17 (IC_{50} 50 μmol/L)	发现	Berg 等(2002)
Stat3/Stat3	ISS 610 (IC_{50} 50 μmol/L)	发现	Turkson 等(2004)
合成小分子			
MDM2/p53	Nutlin-3 (IC_{50} 0.09 μmol/L)	发现	Vassilev 等(2004)
	降莰烷衍生物		Buolamwini 等(2005)
	合成查耳酮		Buolamwini 等(2005)
	磺酰胺吡唑烷二酮		Buolamwini 等(2005)
	1,4-苯二氮杂卓-2,5-二酮		Buolamwini 等(2005)
LFA1/sICAM1	BIRT377 (K_d 25.8 nmol/L)	发现	Kelly 等(1999)
Bak-BH3/Bcl2	HA14 (IC_{50} 9 μmol/L)， BH3I-1 (K_d 2.4～12.5 μmol/L)； BH3I-2 (K_d 4.1～6.4 μmol/L)；	发现	Wang 等(2000)； Degterev 等(2001)
MMP2/整联蛋白 α(V)β(3)	TSRI265	发现	Silletti 等(2001)
SH3 调节的相互作用	2-氨基喹啉(K_d 20 μmol/L)	发现	Inglis 等(2004)

续表

目标分子	小分子或者药物	研发阶段	参考文献
CRM1/Rev-NES	PKF050-638	发现	Daelemans 等(2002)
ESX/Sur-2	Wrenchnolol	发现	Shimogawa 等(2004)
CREB/CBP	KG-501	发现	Best 等(2004)
NGF/p75	PD90780	发现	Colquhoun 等(2004)
IL-2/IL-2Rα	磺酰基-脲基的小分子拮抗剂(IC_{50} 0.6 μmol/L)	发现	Waal 等(2005)

结构生物学在蛋白质-蛋白质相互作用方面的进展，有助于设计和发展针对蛋白质相互作用的小分子抑制剂。这些进展包括用计算机辅助筛选鉴定可以阻断 BaK-BH3 和 Bcl2 的结合的 HA14 化合物（Wang et al. 2000）；通过 NMR 表征表面活性关系，研究对蛋白质相互作用能有较大影响的作用“热点”（Bogan and Thorn 1998）；利用药物筛选的碎片法将与作用界面有弱相互作用的有机小分子碎片连接起来，进而将其亲和力也连接起来（Arkin and Wells 2004）；通过共价修饰双功能团的小分子来阻断蛋白质之间相互作用（Way 2000）。

虽然这些方法才刚刚诞生，鉴定到的化合物的亲和力也相对较低，但是最近的研究结果表明，调节蛋白质-蛋白质的相互作用也许是设计小分子蛋白质抑制剂的一个可行的发展方向。

8.5　未来发展方向

生命体依赖于复合物、通路，以及网络的形式来协调蛋白质之间的相互作用。随着大规模蛋白质-蛋白质相互作用分析方法的发展，包括酵母双杂交系统以及串联亲和纯化/质谱检测，蛋白质相互作用研究已经成为后基因组时代的中心问题。人们已经建立起了引起重大人类疾病的多条通道的全面图谱。已在一些模式生物中开展了蛋白质组水平的蛋白质—蛋白质相互作用筛选，提供了解释简单基因数据的分子框架（Jeong et al. 2001）。如果一个蛋白质被敲除后会带来致命的结果，那么这个蛋白质很可能是相互作用网络的核心部分。尽管如此，依靠蛋白质相互作用网络图来预测整个复杂系统还是有局限性。

目前蛋白质相互作用网络图提供给我们一个相对静态的物理作用连线图。由于无法确定各种组分关系的类型，蛋白质相互作用连线图仍然不能描述相互作用的本质。为了弥补现在的不足，在不久的将来，人们需要将许多功能化数据，如基因敲除和系统扰动等，加入这一网络图中，从而有助于我们得到更有功能意义的网络图。

蛋白质相互作用网络是动态的，而且这一点对细胞执行功能来说是至关重要的。然而目前大规模的蛋白质-蛋白质相互作用分析却忽视了这一点。虽然许多用来监测蛋白质-蛋白质相互作用的方法是行之有效的，但是它们研究的都是在非生理条件下的蛋白质表达。在细胞和生理条件下，会有一些相互作用的精细和微小的调节。而在体外，这些相互作用都将会消失。为了监测特定的组分随时间和空间的动态变化情况，必须将它们从正常的生理环境中隔离出来。从这一点上来说，串联亲和纯化/质谱方法是一个有力的工具。在研究细胞扰动引起的信号转导通路组分变化方面具有非常好的应用前景。此外，荧光检测方法（如 FRET）可以大规模定量和监测活体细胞中的蛋白质相互作用。随着该技术的进一步发展，荧光检测方法也将为生物学的深入发展提供有力的技术支撑。

参考文献

Alberts B (1998) The cell as a collection of protein machines: preparing the next generation of molecular biologists. Cell 92:291–294

Aloy P, Russell RB (2002) Interrogating protein interaction networks through structural biology. Proc Natl Acad Sci USA 99:5896–5901

Aloy P, Ciccarelli FD, Leutwein C, Gavin AC, Superti-Furga G, Bork P, Bottcher B, Russell RB (2002) A complex prediction: three-dimensional model of the yeast exosome. EMBO Rep 3:628–635

Aloy P, Bottcher B, Ceulemans H, Leutwein C, Mellwig C, Fischer S, Gavin AC, Bork P, Superti-Furga G, Serrano L, Russell RB (2004) Structure-based assembly of protein complexes in yeast. Science 303:2026–2029

Anderson J, Burns HD, Enriquez-Harris P, Wilkie AO, Heath JK (1998) Apert syndrome mutations in fibroblast growth factor receptor 2 exhibit increased affinity for FGF ligand. Hum Mol Genet 7:1475–1483

Arboleda-Velasquez JF, Rampal R, Fung E, Darland DC, Liu M, Martinez MC, Donahue CP, Navarro-Gonzalez MF, Libby P, D'Amore PA, Aikawa M, Haltiwanger RS, Kosik KS (2005) CADASIL mutations impair Notch3 glycosylation by Fringe. Hum Mol Genet 14:1631–1639

Arkin MR, Wells JA (2004) Small-molecule inhibitors of protein-protein interactions: progressing towards the dream. Nat Rev Drug Discov 3:301–317

Aronheim A, Zandi E, Hennemann H, Elledge SJ, Karin M (1997) Isolation of an AP-1 repressor by a novel method for detecting protein-protein interactions. Mol Cell Biol 17:3094–3102

Bader GD, Hogue CW (2002) Analyzing yeast protein-protein interaction data obtained from different sources. Nat Biotechnol 20:991–997

Barrios-Rodiles M, Brown KR, Ozdamar B, Bose R, Liu Z, Donovan RS, Shinjo F, Liu Y, Dembowy J, Taylor IW, Luga V, Przulj N, Robinson M, Suzuki H, Hayashizaki Y, Jurisica I, Wrana JL (2005) High-throughput mapping of a dynamic signaling network in mammalian cells. Science 307:1621–1625

Becamel C, Alonso G, Galeotti N, Demey E, Jouin P, Ullmer C, Dumuis A, Bockaert J, Marin P (2002) Synaptic multiprotein complexes associated with 5-HT(2C) receptors: a proteomic approach. EMBO J 21:2332–2342

Berg T, Cohen SB, Desharnais J, Sonderegger C, Maslyar DJ, Goldberg J, Boger DL, Vogt PK (2002) Small-molecule antagonists of Myc/Max dimerization inhibit Myc-induced transformation of chicken embryo fibroblasts. Proc Natl Acad Sci USA 99:3830–3835

Bergendahl V, Heyduk T, Burgess RR (2003) Luminescence resonance energy transfer-based high-throughput screening assay for inhibitors of essential protein-protein interactions in bacterial RNA polymerase. Appl Environ Microbiol 69:1492–1498

Best JL, Amezcua CA, Mayr B, Flechner L, Murawsky CM, Emerson B, Zor T, Gardner KH, Montminy M (2004) Identification of small-molecule antagonists that inhibit an activator: coactivator interaction. Proc Natl Acad Sci USA 101:17622–17627

Bogan AA, Thorn KS (1998) Anatomy of hot spots in protein interfaces. J Mol Biol 280:1–9

Bouwmeester T, Bauch A, Ruffner H, Angrand PO, Bergamini G, Croughton K, Cruciat C et al. (2004) A physical and functional map of the human TNF-alpha/NF-kappa B signal transduction pathway. Nat Cell Biol 6:97–105

Brizuela L, Braun P, LaBaer J (2001) FLEXGene repository: from sequenced genomes to gene repositories for high-throughput functional biology and proteomics. Mol Biochem Parasitol 118:155–165

Brizuela L, Richardson A, Marsischky G, Labaer J (2002) The FLEXGene repository: exploiting the fruits of the genome projects by creating a needed resource to face the challenges of the post-genomic era. Arch Med Res 33:318–324

Broder YC, Katz S, Aronheim A (1998) The ras recruitment system, a novel approach to the study of protein-protein interactions. Curr Biol 8:1121–1124

Brown D, Superti-Furga G (2003) Rediscovering the sweet spot in drug discovery. Drug Discov Today 8:1067–1077

Brunner HG, van Driel MA (2004) From syndrome families to functional genomics. Nat Rev Genet 5:545–551

Buolamwini JK, Addo J, Kamath S, Patil S, Mason D, Ores M (2005) Small molecule antagonists of the MDM2 oncoprotein as anticancer agents. Curr Cancer Drug Targets 5:57–68

Bussow K, Nordhoff E, Lubbert C, Lehrach H, Walter G (2000) A human cDNA library for high-throughput protein expression screening. Genomics 65:1–8

Butland G, Peregrin-Alvarez JM, Li J, Yang W, Yang X, Canadien V, Starostine A, Richards D, Beattie B, Krogan N, Davey M, Parkinson J, Greenblatt J, Emili A (2005) Interaction network containing conserved and essential protein complexes in *Escherichia coli*. Nature 433:531–537

Cammett TJ, Luo L, Peng ZY (2003) Design and characterization of a hyperstable p16INK4a that restores Cdk4 binding activity when combined with oncogenic mutations. J Mol Biol 327:285–297

Chen T, Tsujimoto N, Li E (2004) The PWWP domain of Dnmt3a and Dnmt3b is required for directing DNA methylation to the major satellite repeats at pericentric heterochromatin. Mol Cell Biol 24:9048–9058

Colquhoun A, Lawrance GM, Shamovsky IL, Riopelle RJ, Ross GM (2004) Differential activity of the nerve growth factor (NGF) antagonist PD90780 [7-(benzolylamino)-4,9-dihydro-4-methyl-9-oxo-pyrazolo[5,1-b]quinazoline-2-carboxylic acid] suggests altered NGF-p75NTR interactions in the presence of TrkA. J Pharmacol Exp Ther 310:505–511

Daelemans D, Afonina E, Nilsson J, Werner G, Kjems J, De Clercq E, Pavlakis GN, Vandamme AM (2002) A synthetic HIV-1 Rev inhibitor interfering with the CRM1-mediated nuclear export. Proc Natl Acad Sci USA 99:14440–14445

Danial NN, Gramm CF, Scorrano L, Zhang CY, Krauss S, Ranger AM, Datta SR, Greenberg ME, Licklider LJ, Lowell BB, Gygi SP, Korsmeyer SJ (2003) BAD and glucokinase reside in a mitochondrial complex that integrates glycolysis and apoptosis. Nature 424:952–956

Degterev A, Lugovskoy A, Cardone M, Mulley B, Wagner G, Mitchison T, Yuan J (2001) Identification of small-molecule inhibitors of interaction between the BH3 domain and Bcl-xL. Nat Cell Biol 3:173–182

Ding J, Liu JJ, Kowal AS, Nardine T, Bhattacharya P, Lee A, Yang Y (2002) Microtubule-associated protein 1B: a neuronal binding partner for gigaxonin. J Cell Biol 158:427–433

Edwards AM, Kus B, Jansen R, Greenbaum D, Greenblatt J, Gerstein M (2002) Bridging structural biology and genomics: assessing protein interaction data with known complexes. Trends Genet 18:529–536

Egly JM (2001) The 14th Datta lecture. TFIIH: from transcription to clinic. FEBS Lett 498: 124–128

Ehrhard KN, Jacoby JJ, Fu XY, Jahn R, Dohlman HG (2000) Use of G-protein fusions to monitor integral membrane protein-protein interactions in yeast. Nat Biotechnol 18:1075–1079

Espejo A, Cote J, Bednarek A, Richard S, Bedford MT (2002) A protein-domain microarray identifies novel protein-protein interactions. Biochem J 367:697–702

Fan C, Liu M, Wang Q (2003) Functional analysis of TBX5 missense mutations associated with Holt-Oram syndrome. J Biol Chem 278:8780–8785

Fields S, Song O (1989) A novel genetic system to detect protein-protein interactions. Nature 340:245–246

Formstecher E, Aresta S, Collura V, Hamburger A, Meil A, Trehin A, Reverdy C et al. (2005) Protein interaction mapping: a *Drosophila* case study. Genome Res 15:376–384

Forsythe HL, Jarvis JL, Turner JW, Elmore LW, Holt SE (2001) Stable association of hsp90 and p23, but not hsp70, with active human telomerase. J Biol Chem 276:15571–15574

Gavin AC, Superti-Furga G (2003) Protein complexes and proteome organization from yeast to man. Curr Opin Chem Biol 7:21–27

Gavin AC, Bosche M, Krause R, Grandi P, Marzioch M, Bauer A, Schultz J et al. (2002) Functional organization of the yeast proteome by systematic analysis of protein complexes. Nature 415:141–147

Gerhard DS, Wagner L, Feingold EA, Shenmen CM, Grouse LH, Schuler G Klein SL et al. (2004) The status, quality, and expansion of the NIH full-length cDNA project: the Mammalian Gene Collection (MGC). Genome Res 14:2121–2127

Giot L, Bader JS, Brouwer C, Chaudhuri A, Kuang B, Li Y, Hao YL et al. (2003) A protein inter-

action map of *Drosophila melanogaster*. Science 302:1727–1736
Goh CS, Milburn D, Gerstein M (2004) Conformational changes associated with protein-protein interactions. Curr Opin Struct Biol 14:104–109
Guerrette S, Acharya S, Fishel R (1999) The interaction of the human MutL homologues in hereditary nonpolyposis colon cancer. J Biol Chem 274:6336–6341
Hiller R, Laffer S, Harwanegg C, Huber M, Schmidt WM, Twardosz A, Barletta B et al. (2002) Microarrayed allergen molecules: diagnostic gatekeepers for allergy treatment. FASEB J 16:414–416
Ho Y, Gruhler A, Heilbut A, Bader GD, Moore L, Adams SL, Millar A et al. (2002) Systematic identification of protein complexes in *Saccharomyces cerevisiae* by mass spectrometry. Nature 415:180–183
Hodgkin J (1998) Seven types of pleiotropy. Int J Dev Biol 42:501–505
Huang S, Bjornsti MA, Houghton PJ (2003) Rapamycins: mechanism of action and cellular resistance. Cancer Biol Ther 2:222–232
Hudson JR Jr, Dawson EP, Rushing KL, Jackson CH, Lockshon D, Conover D, Lanciault C, Harris JR, Simmons SJ, Rothstein R, Fields S (1997) The complete set of predicted genes from *Saccharomyces cerevisiae* in a readily usable form. Genome Res 7:1169–1173
Husi H, Ward MA, Choudhary JS, Blackstock WP, Grant SG (2000) Proteomic analysis of NMDA receptor-adhesion protein signaling complexes. Nat Neurosci 3:661–669
Inglis SR, Stojkoski C, Branson KM, Cawthray JF, Fritz D, Wiadrowski E, Pyke SM, Booker GW (2004) Identification and specificity studies of small-molecule ligands for SH3 protein domains. J Med Chem 47:5405–5417
Ito T, Chiba T, Ozawa R, Yoshida M, Hattori M, Sakaki Y (2001) A comprehensive two-hybrid analysis to explore the yeast protein interactome. Proc Natl Acad Sci USA 98:4569–4574
Iyer K, Burkle L, Auerbach D, Thaminy S, Dinkel M, Engels K, Stagljar I (2005) Utilizing the split-ubiquitin membrane yeast two-hybrid system to identify protein-protein interactions of integral membrane proteins. Sci STKE 275:13
Jansen R, Greenbaum D, Gerstein M (2002) Relating whole-genome expression data with protein-protein interactions. Genome Res 12:37–46
Jeong H, Mason SP, Barabasi AL, Oltvai ZN (2001) Lethality and centrality in protein networks. Nature 411:41–42
Jin L, Harrison SC (2002) Crystal structure of human calcineurin complexed with cyclosporin A and human cyclophilin. Proc Natl Acad Sci USA 99:13522–13526
Johnson CA, White DA, Lavender JS, O'Neill LP, Turner BM (2002) Human class I histone deacetylase complexes show enhanced catalytic activity in the presence of ATP and co-immunoprecipitate with the ATP-dependent chaperone protein Hsp70. J Biol Chem 277:9590–9597
Kelly TA, Jeanfavre DD, McNeil DW, Woska JR Jr, Reilly PL, Mainolfi EA, Kishimoto KM, Nabozny GH, Zinter R, Bormann BJ, Rothlein R (1999) Cutting edge: a small molecule antagonist of LFA-1-mediated cell adhesion. J Immunol 163:5173–5177
Kemmeren P, van Berkum NL, Vilo J, Bijma T, Donders R, Brazma A, Holstege FC (2002) Protein interaction verification and functional annotation by integrated analysis of genome-scale data. Mol Cell 9:1133–1143
Krause R, von Mering C, Bork P, Dandekar T (2004) Shared components of protein complexes-versatile building blocks or biochemical artefacts? BioEssays 26:1333–1343
Lamesch P, Milstein S, Hao T, Rosenberg J, Li N, Sequerra R, Bosak S, Doucette-Stamm L, Vandenhaute J, Hill DE, Vidal M (2004) *C. elegans* ORFeome version 3.1: increasing the coverage of ORFeome resources with improved gene predictions. Genome Res 14: 2064–2069
Lehmann AR (2001) The xeroderma pigmentosum group D (XPD) gene: one gene, two functions, three diseases. Genes Dev 15:15–23
Lepourcelet M, Chen YN, France DS, Wang H, Crews P, Petersen F, Bruseo C, Wood AW, Shivdasani RA (2004) Small-molecule antagonists of the oncogenic Tcf/beta-catenin protein complex. Cancer Cell 5:91–102
Li S, Armstrong CM, Bertin N, Ge H, Milstein S, Boxem M, Vidalain PO et al (2004) A map of the interactome network of the metazoan *C. elegans*. Science 303:540–543
Mace G, Bogliolo M, Guervilly JH, Dugas du Villard JA, Rosselli F (2005) 3R coordination by Fanconi anemia proteins. Biochimie 87:647–658

Marx SO, Kurokawa J, Reiken S, Motoike H, D'Armiento J, Marks AR, Kass RS (2002) Requirement of a macromolecular signaling complex for beta adrenergic receptor modulation of the KCNQ1-KCNE1 potassium channel. Science 295:496–499

Massague J, Blain SW, Lo RS (2000) TGFbeta signaling in growth control, cancer, and heritable disorders. Cell 103:295–309

Mrowka R, Patzak A, Herzel H (2001) Is there a bias in proteome research? Genome Res 11:1971–1973

Odievre MH, Chretien D, Munnich A, Robinson BH, Dumoulin R, Masmoudi S, Kadhom N, Rotig A, Rustin P, Bonnefont JP (2005) A novel mutation in the dihydrolipoamide dehydrogenase E3 subunit gene (DLD) resulting in an atypical form of alpha-ketoglutarate dehydrogenase deficiency. Hum Mutat 25:323–324

OMIM Online Mendelian Inheritance in Man (2005) McKusick-Nathans Institute of Genetic Medicine, Johns Hopkins University, Baltimore, and National Center for Biotechnology Information, National Library of Medicine, Bethesda. http://www.ncbi.nlm.nih.gov/omim/. Cited 29 July 2005

Oneyama C, Nakano H, Sharma SV (2002) UCS15A, a novel small molecule, SH3 domain-mediated protein-protein interaction blocking drug. Oncogene 21:2037–2050

Pagliaro L, Felding J, Audouze K, Nielsen SJ, Terry RB, Krog-Jensen C, Butcher S (2004) Emerging classes of protein-protein interaction inhibitors and new tools for their development. Curr Opin Chem Biol 8:442–449

Park J, Kunjibettu S, McMahon SB, Cole MD (2001) The ATM-related domain of TRRAP is required for histone acetyltransferase recruitment and Myc-dependent oncogenesis. Genes Dev 15:1619–1624

Pawson T, Raina M, Nash P (2002) Interaction domains: from simple binding events to complex cellular behavior. FEBS Lett 513:2–10

Poetz O, Ostendorp R, Brocks B, Schwenk JM, Stoll D, Joos TO, Templin MF (2005a) Protein microarrays for antibody profiling: specificity and affinity determination on a chip. Proteomics 5:2402–2011

Poetz O, Schwenk JM, Kramer S, Stoll D, Templin MF, Joos TO (2005b) Protein microarrays: catching the proteome. Mech Ageing Dev 126:161–170

Presley JF (2005) Imaging the secretory pathway: The past and future impact of live cell optical techniques. Biochim Biophys Acta 1744:259–272

Puig O, Caspary F, Rigaut G, Rutz B, Bouveret E, Bragado-Nilsson E, Wilm M, Seraphin B (2001) The tandem affinity purification (TAP) method: a general procedure of protein complex purification. Methods 24:218–229

Rain JC, Selig L, De Reuse H, Battaglia V, Reverdy C, Simon S, Lenzen G, Petel F, Wojcik J, Schachter V, Chemama Y, Labigne A, Legrain P (2001) The protein-protein interaction map of *Helicobacter pylori*. Nature 409:211–215

Rigaut G, Shevchenko A, Rutz B, Wilm M, Mann M, Seraphin B (1999) A generic protein purification method for protein complex characterization and proteome exploration. Nat Biotechnol 17:1030–1032

Rubin GM (2001) The draft sequences. Comparing species. Nature 409:820–821

Ruf RG, Xu PX, Silvius D, Otto EA, Beekmann F, Muerb UT, Kumar S, Neuhaus TJ, Kemper MJ, Raymond RM, Jr., Brophy PD, Berkman J, Gattas M, Hyland V, Ruf EM, Schwartz C, Chang EH, Smith RJ, Stratakis CA, Weil D, Petit C, Hildebrandt F (2004) SIX1 mutations cause branchio-oto-renal syndrome by disruption of EYA1-SIX1-DNA complexes. Proc Natl Acad Sci USA 101:8090–8095

Schweitzer B, Predki P, Snyder M (2003) Microarrays to characterize protein interactions on a whole-proteome scale. Proteomics 3:2190–2199

Shimogawa H, Kwon Y, Mao Q, Kawazoe Y, Choi Y, Asada S, Kigoshi H, Uesugi M (2004) A wrench-shaped synthetic molecule that modulates a transcription factor-coactivator interaction. J Am Chem Soc 126:3461–3471

Shirohzu H, Kubota T, Kumazawa A, Sado T, Chijiwa T, Inagaki K, Suetake I, Tajima S, Wakui K, Miki Y, Hayashi M, Fukushima Y, Sasaki H (2002) Three novel DNMT3B mutations in Japanese patients with ICF syndrome. Am J Med Genet 112:31–37

Sillerud LO, Larson RS (2005) Design and structure of peptide and peptidomimetic antagonists of protein-protein interaction. Curr Protein Pept Sci 6:151–169

Silletti S, Kessler T, Goldberg J, Boger DL, Cheresh DA (2001) Disruption of matrix metalloproteinase 2 binding to integrin alpha vbeta 3 by an organic molecule inhibits angiogenesis and

tumor growth in vivo. Proc Natl Acad Sci USA 98:119–124
Sprinzak E, Sattath S, Margalit H (2003) How reliable are experimental protein-protein interaction data? J Mol Biol 327:919–923
Stagljar I, Korostensky C, Johnsson N, te Heesen S (1998) A genetic system based on split-ubiquitin for the analysis of interactions between membrane proteins in vivo. Proc Natl Acad Sci USA 95:5187–5192
Stapleton M, Carlson J, Brokstein P, Yu C, Champe M, George R, Guarin H, Kronmiller B, Pacleb J, Park S, Wan K, Rubin GM, Celniker SE (2002) A *Drosophila* full-length cDNA resource. Genome Biol 3:Research0080
Tewari M, Hu PJ, Ahn JS, Ayivi-Guedehoussou N, Vidalain PO, Li S, Milstein S, Armstrong CM, Boxem M, Butler MD, Busiguina S, Rual JF, Ibarrola N, Chaklos ST, Bertin N, Vaglio P, Edgley ML, King KV, Albert PS, Vandenhaute J, Pandey A, Riddle DL, Ruvkun G, Vidal M (2004) Systematic interactome mapping and genetic perturbation analysis of a *C. elegans* TGF-beta signaling network. Mol Cell 13:469–482
The IMAGE Consortium (1999) Welcome to the world's largest public collection of genes. http://image.llnl.gov. Cited 29 July 2005
The Jena Centre for Bioinformatics (2005) The Jena Centre for Bioinformatics protein-protein interaction Website. http://www.imb-jena.de/jcb/ppi/. Cited 29 July 2005
Trojanowski JQ, Lee VM (2000) "Fatal attractions" of proteins. A comprehensive hypothetical mechanism underlying Alzheimer's disease and other neurodegenerative disorders. Ann N Y Acad Sci 924 62–67
Turkson J, Kim JS, Zhang S, Yuan J, Huang M, Glenn M, Haura E, Sebti S, Hamilton AD, Jove R (2004) Novel peptidomimetic inhibitors of signal transducer and activator of transcription 3 dimerization and biological activity. Mol Cancer Ther 3:261–269
Uetz P, Giot L, Cagney G, Mansfield TA, Judson RS, Knight JR, Lockshon D, Narayan V, Srinivasan M, Pochart P, Qureshi-Emili A, Li Y, Godwin B, Conover D, Kalbfleisch T, Vijayadamodar G, Yang M, Johnston M, Fields S, Rothberg JM (2000) A comprehensive analysis of protein-protein interactions in *Saccharomyces cerevisiae*. Nature 403:623–627
Vassilev LT, Vu BT, Graves B, Carvajal D, Podlaski F, Filipovic Z, Kong N, Kammlott U, Lukacs C, Klein C, Fotouhi N, Liu EA (2004) *In vivo* activation of the p53 pathway by small-molecule antagonists of MDM2. Science 303:844–848
Vertessy BG, Kovacs J, Low P, Lehotzky A, Molnar A, Orosz F, Ovadi J (1997) Characterization of microtubule-phosphofructokinase complex: specific effects of MgATP and vinblastine. Biochemistry 36:2051–2062
Vidal M (2005) Interactome modeling. FEBS Lett. 579:1834–1838
von Mering C, Krause R, Snel B, Cornell M, Oliver SG, Fields S, Bork P (2002) Comparative assessment of large-scale data sets of protein-protein interactions. Nature 417:399–403
Waal ND, Yang W, Oslob JD, Arkin MR, Hyde J, Lu W, McDowell RS, Yu CH, Raimundo BC (2005) Identification of nonpeptidic small-molecule inhibitors of interleukin-2. Bioorg Med Chem Lett 15:983–987
Wallrabe H, Periasamy A (2005) Imaging protein molecules using FRET and FLIM microscopy. Curr Opin Biotechnol 16:19–27
Wang JL, Liu D, Zhang ZJ, Shan S, Han X, Srinivasula SM, Croce CM, Alnemri ES, Huang Z (2000) Structure-based discovery of an organic compound that binds Bcl-2 protein and induces apoptosis of tumor cells. Proc Natl Acad Sci USA 97:7124–7129
Way JC (2000) Covalent modification as a strategy to block protein-protein interactions with small-molecule drugs. Curr Opin Chem Biol 4:40–46
Wilson L, Panda D, Jordan MA (1999) Modulation of microtubule dynamics by drugs: a paradigm for the actions of cellular regulators. Cell Struct Funct 24:329–335
Wiszniewski W, Fondaneche MC, Louise-Plence P, Prochnicka-Chalufour A, Selz F, Picard C, Le Deist F, Eliaou JF, Fischer A, Lisowska-Grospierre B (2003) Novel mutations in the RFXANK gene: RFX complex containing *in-vitro*-generated RFXANK mutant binds the promoter without transactivating MHC II. Immunogenetics 54:747–755
Yarbrough WG, Buckmire RA, Bessho M, Liu ET (1999) Biologic and biochemical analyses of p16(INK4a) mutations from primary tumors. J Natl Cancer Inst 91:1569–1574
Zhao HF, Kiyota T, Chowdhury S, Purisima E, Banville D, Konishi Y, Shen SH (2004) A mammalian genetic system to screen for small molecules capable of disrupting protein-protein interactions. Anal Chem 76:2922–2927
Zhou HX (2004) Improving the understanding of human genetic diseases through predictions

of protein structures and protein-protein interaction sites. Curr Med Chem 11:539–549
Zhu H, Bilgin M, Bangham R, Hall D, Casamayor A, Bertone P, Lan N, Jansen R, Bidlingmaier S, Houfek T, Mitchell T, Miller P, Dean RA, Gerstein M, Snyder M (2001) Global analysis of protein activities using proteome chips. Science 293:2101–2105
Zweifel ME, Leahy DJ, Hughson FM, Barrick D (2003) Structure and stability of the ankyrin domain of the *Drosophila* Notch receptor. Protein Sci 12 2622–2632

第9章 蛋白质组学在生物医学中的应用

Jean-Charles Sanchez, Yohann Couté, Laure Allard, Pierre Lescuyer, Denis F. Hochstrasser

摘要

在生物医学研究中，了解和明确疾病的起源及其对多个器官的影响非常必要。这些工作需要在基因组学、基因表达组学、蛋白质组学和代谢组学的不同水平上进行。若疾病的根源被判断为单基因，显然揭示其致病原因的最好方法是基因组学。当肿瘤的入侵行为和治疗的效果与多个基因的修饰和表达异常有关，需要通过反转录 PCR 和 DNA 芯片在基因表达组学水平上进行组织切片研究。当疾病主要对机体内部环境造成影响或由于毒物堆积影响多个器官时，需要采用蛋白质组学和代谢组学加以研究。本章主要讨论蛋白质组学在医学的基础和应用研究方面取得的进展，即如何在基础研究和临床应用领域揭示疾病过程，并发现生物标记物和治疗靶点。

9.1 引言

引起疾病的原因是复杂的。在许多病例中，没有单一的因素可以导致疾病表型特征的产生。疾病的潜在根源主要来自基因和外界环境的改变。外界环境的影响可根据致病因子进一步分为细菌和生物因素或物理化学和非生物因素。

一些疾病是由单基因的缺失或突变造成的基因变异引起的。镰状红细胞贫血症、囊肿性纤维化或亨廷顿舞蹈病都是由于单基因疾病引起。疾病也可由环境因素，如辐射、中毒或其他意外事件引起。然而，大部分疾病由基因和环境双重因素造成，并且与多个基因有关。高血压和糖尿病就是因摄取高盐和高热量食物而导致多个基因缺陷造成的。这些疾病也经常与肥胖相关。一些凝血功能紊乱疾病是由基因诱因、滥用避孕药以及吸烟等引起的。对微生物的易感性和机体的抵抗能力与遗传背景和身体状况（如怀孕）有关。

疾病及其治疗可能会影响有机体的内在环境和外部环境。放射疗法和一些化学疗法会引起 DNA 改变，并导致更大的肿瘤易感性。由于其自身 DNA 修复机制的缺失，肿瘤细胞能够进一步改变它们自身的基因组。逐渐产生新的和更多的侵袭型细胞。血液中蛋白质的糖基化会使具有高糖水平的糖尿病患者的体内环境发生改变。可以根据血红蛋白和血红蛋白 A1c 的糖基化情况，判断高血糖症的持续时间和程度。白内障和肾损伤也是蛋白质修饰的典型结果。

在生物医学研究中，了解和揭示疾病的起源及其对多个器官的影响十分必要。这些工作需要在基因组、转录组、蛋白质组学和代谢组学等不同水平上开展。若疾病的根源被判断为单基因突变，揭示其致病原因的最好方法是基因组学。如果肿瘤的入侵行为和疗效与多个基因的修饰和表达异常有关，应该通过反转录 PCR 和 DNA 芯片在基因表达组学水平上研究组织切片。当疾病主要对机体内部环境造成影响，或由于毒物累积而影响到多个器官，蛋白质组学和代谢组学的研究就变得必不可少。在严重消耗胰岛素的儿童糖尿病中，可在代谢组和蛋白质组水平上研究糖水平升高，以及由此产生的酮症酸中毒和微量蛋白尿。此外，应该在蛋白质组水平上研究阿尔茨海默病（AD）患者大脑中不溶物质的沉积以及引起的在组织、细胞、生化调控路径和蛋白质修饰等方面的变化。

9.2　蛋白质组学在医学上的应用

蛋白质组学可用于基础和应用医学研究。在基础研究和临床诊断领域揭示疾病的发展过程，并发现生物标记物和治疗靶点。迄今为止，蛋白质组学的价值主要体现在作为探索工具应用于基础研究领域。蛋白质组学已经为核仁、核糖体和其他细胞器中蛋白质复合物的研究以及与主要生化调控路径有关的蛋白质鉴定方面提供了有价值的结果。通过与生物信息学的结合，蛋白质组学已在鉴定和分类致病微生物及细胞组成方面显示出较强的能力，包括细胞膜、细胞核和其他结构单元中的蛋白质。

在临床医学领域，已发表了数篇关于蛋白质组应用的文献。但是，迄今为止，仍没有一种蛋白质组学的方法进入常规临床化学实验室。生化测试至少需要满足以下条件之一，否则测试在常规临床实践中没有价值。这些条件包括：

1. 有助于建立疾病的诊断方法。
2. 能够提供疾病的预警信息。
3. 指导疾病治疗。
4. 在疾病检出前能够提出保护措施。
5. 对于具有保护措施的潜在的遗传疾病，提供前兆信息。

如果不符合以上 5 条标准中的任何一条，生物医学检验都将被认为是不合理的，因此不能得到推广应用。此外，由于人们在健康保健方面的开销巨大，如果采用新的检测方法，通过替换掉原有更昂贵的诊断或治疗方法，而保持或者减少整个医疗卫生所需的费用，这些方法或许能够被接受。

行医的一个关键因素是不能对患者造成伤害。生物医学检验中的假阳性结果会对健康人产生有害影响，而假阴性结果会影响到对患者的治疗。因此判断一种新的检验方法应该考虑到这两方面的评定因素。任何测试都应该具有很好的特异性和选择性。在流行病学研究中，假阴性率会直接影响到检测的意义；假阳性率则对医疗卫生费用产生直接或间接的影响。因此，临床蛋白质组学的成功应用应该在于发展灵敏、专一和精准的检验方法。

随着检验样本数目的增加，假阳性结果的数目也将增加。因此，在发展和验证检验方法时，患者和受控人群的规模应该足够大，以便获得大量的测试结果。在一块芯片上进行的成百上千种蛋白质检测是靠不住的。采用有限的，甚至是单一的生物标记物应该具有更广阔的应用前景。下面的计算简单揭示了尚有大量未发现的生物标记物存在。人类细胞中估计含有1万多种不同的蛋白质，其中80%是管家蛋白质，10%具有组织特异性，5%具有细胞和亚器官特异性。只有1%的蛋白质为一类细胞完全特有的，如心肌中的肌钙蛋白Ⅰ。对每种细胞型，一万种蛋白质的1%意味着对每种细胞来说存在100种潜在的生物标记物。

在临床检验中，任何种类的免疫测定都是检测目标蛋白质的核心方法。对于常规临床实验室，质谱测定已经显示出在药物疗效跟踪监控方面的价值，必将会被广泛应用。它不仅要求严格的样品前处理、高重现的操作流程，还需要全面的数据库以及基于统计学强大的比较算法。

9.3 基于体液的疾病诊断

使用体液蛋白质组学进行疾病的诊断和监控是一项非常艰苦的工作。很多蛋白质组学的技术都已被用于体液蛋白质图谱的研究，包括2-DE、表面增强激光解吸离子化质谱（SELDI）、同位素亲和标签技术和二维蛋白质分级技术等。到目前为止，蛋白质组学对疾病诊断和患者治疗的实际影响尚微不足道。在过去的10年中，仅有很小一部分新的诊断检验技术被投入到临床应用中。另外，自2000年起，基于蛋白质组学研究发现新的诊断标记物的文章数量却以指数形式增长。为什么会这样？造成这种脱节的潜在原因主要有以下5种。

1. 大多数生物标记物有待认证。
2. 大多数生物标记物不足够特异（在很多疾病中发现），不能明确它们的临床应用。
3. 进行检验认证的多中心研究实施困难，价格昂贵。
4. 诊断试剂公司的利润不够大，难于吸引投资。
5. 迄今为止人们仍在使用错误的蛋白质组学研究策略。

在过去的20年中，血清和血浆的蛋白质表达谱已被广泛研究。这种体液很容易获得，并被认为包含了人类蛋白质组的绝大部分蛋白质。遗憾的是，血浆中的蛋白质浓度动态分布很宽，疾病特异性蛋白质的丰度相对较低。因此，大部分蛋白质组学研究发现的蛋白质只是和普遍机制的非特异性蛋白质的调控相关，包括急性期反应和炎症过程。随着新技术的不断发展，蛋白质组学用于血浆等体液的早期诊断正逐渐成为可能。随着动态（on-the-fly）生物标记物的MS鉴定和高密度抗体芯片等新技术的发展，其在常规诊断中生物标记物的应用潜力已逐渐显现。

为了将蛋白质组学的成果应用于临床领域，基础蛋白质组学研究和临床研究需要更密切的协作。由于蛋白质组和人类疾病的复杂性，在发展实用的方法前，必须从以下方面认真考虑实验方法。

1. 在研究计划开始之前，确认方法发展的必要性。
2. 确定如何采样（患者的选择）。
3. 设定预测变量，更重要的是确定结果变量（金标准）。
4. 设计研究实验，甚至在双盲实验条件下进行。

5. 计算样本的规模，保证获得有充分统计意义的结果。
6. 确保有足够的患者，以满足所需的样本数目。
7. 证明测试在灵敏度、特异性和预警方面的价值。

最终，为了应用于临床领域，通过蛋白质组学策略发现的诊断标记物应该通过仔细的研究来证明确认。

9.4 血管疾病

9.4.1 简介

血管疾病是指与血管阻塞或血管弹性减弱相关的疾病。在发达国家，血管疾病是造成死亡的主要原因，因此已被广泛研究（Minino et al. 2002；Gianazza and Sironi 2004）。血管疾病主要是由血液中胆固醇和三酰甘油水平升高造成的，表现为高血压、高同型半胱氨酸血症、糖尿病、肥胖、全身性炎症、新陈代谢症候群等疾病。此外，也与缺乏运动、吸烟、高脂饮食、低抗氧化水平和传染病有关。性别和年龄也会产生一定影响。血管疾病包括很多不同的种类。发展进程较慢的动脉硬化症等病症可以持续数十年，而更多的则是心脏和脑梗死等急症。

动脉硬化症是指脂肪物质、细胞废物、胆固醇、钙和其他物质沉积在动脉内膜上，即形成血管斑块。血管斑块可能是坚硬稳定的，也可能是柔软不稳定的。硬斑块会造成动脉壁的增厚和固化；软斑块更容易从血管壁上脱落进入血液中，更容易造成动脉中血液的部分或完全阻塞，引起心脏病或脑卒中（reviewed by Lusis 2000）。伴随心血管疾病产生的心脏问题是在心脏需要更多血液时发生的心绞痛、因心脏不能够给人体的各个器官输送足够的血液而造成的慢性心力衰竭和因心脏供血突然阻断或供血不足造成的心脏病突发症。

在发达国家，在最易引起死亡和伤残类疾病中脑血管疾病或脑卒中居第三位。有10％～20％的脑卒中患者是因大脑软组织中小动脉的破裂产生脑出血所致。80％～90％的脑卒中患者是由于动脉硬化和大脑动脉被血栓阻塞而导致缺血性脑卒中。

斑块形成并脱落的病理机制尚不清楚。因此，对处于危险中的患者及大脑和心脏急性缺血的患者进行诊断仍旧比较困难。这类诊断大多依赖于临床检查、病史和昂贵的成像技术。下面我们归纳了在常规血管疾病领域中采用蛋白质组学研究获得的心脏病突发症和脑卒中的最新研究结果。

9.4.2 蛋白质组学在血管疾病和动脉硬化症中的应用

对于动脉粥状硬化斑块和含有斑块沉积的血管内皮细胞研究来说，蛋白质组学有望成为一种强大的工具（reviewed by Mayr et al. 2004）。目前，人脐静脉内皮细胞是在研究中被选用最多的内皮细胞模型。这些细胞的2-DE图谱可以从http://www.huvec.com网站上获得（Bruneel et al. 2003）。

当前动脉硬化症的诊断主要依赖于放射影像，但仍具有性能不稳、价格昂贵和病理过程难于描述等缺点。由于缺少动脉硬化症的实用标记物，Matuszeck等（2003）致力于寻找与动脉硬化斑块相关的蛋白质。他们分析了 30 位患有动脉硬化症患者和 7 位正常人的血液样本，鉴定出触珠蛋白（Hpt）的β-链是一个差异的表达蛋白。这一结果在对相同患者的血浆进行免疫印迹和浊度测定分析后得到验证。利用统计方法，能够清晰地区分患者和正常人两类数据（$p=0.002$）。然而，正如作者所总结的，作为动脉硬化症血浆的实用标记物，Hpt 的特异性仍需验证。最近，Duran 等（2003）将不同类型的动脉血管加以人工培养，研究了动脉硬化症斑块的组成。研究的三种动脉样本分别为正常动脉、有斑块动脉和有血栓动脉。他们对培养动脉段上清液中的分泌蛋白加以分析。在正常动脉中鉴定出 42 种蛋白质，在带有斑块的动脉中鉴定出 154 种蛋白质，而在带有斑块破裂和血栓的动脉中鉴定出 202 种蛋白质。这一结果充分说明分泌蛋白的数量和类型直接与肌体受损的严重性和复杂性有关。基质辅助激光解吸电离-飞行时间质谱（MALDI-TOF MS）结果显示，由非复杂型人颈动脉斑块的分泌蛋白参与胆固醇的输运（阿朴脂蛋白 B-100，阿朴脂蛋白 A-1）或有毒自由基的排除（过氧化物歧化酶和过氧化物酶）。斑块和鉴定的分泌蛋白之间存在明显的相关性。同样，在冠状动脉粥状硬化生物标记物的探索中，You 等（2003）分析了 10 位患者和 7 位正常人的冠状动脉提取蛋白质，结果发现铁蛋白轻链的表达在患者的动脉中比在正常人中高 1.9 倍。由于铁蛋白轻链蛋白质在细胞中参与调控铁的存储，此结果与“铁假说”一致。进一步验证了过多铁的存储与患冠状动脉疾病的风险相关的说法（Liotta et al. 2003）。

近期的研究主要集中在冠状动脉硬化损伤进程中蛋白质组的变化。实际上，斑块破裂是造成急性冠状动脉综合征和外周血管疾病的主要原因。Fach 等（2004）通过比较氧化低密度脂蛋白和低密度脂蛋白刺激的富含胆固醇的巨噬细胞，共鉴定出 59 种与氧化低密度脂蛋白相关的上调蛋白质，17 种下调蛋白质，57 种没有明显变化的蛋白质。通过细胞上清液的免疫测定，确认了亲环素 B 和重组人组织蛋白酶 L 的过表达、组织金属蛋白酶抑制因子（TIMP1）的下调及基质金属蛋白酶-9（MMP9）水平的恒定。在最近的研究中，Donners 等比较了稳定斑块与含有血栓的斑块的二维谱（Donners et al. 2005）。在相同的 2-DE 斑点上鉴定出 vinexin-β 和 α1-抗胰蛋白酶。虽然无法确认 vinexin-β 的差异表达，但通过免疫印迹发现了 6 种 α1-抗胰蛋白酶的异构体。其中一个异构体仅在含有血栓的斑块中被发现。

9.4.3 蛋白质组学在心血管疾病中的应用

蛋白质组学已被广泛用于心血管疾病领域，并有着特定的目标：进行蛋白质表达的检测；明确疾病的生物标记物；推断缺血性心脏病的分子机制。

Dupont 等（2005）研究了从冠状动脉旁路移植术患者的动脉中分离出来的平滑肌细胞的蛋白质组和分泌蛋白质组，得到了分泌蛋白质和胞内蛋白质的 2-DE 图谱，并鉴定出 83 种胞内蛋白质和 18 种分泌蛋白质。这些蛋白质大部分是细胞的骨架蛋白，其他蛋白质是一些作用广泛的功能蛋白质，如参与蛋白质的生物合成、分解、细胞免疫和代谢通路等。这些结果对于确定心脏病的复杂发病机制具有一定的参考价值。

为了确认特异构象的蛋白质与急性冠状动脉综合征的关系，Mateos-Caceres 等（2004）通过 2-DE 对血浆蛋白质的修饰加以研究。他们比较了 11 位急性心肌梗死

(AMI) 患者、8 位不稳定心绞痛患者和 9 位年龄相仿的志愿者的血浆样品。在 AMI 患者、不稳定心绞痛患者和对照组之间发现了 3 种蛋白质（α1-抗胰蛋白酶、纤维蛋白原 γ-链和载脂蛋白-A1）的差异表达。这些结果表明，利用蛋白质的翻译后修饰可以表征心脏病的亚型。

血管疾病的分子机制大多是未知的。蛋白质组学是增进人们从分子水平认识疾病的关键技术，如磷酸化蛋白质可能对心脏移植术后移植物血管病起到保护作用。De Souza 等（2005）研究了心脏移植后前两周及随后 9 年中的 22 例患者。其中 11 例发展为心脏移植术后同种异体移植物心血管病。利用 2-DE 研究心脏组织切片，发现了与正常血管有关的 HSP27 的双磷酸化位点形式。在另外一个例子中，Brennan 等（2004）报道了在氧化应激时可形成蛋白质间二硫键。

9.4.4　蛋白质组学在脑血管疾病中的应用

很多研究小组通过蛋白质组学与分子和动物模型的结合开展脑缺血的研究。Schrattenholz等（2005）最近将磷酸化蛋白质的亲和富集、同位素标记、2-DE 和 MS 联用进行神经胚胎干细胞的化学缺血研究。鉴定了暴露于化学缺血的神经中 7 种有差异表达的蛋白质。其中一些对氧化应激有响应，另一些则对在细胞培养中引起的化学缺血有响应。人们还构建了脑损伤和脑缺血的动物模型。其中，短期或永久性的中部大脑动脉阻塞（MCAO）鼠是在脑缺血研究中使用最广泛的动物模型。Suzumaya 等（2004）将 SELDI-TOF-MS、2-DE 和 MS 蛋白质识别技术结合，发现了短期脑出血后的 CSF 蛋白模式。人们也利用自发性高血压大鼠和类似于人中风的先天脑血管病变动物模型研究了大脑损伤。与 MCAO 模型不同，SHSPR 模型展示了血管原性缺血（损坏脑中风的自动调节系统和血脑屏障），但没有将胞外的水输送至细胞内的细胞毒性肿瘤现象（Guerrini et al. 2002）。为了研究 SHSPR 模型中导致脑血管疾病的发病机制，Gianazza 和 Sironi（2004）通过 MRI 和 2-DE 监控了脑损伤和血脑屏障渗透性的改变。在通过 MRI 观测血脑屏障损伤的同时，进行大脑畸形的检测，以 2-DE 分析血浆在 CSF 中出现的蛋白质。他们发现这些蛋白质包括作为炎症标记物的含硫蛋白质和说明屏障渗透性总变化的高相对分子质量蛋白质。

体液，如脑液，是研究大脑损伤的理想样品。Maurer 等（2003）分析了可释放神经传递素并用于监控脑卒中患者代谢产物的人脑微透析液的蛋白质组。采用 2-DE 分析了来自三位脑卒中患者的非梗死半球的微透析液，共鉴定出 27 种蛋白质，其中 17 种在之前的 CSF 研究中已被发现，其余 10 种是在微透析液中最新发现的。如果也能在更易获得的血浆样品中发现，这 10 种蛋白质有望成为脑卒中的诊断、疾病发展预测或发病后监控的生物标记物。

我们实验室发展了用于鉴定和确认脑卒中的新诊断标记物的系列蛋白质组学研究方法。第一种方法采用 SELDI-TOF 蛋白质谱，发现了 7 个差异表达蛋白质（$p<0.005$），被鉴定为载脂蛋白 CⅠ、载脂蛋白 CⅢ、血清淀粉 A 和抗凝血酶Ⅲ的一个片段。通过采用夹心 ELISA 方法，在脑卒中患者血浆样品中检测载脂蛋白 CⅠ和载脂蛋白 CⅢ的水平，能够非常灵敏且特异地（$p<0.005$）将缺血与出血样本区分开来（Allard et al.

2004）。在另外一种方法中，我们提出将死后 CSF 作为全脑损伤模型进行研究的观点（Allard et al. 2004；Lescuyer et al. 2004）。为了支持这个观点，Zimmerman-Ivol 等（2004）证实在死后 CSF 中鉴定的 H-FABP 能够作为脑卒中的可靠诊断标记物。在最近的更多研究中，我们认为 RNA 结合蛋白调节亚组（RNA-BP，也称 PARK7）和二磷酸核苷激酶（NDKA）可以作为脑卒中诊断生物标记物。与生前 CSF 相比，这些蛋白质在死后的 CSF 中过度表达。这一点已在对包含 165 位对照组患者和 622 位脑卒中患者的三项回顾性研究中，通过 ELISA 方法在血浆样品中得到验证。

9.4.5 结论

血管疾病非常复杂，包含众多不同的机制，并导致多样的病理事件。目前，人们已经发展了大量的模型来开展这类疾病的多方面研究。尽管这里介绍的大部分成果依然需要进一步确认，但是可以看到，蛋白质组学方法为正常与病理状态的研究提供了一种强有力的工具。在目前的研究中，正常状态与疾病状态的区分尚不十分明确，这使得人们对结果的解释变得更困难。

9.5 神经退行性疾病

在发达国家，神经退行性疾病正在以指数形式增长。神经退行性疾病包括很宽范围的异常，包括阿尔茨海默病（AD）、帕金森病（PD）、库贾病（CJD）、亨廷顿舞蹈症（HD）、肌萎缩性侧索硬化症（ALS）和其他不同的神经性痴呆。这些疾病通常在生命的晚期缓慢发生，造成进行性脑灰质萎缩，最终致残或致死。这类疾病的诊断非常困难，主要原因包括以下几点。

1. 疾病的发展非常隐匿，症状只在晚期的神经退化过程出现（DeKosky and Marek 2003）；直到脑完全损伤才能被诊断出来。
2. 目前几乎没有这些疾病的常规诊断的生物标记物；诊断主要依靠临床检查和神经影像技术（DeKosky and Marek 2003）。
3. 由于很多疾病的临床病理之间有相当大的交叉，以至于诊断非常困难（Armstrong et al. 2005）。
4. 很多病的确诊，特别是 CJD，可能只能通过死后大脑组织的检查才能被确诊。

在神经退行性疾病研究领域，蛋白质组学可以起到的作用在由人类蛋白质组组织发起的人脑蛋白质组学计划中已有很好的描述（Hamacher et al. 2004）。

9.5.1 脑蛋白质组

开展系统的人类或动物的脑蛋白质组研究对于阐明脑神经疾病很有帮助。通过这类研究，可以让人们深入了解脑的健康状态，并可与疾病患者或动物模型进行比较。采用 2-DE，Klose 等研究了人、小鼠和大鼠的脑蛋白质组。在小鼠大脑中鉴定出 400 多种蛋白质（Klose et al. 2002）；从人脑中鉴定了 300 多种蛋白质（Lubec et al. 2003）。鉴定出的蛋白质具有不同的功能，其中包括参与结构组成、能量代谢、蛋白质合成、蛋白质降解、RNA转录、分子伴侣、氧化应激反应、信号转导，以及突触蛋白。然而，对全脑或脑房室全部提取物的2-DE分析，检测到的主要是高丰度蛋白质。此外，鉴定的蛋白质来源于神经元、星形胶质细胞、少突细胞、小胶质细胞、血管壁和血细胞等不同细胞类型。

在最近发表的文章中，无胶技术（gel-free technology）被用于脑蛋白质组研究。此外，采用分级技术对蛋白质组进行更深入细致的研究也是近期的热点。Nielsen等（2005）采用首创的分级策略分析了脑浆膜蛋白质。先采用细胞高速破碎技术分离出水溶性蛋白质。然后采用密度梯度富集膜蛋白质组分。再使用蛋白酶Lys-C进行膜上酶解。产物经反相色谱（RPLC）分级后，经胰蛋白酶酶解，并用LC-MS/MS进行分离鉴定。这种方法的优点是所需的组织样品量比传统的基于亚细胞分级分离的膜富集方法要少，因此可用于脑内活体取样和临床样品。Nielsen等使用这种方法从150 mg小鼠脑皮层样品中鉴定了862种蛋白质。经方法的进一步改进和微型化，作者从15 mg的小鼠海马样品中鉴定了1685种蛋白质。在确定的亚细胞器的蛋白质中，60%以上为膜蛋白，包括几类离子通路和神经传递受体。突触体是大脑组织去除感觉神经细胞的亚细胞器部分。Schrimpf等（2005）采用ICAT标记和LC-MS/MS进行了突触体蛋白质组的研究，其鉴定出1131种蛋白质，其中包括突触黏附分子、突触后的支架蛋白、突触后受体、突触后受体-配基和突触小泡运输过程中或信号转导级联过程中的相关蛋白质。

9.5.2　神经退行性疾病的蛋白质表达谱

进行神经退行性疾病蛋白质组学研究的目标是检测与疾病相关的蛋白质表达和翻译后修饰与正常对照组之间的差异。这些差异的发现有利于探讨神经退行性疾病的潜在分子机制，筛选潜在的诊断标记物及治疗靶标。因为氧化损伤被认为是大部分神经退行性疾病的发病机制，在疾病发展过程中扮演着重要的角色。因此，检测感兴趣的一部分氧化蛋白质对于神经退行性疾病的研究很有价值。

AD是老年痴呆的主要形式，针对这类疾病Butterfield等（2003）已经进行了大量的蛋白质组学研究。通过蛋白质组学方法分析AD患者大脑的不同区域，并与未发病的对照组比较，从而鉴定出表达水平有差异的蛋白质。这些蛋白质表达的变化反映了AD患者大脑中重叠通路的变化。结果发现在该疾病的脑中，能量代谢减少、氧化应激增加、细胞凋亡失调、蛋白质错误折叠、神经递质失衡，参与神经细胞增殖的蛋白质下调，而引起神经突起加速生长或突触可塑性的蛋白质上调。此外，鉴定到的大量蛋白质为蛋白质氧化的靶标，证明了氧化损伤在疾病发展中起到重要的作用（Butterfield et al. 2003）。通过观察蛋白质表达水平的改变，发现氧化的蛋白质具有不同的功能，如能量代谢、泛素-蛋白酶体系或神经发育。

神经退行性疾病的一个特点是蛋白质在神经系统中的沉积。这种现象以胞外斑-AD中淀粉样斑块的形式存在，或者以CJD中易感性蛋白质沉积物的形式存在，也可能以胞内纤维状内含物-AD神经原纤维或PD路易体的形式存在（Armstrong et al. 2005）。最近，有两篇文章描述了经激光捕获显微切割技术（LCM）得到的这种结构的蛋白质组表达谱。在第一项研究中，利用LC-MS/MS从死后AD患者的大脑组织中分离出的淀粉样斑块中鉴定出 488 种蛋白质（Liao et al. 2004）。此外，与皮层中非斑块区域进行比较，发现在斑块中 26 种蛋白质的含量至少上调 2 倍。通过这种方法发现了淀粉状斑块中与胞内疱囊和沿着微管的细胞器活动有关的动力蛋白重链，并用免疫荧光共聚焦显微镜对人 AD 皮层和转基因鼠 AD 模型具有淀粉状斑块的动力蛋白重链进行了定位分析和验证。在另一项研究中，采用相似的方法得到从 AD 患者锥体神经元中分离出神经元纤维缠结（NFT）的蛋白质组表达谱（Wang et al. 2005）。初步鉴定出 155 种蛋白质，但大多数蛋白质仅鉴定出一个肽段。在 72 种鉴定出多个不同肽段的蛋白质中，63 种蛋白质为与神经元纤维缠结相关的未知蛋白质。通过免疫组化实验，确认了其中一种蛋白质——磷酸甘油醛-3-磷酸脱氢酶的定位。进一步的研究显示，这种蛋白质与神经元纤维缠结的主要组成——磷酸化的 Tau 蛋白发生免疫沉淀反应。这是一种已知的可转换成 AD 疾病中纤维不溶形式的蛋白质。

人们已经发展了多种转基因动物和细胞系模型用于 AD、PD、CJD、ALS 和 HD 等神经退行性疾病的研究。HD 的 R6/2 转基因鼠模型已被用于两项蛋白质组学研究，以期鉴定差异表达蛋白质以及与疾病相关的氧化修饰。HD 是一种由基因缺陷——*Huntingtin* 基因第一外显子上的 *CAG* 基因重复扩增而引起的遗传疾病。目前由突变引起疾病的机制还不完全清楚。研究人员利用 2-DE 分析了 R6/2 老鼠和年龄相仿对照组的纹状体，结果表明在 HD 老鼠中 α-烯醇化酶的表达上调（Perluigi et al. 2005）。此外，琥珀酰-*S*-转移酶和天冬氨酸转氨酶的蛋白质水平在整个病程中发生上调，丙酮酸脱氢酶表达水平则下调。此外，通过针对年轻与年长 R6/2 老鼠的羰基水平的检测，发现 6 种氧化蛋白质，分别为 α-烯醇化酶、γ-烯醇化酶、顺乌头酸酶、VDAC1、Hsp90 和肌酸激酶。在另一项研究中，采用 2-DE，研究人员找到另外两种在整个病程中表达下调的蛋白质——α1-抗胰蛋白酶和伴侣蛋白 αB-晶体蛋白质（Zabel et al. 2002）。同时还发现，在疾病发展的进程中，肝脏和睾丸中的 α1-抗胰蛋白酶水平也会降低。这表明疾病对大脑外的器官也有影响。

蛋白质组学技术也被用于研究与 Cu-Zn 过氧化歧化酶 SOD1 的突变有关的家族性 ALS 疾病子集的细胞系模型（Fukada et al. 2004）。ALS 是一种致命的神经退行性疾病，其特征是渐进性的运动神经元死亡。一种假说认为 SOD1 突变的结果会导致线粒体功能调节的异常和细胞凋亡的激活。为了探究这一假说，Fukada 等（2004）对野生型 NSC43 类运动神经元细胞系或表达导致突变的 G93-SOD1 ALS 线粒体的蛋白质组进行了 2-DE 分析。在突变细胞系中，发现了 40 种表达改变的蛋白质，包括伴侣蛋白、线粒体呼吸链复合体亚基、两种线粒体外膜蛋白质以及与细胞凋亡具有潜在关系的 VDAC1 和 VDAC2。

9.5.3 脑脊液（CSF）蛋白质标记物

CSF 是环绕中枢神经系统的体液。CSF 与血液之间的交换通过血脑屏障进行调控（Ballabh et al. 2004）。由于与大脑密切接触，CSF 被认为是大脑损伤标记物筛选的最佳样品。迄今为止，研究人员在健康组的 CSF 样品中通过 2-DE 和无胶蛋白质组方法鉴定出 300 多种蛋白质（Finehout et al. 2004；Maccarrone et al. 2004；Zhang et al.

2005b)。随着复杂蛋白质组学的发展，结合高丰度蛋白质的去除、多维等电聚焦、LC分级及高灵敏 MS 检测，可以鉴定的蛋白质数量将迅速增加。

许多蛋白质组学研究通过比较疾病组和对照组的 CSF 样品来筛选神经退行性疾病的蛋白质标记物。一个实例是通过 2-DE 检测到作为 CJD 疾病的 CSF 诊断标记物的 14-3-3 蛋白质（Hsich et al. 1996；Zerr et al. 1996）。在另一项研究中，Puchades 等（2003）采用 2-DE 得到 8 种 CSF 蛋白质；与对照组相比，这些蛋白质的表达在 AD 患者中有所改变。特别是他们发现在 AD 患者中有两种酸性蛋白质明显下调。这两种酸性蛋白质与一种大脑产生的 β-痕量蛋白或前列腺 D2 合成酶的富糖蛋白质有关。我们实验室使用等电聚焦和免疫印迹技术相结合的方法进行了相关研究。结果发现，神经系统疾病和神经变性痴呆与 β-痕量蛋白的后翻译修饰相关（Lescuyer et al. 2005）。最近 Zhang 等（2005a）发表了一项采用 ICAT 标记和 LC-MS/MS 对 AD 患者和年龄相仿的对照组的 CSF 蛋白质组的研究成果。在这项研究中，通过对 163 种蛋白质进行定量分析，发现其中的 85 种蛋白质在 AD 患者的 CSF 中上调或下调了 20%以上。由于选择的表现生物学重要差异的阈值较低，大量蛋白质显示出表达的改变，也使得对结果的解释更加复杂。

我们研究小组的另一种方法是以死后 CSF 作为模型，进行大脑损伤潜在标记物的筛选（Lescuyer et al. 2004）。假设大脑大片坏死，并伴随着血流停止和大脑缺氧，从大脑溢出的蛋白质中存在神经退行性疾病的标记物。通过 2-DE 对生前和死后 CSF 样品进行对比分析，共鉴定出 13 种蛋白质差异表达。ELISA 实验显示其中一种蛋白质 H-FABP 的 CSF 和血清水平在 CJD 和伴有痴呆的神经变性疾病中上调（Guillaume et al. 2003；Steinacker et al. 2004）。

9.6　蛋白质组学与癌症

癌症是全球性的公共健康问题，也是发达国家的主要致死疾病。世界健康组织和国际癌症研究署在联合发表的研究报道中指出，2000 年有超过 1 亿的癌症诊断病例，其中超过 600 万例死亡（Stewart and Kleihues 2003）。当前，癌症患者数量仍在不断增加。然而，在发达国家，由于早期检测的成功，癌症的死亡率正以每年 1%的速度下降（Jemal et al. 2005）。

癌症是多基因变化引起的异常。它们使得正常细胞经渐进地多步转化，最终变成恶性肿瘤细胞。这预示着来自不同癌细胞的赘生性细胞在发展过程中获得了相同的功能。这些功能包括无限复制的潜能、生长信号的自给自足、对外界生长信号不敏感、逃避程序性死亡、持续的血管生成，以及组织侵袭和转移（Hanahan and Weinberg 2000）。由于癌细胞的重新编码和机体对癌症的反应，所有这些因素都会导致蛋白质组的变化。

基于蛋白质组学方法，能够在诊断、术后、监测疗效等不同水平上研究癌症，并且可以筛选出与癌症的预防和治疗相关的靶标。研究人员采用不同的蛋白质组学研究方法探讨癌症的生物学特征，以期找出上调或下调显著的蛋白质。基于对照组织和癌组织的比较，发现在某一状态或不同状态之间蛋白质翻译后修饰变化的特异性。当前在肿瘤蛋白质组学中，主要采用两种研究方法——生物标记物的筛选和蛋白质组表达谱。

9.6.1 肿瘤蛋白质组学中生物标记物的筛选

生物标记物的筛选主要侧重于鉴定疾病状态下发生表达水平或修饰特异性变化的蛋白质。最初，研究者们主要采用 2-DE 作为首要工具。近年来，人们又不断发展出新的蛋白质组学研究工具。

9.6.1.1 组织

正常组织和肿瘤组织的比较蛋白质组研究已经被广泛用于探寻与疾病的产生和发展相关的蛋白质。对于组织样品的研究，样品制备非常重要。必须避免蛋白质在进行蛋白质组学分析之前降解。很多研究已经成功地检测了癌组织的全蛋白质组。然而癌症有不同类样品，样品中包含不同类型的细胞，如纤维原细胞、内皮细胞、正常的上皮细胞、免疫细胞等。这对研究结果造成很大影响。因此，针对不同感兴趣的细胞建立相应的技术进行选择性样品富集，或者对具有单一细胞类型的样品进行分析才能够得到更有价值的结果。

Franzen 等（1995）在不同的文章中都阐明了上述观点，并证明通过针穿刺和压榨活体组织等非酶方法进行癌细胞样品的制备优于使用酶法提取。非酶方法不仅速度快，并且能够减少高分子质量蛋白质的损失。这些方法不要求通过梯度离心对有价值或无价值的细胞进行分离。他们也定性分析了与肺癌组织病理学相关的组织制备，以及检验得到的结果与 2-DE 胶质量的相关性。结果表明，病理特征明显与否以及样品中结缔组织和血清蛋白的量是成功制备样品，并得到高质量分析结果的决定性因素。他们所发展的方法对于现在的样品制备和活体检查仍具有指导意义。

Page 等（1999）在蛋白质组学分析之前先进行细胞的免疫选择性分离。采用双抗磁性亲和细胞分选技术对来自 10 位乳房缩小整形术的绝经前女性的乳腺管细胞和肌上皮细胞进行纯化。官腔上皮标记物 EMA 和肌上皮抗原 CD-10 的抗体分别由大鼠和小鼠产生，并利用相应的抗鼠蛋白质磁珠分离 EMA 和 CD-10 的表达细胞。随后通过抗 CD-10 和抗 FAP 将肌上皮细胞从 F-19 阳性成纤维细胞中释放出来，进行二次纯化。基于 2-DE 对纯化的乳腺管细胞和肌上皮细胞进行蛋白质组学分析，发现两种乳腺细胞有 170 种差异表达的蛋白质，其中采用 MS/MS 鉴定了其中的 51 种。这项工作为纯化乳腺癌细胞，并进行深入的蛋白质组研究奠定了基础。

另一项被称为激光捕获显微切割技术已广泛用于癌症组织的研究（Jain 2002）。这项技术运用脉冲红外激光照射目标组织上的转移膜，使得膜与细胞融合，达到分离单一细胞的目的。通过只有几微米直径的探头，采用该技术可以从不同的组织样品中提取单一细胞。有趣的是，这项技术能够将癌细胞和正常细胞从同一生物组织中分离出来，而无需使用可能改变蛋白质组的化学或物理方法。这项技术的一个实例是 Li 等（2004）对肝癌（HCC）的研究。他们使用该技术分离了 HCC 和非 HCC 肝细胞，并通过 ICAT 和 2-D LC-MS/MS 技术进行对比研究。最终鉴定出 644 种蛋白质，其中 261 种为差异表达蛋白质。这些研究结果为 HCC 机制的研究提供了一条新途径，并筛选出了可能对癌症诊断和治疗有价值的潜在标记物和药物靶标。

9.6.1.2　细胞系的建立

细胞系已被广泛用于肿瘤蛋白质组学研究，甚至在某些方面比生物组织更实用。相对于组织，细胞系产生的细胞数量是无限的，可以极大地拓宽实验范围。细胞系往往代表一个纯的细胞群。研究者可以方便地对其生长状态进行控制。然而，值得注意的是，由于从其体内真实生长环境中脱离，体外培养的细胞系与体内的细胞存在一些差异。例如，Ornstein 等（2000）比较了体内前列腺癌细胞和体外前列腺癌细胞的蛋白质组，发现只有不超过 20％的蛋白质为两类细胞所共有。

细胞系是研究特殊的基因改变对通路干扰的有效途径。最近，Dasgupta 等（2005）研究了一些有 NF1 肿瘤易感综合征的患有中神经系统肿瘤的患者。通过培养转基因老鼠产生 NF1－/－星形细胞，他们将星形细胞的蛋白质组通过 2-DE 与 NF1＋/＋加以对比，并采用 MS 鉴定两种细胞系之间的差异表达蛋白质。结果表明，西罗莫司靶蛋白信号转导通路在 NF1－/－星形细胞中极度活跃。此外，阻断 NF1－/－星形细胞中的该通路可恢复细胞的正常增殖速度。这预示着该通路可作为治疗患有 NF1 肿瘤易感综合征的大脑肿瘤患者的靶标。

癌症患者治疗的抗药性是造成治疗失败和死亡的主要原因。细胞系是研究肿瘤治疗抗性的一种强有力工具。Brown 和 Fenselau（2004）进行了抗阿霉素乳腺癌细胞系的研究。为此，他们使用 shotgun 蛋白质组学研究方法结合蛋白质水解和^{18}O标记对比了抗阿霉素和药敏的 MCF-7 细胞系的胞浆蛋白质组，并鉴定出抗药细胞系中表达水平变化的数种蛋白质。这一结果可进一步用于从分子水平解释乳腺癌细胞对阿霉素的抗药性。

对于肿瘤蛋白质组学来说，实现亚细胞器的有效分离是细胞系优于组织样品的一大特点。亚细胞器分离能够进行直接的细胞单元而不是整个细胞的蛋白质组研究。由于亚细胞器中低丰度的蛋白质较多，因此侧重于亚细胞器，如细胞质膜（Zhao et al. 2004）或核仁（Scherl et al. 2002）的蛋白质组研究，对于探讨肿瘤的发生和发展具有重要意义。

通过蛋白质组学发现生物标记物是一种有价值的发展方向。在肿瘤的诊断、疾病发展预测和治疗中有很好的应用前景。迄今为止，通过蛋白质组学已经鉴定出许多标记物，但均有待于进一步验证。

9.6.2　肿瘤学中的蛋白质组表达谱

蛋白质组学技术的发展为肿瘤蛋白质组学研究中蛋白质表达谱的研究提供了新的工具。与生物标记物的筛选不同，这种方法不依赖于蛋白质的鉴定，而是基于正常状态和疾病状态的肿瘤癌细胞、亚细胞器或体液的对比。

9.6.2.1　表面增强激光解吸附/离子化飞行时间质谱（SELDI-TOF MS）

SELDI-TOF MS 将芯片上的样品分级和 MALDI-TOF MS 结合起来。由于具有操作简单、自动化程度高的优点，在过去的 5 年中已经被广泛应用。采用 SELDI-TOF 分析样品，可得到蛋白质组指纹谱（每个多肽在 m/z 值下对应一个峰）。经软件分析处理后，可以对这些指纹谱进行归类，以区分不同样品的蛋白质组。SELDI-TOF MS 已被用于多种样品的分析，如通过激光捕获显微切割技术获得的肿瘤癌细胞。此外，细胞系或体液也可作为初始样品（Xiao et al. 2005）。研究者们使用这项技术发现了比单个蛋白质生物标记物具有更好特异性和选择性的蛋白质组指纹图谱。然而，需要强调的是这项技术才刚刚起步，尚需要进一步完善（Diamandis 2004）。

最近 Villanueve 等（2004）报道了一项补充技术，已经引起了人们的极大兴趣。他们使用涂层的磁珠代替芯片阵列进行样品分级，无需使用 SELDI 接口，即可在大多数质谱仪上获得蛋白质组指纹谱。

9.6.2.2　蛋白质芯片

蛋白质芯片的使用和方法发展是当前研究的热点，可分为蛋白质样品阵列和抗体阵列。前者用抗体来结合，后者用细胞或肿瘤溶解物来结合。作用后可进一步通过比色、荧光或化学发光方法进行检测。这项技术仍处于发展阶段，尚有灵敏度低、重复性差等诸多缺陷（Liotta et al. 2003）。然而，如若成功，利用蛋白质芯片可实现蛋白质表达和修饰的高通量研究。

9.6.2.3　基质辅助激光解吸/离子化质谱成像的组织谱

自从 1999 年对全组织进行蛋白质组研究以来（Chaurand et al. 1999），这项技术已被用于多种肿瘤的研究。MALDI MS 图像的目标是确定蛋白质的相对表达水平和其空间分布，即便这项技术在灵敏度、分析速度和生物计算方面尚需改进，实验结果仍显示出其较好的应用前景（Chaurand et al. 2004；见第 6 章）。

9.6.3　通过蛋白质组学确认组织学起源

疾病的预警、诊断和治疗方案的确定通常要求确认组织学起源。使用当前易实施的免疫化学方法，病理学者很难在显微镜下确认组织起源。例如，很难将腺癌归类于某一组织。下面的例子突出了蛋白质组学在克服类似困难方面的潜在优势。一位患者被发现患有腹部肿瘤，经外科手术切除后，医生很难辨别是十二指肠癌或胰腺癌。于是采集肿瘤样品，并与患者正常的十二指肠黏膜及正常的胰腺组织样本进行了基于 2-DE 的蛋白质组对比分析。结果发现，肿瘤的谱图更类似于正常的十二指肠黏膜的谱图，从而说明肿瘤来自于十二指肠组织（Isoda et al. 1990）。

9.6.4　结论

蛋白质组学为癌症或肿瘤提供了新的研究方法，并在筛选潜在的药物靶标和对诊断及疾病发展预测有意义的蛋白质标记物方面显示出很好的发展前景。在不久的将来，蛋白质组表达谱有可能成为临床化学实验室的主要工作，不仅可以作为癌症的诊断和疾病发展预测的工具，而且也可能据此发展出个性化的癌症治疗方案。

9.7　药理毒理学：以 2 型糖尿病为例

评价药物治疗或毒副作用对多条通路的影响需要对大量的基因产物及其翻译后修饰进行同时鉴定、表征和定量。已有人采用 2-DE 作为核心技术进行药理毒理学研究。这里，我们以 2 型糖尿病的药物治疗为例，说明蛋白质组学方法如何帮助我们加深对药理和毒理的了解。

9.7.1　糖尿病概述

蛋白质组学能够在发展糖尿病治疗新方法的靶标分子筛选方面起关键作用。19 世纪后期的流行病学数据显示，在西方国家的城镇中，糖尿病（希腊语的意思是“排出”，拉丁语的意思是“甜蜜的”）是 50 岁以上的肥胖人中的频发疾病。甚至在现今，糖尿病仍被认为是一种城镇疾病。

糖尿病有两种类型。1 型糖尿病，即胰岛素依赖型糖尿病，被认为是一种与 MHC 基因相关的自体免疫混乱（Campbell and Milner 1993）。2 型糖尿病，即非胰岛素依赖型糖尿病，是一种复杂的多因素疾病。2 型糖尿病占糖尿病患者群的 90%，现今影响着近 1.3 亿人的生活，甚至有大幅度增加的趋势（Zimmet and McCarthy 1995；Zimmet 1995）。随着城市化、工业化和西方习惯在发展中国家日益普遍，在 10 年前人们已预测到 2 型糖尿病患者会显著增加。这意味着 2 型糖尿病已经真正成为全球性的健康问题。由于其病期长，不仅开销巨大，而且也严重影响到患者的生存质量。

9.7.2　2 型糖尿病的病理学

2 型糖尿病的特点是异常的葡萄糖代谢紊乱导致高血糖。由于缺乏特异性的诊断病症，糖尿病经常在发病多年后才得到诊断。当被怀疑为糖尿病时，可通过标准测试确定隔夜禁食后患者血浆中的葡萄糖浓度来判断。如果浓度高于 7.1 mmol/L 时可得到初步确诊。口服葡萄糖的耐糖量测试或静脉葡萄糖的耐糖量测试也被用于诊断糖尿病，但这些方法并不普及。此外，临床医生常采用测量糖化血红蛋白的方法进行诊断。糖化血红蛋白能够反应正常情况下 3 个月内血糖的平均水平。葡萄糖代谢紊乱主要是由于胰岛素抵抗和胰岛素分泌失调造成的。

2 型糖尿病的病理是多因素、复杂的，涉及基因和环境因素之间的相互作用。已报道许多候选基因与糖尿病有关，但是它们中没有一个可以对绝大多数的 2 型糖尿病的患者做出合理解释。饮食、压力、锻炼、年龄及肥胖等因素在 2 型糖尿病的发展中起着主要的作用。为了确定胰岛素分泌功能障碍或外周胰岛素抵抗是否激起其他因素，或在其他因素之前发生，科学家们已经做了大量的研究工作。支持胰岛素抵抗的科学家认为在非常早的糖尿病前期状态，胰岛素抵抗已经出现。因此，β-细胞通过增加胰岛素的分泌以维持葡萄糖水平。当 β-细胞的补偿机制耗尽时，糖尿病症状即会出现（DeFronzo 1988）。支持胰岛素分泌减弱理论的科学家认为糖尿病前期状态首要的特征是胰岛素分泌的亚临床缺陷，但是其分泌仍然足以维持葡萄糖水平。由于胰岛素抵抗作用的恶性循环使得耐糖量持续减低，最终由于胰岛素抵抗和胰岛素分泌因素的恶化使明显的糖尿病症状出现（Pimenta et al. 1995）。目前这两种理论都无法确证，只能说明在临床糖尿病中两方面的影响都会存在（Weir 1982）。

9.7.3 2型糖尿病的治疗

2型糖尿病的治疗目标是降低与疾病相关的代谢异常，避免并发症的发生。药物只是疾病治疗的一部分，患者的教育、饮食及锻炼在维持健康和延长生命方面也起到主要的作用。在2型糖尿病患者中，大多为胰岛素分泌和作用削弱。肥胖患者所占的比例相当大。这些因素都会影响着单一的治疗策略。2型糖尿病患者可以分为6组。由于减轻体重的影响很大，首先分为肥胖组和非肥胖组。又可进一步分为3个主要类型：第一类为仍然具有足够量的β-细胞和胰岛素敏感度，通过控制能量的摄取和消耗可维持正常的葡萄糖水平的患者；第二类患者需要通过口服治疗糖尿病药物进行辅助治疗；第三类是完全需要外来胰岛素控制血糖的患者。当前的临床治疗方案包括饮食调节、加强锻炼，以及磺酰脲类、双胍类、α-糖苷酶抑制剂、噻唑霉素及胰岛素的药物治疗。不同的方案对应于不同的机制和作用。根据患者的类型可以分别使用，也可以结合使用不同的治疗方案组合进行治疗（Riddle 2000）。针对不同的可能治疗位点，人们正致力于发现并发展新的治疗途径，以控制葡萄糖水平、延缓疾病的发展，并降低出现并发症的概率。

9.7.4 蛋白质组学筛选2型糖尿病治疗靶标

药物治疗、蛋白质表达和生理反应之间有着密切的关系。大多情况下，药物治疗会导致基因产物表达的调控与修饰。同理，复杂的疾病过程也会改变蛋白质的表达。为此，可以推断理想的药物能够将受扰系统（2型糖尿病中为代谢紊乱）整体蛋白质表达恢复至正常状态的水平。然而，药物仅对调节紊乱状态中基因产物起作用，而影响其他蛋白质的现象并不常见。大多情况下，药物也能引起与疾病无关的蛋白质表达变化，即产生毒副作用。

人们可以非常精确地测定药物引起的蛋白质表达量的变化，并基于此可发现一些相互重叠的通路。Anderson 等（1996）研究了小鼠肝脏中5种过氧化物酶体增殖对蛋白质的影响。结果证实，过氧化物酶体增殖物在较宽的时间和剂量范围内都会影响蛋白质的丰度。商品化的胰岛素增敏剂，包括曲格列酮（Rezulin™）、匹格列酮（Actos™）和罗格列酮（Avandia™）是一类降低胰岛素抗性的药物。它们不仅可以促进外部葡萄糖的摄取，降低肝脏葡萄糖的释放，而且也可以降低血浆中胰岛素和三酰甘油的水平。这些药物似乎能够恢复脂肪细胞中GLUT-4的表达和转移，但增加肌肉中葡萄糖摄取的分子机制仍不明确（Ciaraldi and Henry 1997）。目前，已知它们可作为核受体的催化剂。过氧化物酶体增殖物催化受体γ（PPAR γ）主要在肥胖组织中存在。这种催化过程导致组织对胰岛素敏感性的增加。Edvardsson 等（1999a，b）使用2-DE和蛋白质鉴定技术研究了PPAR激动剂对2型糖尿病模型的影响。通过研究罗格列酮和WY14,643（PPARα）对ob/ob老鼠肝脏蛋白质的作用，发现WY14,643导致脂肪酰辅酶A氧化酶、过氧化物酶体双功能酶和3-酮酰基硫解酶上调，而罗格列酮导致小幅度下调。这三种蛋白质涉及过氧化物酶脂肪酸β-氧化过程，是 PPARγ 活化作用的标记物。最近，该研究小组证实瘦型和肥胖型的糖尿病老鼠肝脏的蛋白质组水平存在明显差异，并识别出由 WY14,643 和罗格列酮（PPARγ 激动剂）调节的代谢通路。发现了它们对密切联系的 PPARα 和 PPARγ 受体影响的差别。结果表明，两种化合物能够上调促进脂肪生成的酶。WY14,643 提高了羟甲基戊二酸单酰辅酶 A 合酶的水平，使糖酵解、糖异生和氨基酸代谢中几种酶的表达正常化；罗格列酮能够部分地使氨基酸代谢中的酶表达正常化。

在我们实验室中，发展了鉴定和确认与 2 型糖尿病和罗格列酮相关的标记物的蛋白质组学方法。C57 B1/6J lep/lep 老鼠是一种肥胖、高胰岛素血症、胰岛素抵抗温和的 2 型糖尿病动物模型。通过对遗传肥胖 C57 B1/6J lep/lep 老鼠的肝脏、白色和褐色脂肪组织、胰岛和肌肉蛋白质的研究，发现了一些差异表达蛋白质，并证明肌动蛋白结合脂肪酸及碳水化合物代谢蛋白质表达的调控是罗格列酮作用机制的重要特征。罗格列酮调节也显示一些可能与改善胰岛素敏感性的罗格列酮的潜在独立作用有关的未知功能分子(Sanchez et al. 2002)。综合结果为罗格列酮在 lep/lep 和正常的胰岛中均增加了羧肽酶 B 前体蛋白质的表达，说明这可能是罗格列酮改善胰岛素敏感性的一种独立作用(Sanchez et al. 2003)。

总之，上述研究对于新药研发至关重要。可以指导最佳治疗模式设计和（或）最低毒性化合物的选择。这里提到的假设在将来的研究中有可能会随着技术的发展得到验证。

9.8 药物蛋白质组学的现状及将来方向

蛋白质组学在不久的将来仍然面临着众多挑战，包括分析前的样品采集与处理、分析过程中方法发展以及分析后的数据处理、信息发掘等。每一步细节都存在诸多问题有待解决。尽管如此，药物蛋白质组学的深入研究必将会有美好的未来。

9.8.1 分析前的问题

分析前的问题至少可以分为 6 部分。

1）“体内”样品或内在因素

样品应该在每天同一时间和同一位置获得。患者应摄取相同的食物或在餐前进行取样，且应处于相同的休息周期。很多内在因素可改变含有蛋白质样品的组成，因此这些因素应该尽可能被控制在一定的范围内。

2）“体外”样品和外在因素

样品从患者体内取出后，应保证样品在体外存活。有必要在厌氧的条件下保存，也使其代谢迅速减缓。样品取出后，整个蛋白质和代谢产物的组成可能随之发生变化，降解速度可能很快（与样品容器有关）。也可能发生其他生物学和非生物学现象。

3）样品容器

对于血液类样本，盛放样品的容器对最终的样品质量有着极大的影响。例如，不含抗凝血剂的玻璃容器通过多种肽酶的作用会导致血液凝结，致使大量样品降解；而塑料容器会吸附低丰度的多肽。

4）样品转移和储存

样品在医院真空系统中的快速转移经常能破坏细胞、导致红细胞溶解。在冷冻的条件下进行血液样品的转移和储存能够诱导血小板的脱粒，导致样品中蛋白质的显著改变。甚至在－20℃或－80℃时，样品依然能够持续降解和改变。冷冻在－80℃下的组织切片日益脱水或被冻干，就会变得不再适合于蛋白质组学研究。

5）样品的复杂性

样品的复杂性是蛋白质组学目前面临的主要挑战。蛋白质具有丰富的化学多样性，可能是极酸的或极碱的；非常亲水的或疏水的；非常小的或非常大的；浓度范围从毫摩尔到飞摩尔水平，差 15 个数量级。有些蛋白质半衰期很长，而另一些只有很短的半衰期。很多蛋白质容易被修饰。深入的蛋白质组学研究工作越来越要求进行细致的样品预分级。

6）样品的制备

样品的制备在必须满足后续分析要求的同时，还需要保持蛋白质和多肽的原始组成。目前尚没有统一普遍的方法进行样品制备。样品制备方法通常采用折中的路线。对蛋白质组的一个方面有利，也要兼顾另一个方面（见第 2 章）。盐能够保持蛋白质的溶液状态，但是不适于后续的电泳和质谱分析。蛋白质会被脂类和糖类修饰，导致样品的复杂程度增大。因此，为了便于进行蛋白质分析，可能需要先将其去除。

9.8.2 分析过程中的问题

生物样品的复杂性依然是关键因素。蛋白质的化学多样性和极宽的丰度范围阻碍了蛋白质组学的研究进展。为了进行深层次的蛋白质组分析，通常要求开展大量的平行分级。因此难以获得重现、定性、定量、快速及灵敏的分析结果。仪器的微型化和自动化尚不能保证研究所需要的分析速度和耐用性。

9.8.3 分析后的问题

蛋白质组研究经常会产生海量的数据，也可能产生非手工所能分析和描述的信息。结果导致大多数数据流失于档案中或被放于已成为数据坟墓的数据库中。为解决这一问题，需要开发能从这些海量数据中重新找回有价值信息的软件（见第 7 章）。大量的蛋白质组学数据是相互关联的。可以利用这一点来提高大量数据集的信噪比。应该在所有水平上通过概率计算和统计进行不可靠因素的测量。仔细的研究设计和严格的假阳性和假阴性控制，可以提高蛋白质组学数据的质量，并推动在生物学和临床诊治中的应用。为了筛选出生物标记物和药物靶标，必须通过大量的临床实验获得具有统计学意义的重要蛋白质组学数据。从这一点来看，得到患者授权的样品和开展大量蛋白质组学研究所需的花费会是该领域研究的限制因素。

9.9 目前和未来的方向

蛋白质组学在医药领域扮演着重要角色。在药物发现方面，蛋白质组学是研究蛋白质表达、翻译后修饰、蛋白质和蛋白质之间相互作用及生物化学通路的最佳工具。在临床医药中，蛋白质组学能够筛选出更多新的重要的生物标记物，尤其是疾病预警的生物标记物、药物靶标和治疗分子。蛋白质组学也可用于药物的毒性研究，通过收集完整的样品来确保分析结果的质量。在日常检验中，蛋白质组学可能被用于建立芯片上的多重免疫分析。当色谱分离和在线 MS/MS 能够完全实现自动化后，低价、稳定的蛋白质组学方法或许可以用于常规临床实验室中生物组织切片和体液的分析。多维色谱和质谱已成为药物治疗监控领域的常规方法。与其相似，标准的、可替换的软件及数据库是蛋白质组学在临床中成功应用的先决条件。

参考文献

Allard L, Lescuyer P, Burgess J, Leung KY, Ward M, Walter N, Burkhard PR, Corthals G, Hochstrasser DF, Sanchez JC (2004) ApoC-I and ApoC-III as potential plasmatic markers to distinguish between ischemic and hemorrhagic stroke. Proteomics 4:2242–2251

Allard L, Burkhard PR, Lescuyer P, Burgess J, Walter N, Hochstrasser DF, Sanchez JC (2005) PARK7 and NDKA as plasmatic markers for the early diagnosis of stroke. Clin Chem 51:2043–2051

Anderson NL, Esquer-Blasco R, Richardson F, Foxworthy P, Eacho P (1996) The effects of peroxisome proliferators on protein abundances in mouse liver. Toxicol Appl Pharmacol 137:75–89

Anonymous (1979) Classification and diagnosis of diabetes mellitus and other categories of glucose intolerance. National Diabetes Data Group. Diabetes 28:1039–1057

Armstrong, RA, Lantos PL, Cairns NJ (2005) Overlap between neurodegenerative disorders. Neuropathology 25:111–124

Ballabh P, Braun A, Nedergaard M (2004) The blood-brain barrier: an overview: structure, regulation, and clinical implications. Neurobiol Dis 16:1–13

Brennan JP, Wait R, Begum S, Bell JR, Dunn MJ, Eaton P (2004) Detection and mapping of widespread intermolecular protein disulfide formation during cardiac oxidative stress using proteomics with diagonal electrophoresis. J Biol Chem 279:41352–41360

Brown KJ, Fenselau C (2004) Investigation of doxorubicin resistance in MCF-7 breast cancer cells using shot-gun comparative proteomics with proteolytic ^{18}O labeling. J Proteome Res 3:455–462

Bruneel A, Labas V, Mailloux A, Sharma S, Vinh R, Vaubourdolle M, Baudin B (2003) Proteomic study of human umbilical vein endothelial cells in culture. Proteomics 3:714–723

Butterfield DA, Boyd-Kimball D, Castegna A (2003) Proteomics in Alzheimer's disease: insights into potential mechanisms of neurodegeneration. J Neurochem 86:1313–1327

Campbell RD, Milner CM (1993) MHC genes in autoimmunity. Curr Opin Immunol 5:887–893

Chaurand P, Stoeckli M, Caprioli RM (1999) Direct profiling of proteins in biological tissue sections by MALDI mass spectrometry. Anal Chem 71:5263–5270

Chaurand P, Sanders ME, Jensen RA, Caprioli RM (2004) Proteomics in diagnostic pathology: profiling and imaging proteins directly in tissue sections. Am J Pathol 165:1057–1068

Ciaraldi T, Henry RR (1997) Thiazolidinediones and their effects on glucose transporters. Eur J Endocrinol 137:610–612

Dasgupta B, Yi Y, Chen DY, Weber JD, Gutmann DH (2005) Proteomic analysis reveals hyper-activation of the mammalian target of rapamycin pathway in neurofibromatosis 1-associated human and mouse brain tumors. Cancer Res 65:2755–2760

DeFronzo RA (1988) Lilly lecture 1987. The triumvirate: beta-cell, muscle, liver. A collusion responsible for NIDDM. Diabetes 37:667–687

DeKosky ST, Marek K (2003) Looking backward to move forward: early detection of neurodegenerative disorders. Science 302:830–834

De Souza AI, Wait R, Mitchell AG, Banner NR, Dunn MJ, Rose ML (2005) Heat shock protein 27 is associated with freedom from graft vasculopathy after human cardiac transplantation. Circ Res 97:192–198

Diamandis EP (2004) Mass spectrometry as a diagnostic and a cancer biomarker discovery tool: opportunities and potential limitations. Mol Cell Proteomics 3:367–378

Donners MM, Verluyten MJ, Bouwman FG, Mariman EC, Devreese B, Vanrobaeys F, van Beeumen J, van den Akker LH, Daemen MJ, Heeneman S (2005) Proteomic analysis of differential protein expression in human atherosclerotic plaque progression. J Pathol 206:39–45

Dupont A, Corseaux D, Dekeyzer O, Drobecq H, Guihot AL, Susen S, Vincentelli A, Amouyel P, Jude B, Pinet F (2005) The proteome and secretome of human arterial smooth muscle cells. Proteomics 5:585–596

Duran MC, Mas S, Martin-Ventura JL, Meilhac O, Michel JB, Gallego-Delgado J, Lazaro A, Tunon J, Egido J, Vivanco F (2003) Proteomic analysis of human vessels: application to atherosclerotic plaques. Proteomics 3:973–978

Edvardsson, U, Alexandersson M, Brockenhuus von Lowenhielm H, Nystrom AC, Ljung B, Nilsson F, Dahllof B (1999a) A proteome analysis of livers from obese (ob/ob) mice treated with the peroxisome proliferator WY14,643. Electrophoresis 20:935–942

Edvardsson U, Bergstrom M, Alexandersson M, Bamberg K, Ljung B, Dahllof B (1999b) Rosiglitazone (BRL49653), a PPARgamma-selective agonist, causes peroxisome proliferator-like liver effects in obese mice. J Lipid Res 40:1177–1184

Fach EM, Garulacan LA, Gao J, Xiao Q, Storm SM, Dubaquie YP, Hefta SA, Opiteck GJ (2004) *In vitro* biomarker discovery for atherosclerosis by proteomics. Mol Cell Proteomics 3:1200–1210

Finehout EJ, Franck Z, Lee KH (2004) Towards two-dimensional electrophoresis mapping of the cerebrospinal fluid proteome from a single individual. Electrophoresis 25:2564–2575

Franzen B, Hirano T, Okuzawa K, Uryu K, Alaiya AA, Linder S, Auer G (1995) Sample preparation of human tumors prior to two-dimensional electrophoresis of proteins. Electrophoresis 16:1087–1089

Fukada K, Zhang F, Vien A, Cashman NR, Zhu H (2004) Mitochondrial proteomic analysis of a cell line model of familial amyotrophic lateral sclerosis. Mol Cell Proteomics 3:1211–1223

Gianazza E, Sironi L (2004) Vasculature, vascular disease and atherosclerosis. In: Sanchez JC, Corthals GL, Hochstrasser DF (eds) Biomedical applications of proteomics. Wiley-VCH, Weinheim, pp 39-55

Guerrini U, Sironi L, Tremoli E, Cimino M, Pollo B, Calvio AM, Paoletti R, Asdente M (2002) New insights into brain damage in stroke-prone rats: a nuclear magnetic imaging study. Stroke 33:825–830

Guillaume E, Zimmermann C, Burkhard PR, Hochstrasser DF, Sanchez JC (2003) A potential cerebrospinal fluid and plasmatic marker for the diagnosis of Creutzfeldt-Jakob disease. Proteomics 3:1495–1499

Hamacher M, Klose J, Rossier J, Marcus K, Meyer HE (2004) Does understanding the brain need proteomics and does understanding proteomics need brains? Second HUPO HBPP Workshop hosted in Paris. Proteomics 4:1932–1934

Hanahan D, Weinberg RA (2000) The hallmarks of cancer. Cell 100:57–70

Hsich G, Kenney K, Gibbs CJ, Lee KH, Harrington MG (1996) The 14-3-3 brain protein in cerebrospinal fluid as a marker for transmissible spongiform encephalopathies. N Engl J Med 335:924–930

Isoda N, Kajii E, Ikemoto S, Kimura K (1990) Two-dimensional polyacrylamide gel electrophoretic pattern of duodenal tumour proteins. J Chromatogr 534:47–55

Jain KK (2002) Recent advances in oncoproteomics. Curr Opin Mol Ther 4:203–209

Jemal A, Murray T, Ward E, Samuels A, Tiwari RC, Ghafoor A, Feuer EJ, Thun MJ (2005) Cancer statistics, 2005. Cancer J Clin 55:10–30

Klose J, Nock C, Herrmann M, Stuhler K, Marcus K, Bluggel M, Krause E, Schalkwyk LC, Rastan S, Brown SD, Bussow K, Himmelbauer H, Lehrach H (2002) Genetic analysis of the mouse brain proteome. Nat Genet 30:385–393

Lescuyer P, Allard L, Zimmermann-Ivol CG, Burgess JA, Hughes-Frutiger S, Burkhard PR, Sanchez JC, Hochstrasser DF (2004) Identification of post-mortem cerebrospinal fluid proteins as potential biomarkers of ischemia and neurodegeneration. Proteomics 4:2234–2241

Lescuyer P, Gandini A, Burkhard PR, Hochstrasser DF, Sanchez JC (2005) Prostaglandin D2 synthase and its post-translational modifications in neurological disorders. Electrophoresis 26:4563–4570

Li C, Hong Y, Tan YX, Zhou H, Ai JH, Li SJ, Zhang L, Xia QV, Wu JR, Wang HY, Zeng R (2004) Accurate qualitative and quantitative proteomic analysis of clinical hepatocellular carcinoma using laser capture microdissection coupled with isotope-coded affinity tag and two-dimensional liquid chromatography mass spectrometry. Mol Cell Proteomics 3:399–409

Liao L, Cheng D, Wang J, Duong DM, Losik TG, Gearing M, Rees HD, Lah JJ, Levey AI, Peng J (2004) Proteomic characterization of postmortem amyloid plaques isolated by laser capture microdissection. J Biol Chem 279:37061–37068

Liotta LA, Espina V, Mehta AI, Calvert V, Rosenblatt K, Geho D, Munson PJ, Young L, Wulfkuhle J, Petricoin EF 3rd (2003) Protein microarrays: meeting analytical challenges for clinical applications. Cancer Cell 3:317–325

Lubec G, Krapfenbauer K, Fountoulakis M (2003) Proteomics in brain research: potentials and limitations. Prog Neurobiol 69:193–211

Lusis AJ (2000) Atherosclerosis. Nature 407:233–241

Maccarrone G, Milfay D, Birg I, Rosenhagen M, Holsboer F, Grimm R, Bailey J, Zolotarjova N, Turck CW (2004) Mining the human cerebrospinal fluid proteome by immunodepletion and shotgun mass spectrometry. Electrophoresis 25:2402–2412

Mateos-Caceres PJ, Garcia-Mendez A, Lopez Farre A, Macaya C, Nunez A, Gomez J, Alonso-Orgaz S, Carrasco C, Burgos ME, de Andres R, Granizo JJ, Farre J, Rico LA (2004) Proteomic analysis of plasma from patients during an acute coronary syndrome. J Am Coll Cardiol 44:1578–1583

Matuszek MA, Aristoteli LP, Bannon PG, Hendel PN, Hughes CF, Jessup W, Dean RT, Kritharides L (2003) Haptoglobin elutes from human atherosclerotic coronary arteries – a potential marker of arterial pathology. Atherosclerosis 168:389–396

Maurer MH, Berger C, Wolf M, Futterer CD, Feldmann RE Jr, Schwab S, Kuschinsky W (2003) The proteome of human brain microdialysate. Proteome Sci 1:7

Mayr M, Mayr U, Chung YL, Yin X, Griffiths JR, Xu Q (2004) Vascular proteomics: linking proteomic and metabolomic changes. Proteomics 4:3751–3761

Minino AM, Arias E, Kochanek KD, Murphy SL, Smith BL (2002) Deaths: final data for 2000. Natl Vital Stat Rep 50:1–119

Nielsen PA, Olsen JV, Podtelejnikov AV, Andersen JR, Mann M, Wisniewski JR (2005) Proteomic mapping of brain plasma membrane proteins. Mol Cell Proteomics 4:402–408

Ornstein DK, Gillespie JW, Paweletz CP, Duray PH, Herring J, Vocke CD, Topalian SL, Bostwick DG, Linehan WM, Petricoin EF 3rd, Emmert-Buck MR (2000) Proteomic analysis of laser capture microdissected human prostate cancer and in vitro prostate cell lines. Electrophoresis 21:2235–2242

Page MJ, Amess B, Townsend RR, Parekh R, Herath A, Brusten L, Zvelebil MJ, Stein RC, Waterfield MD, Davies SC, O'Hare MJ (1999) Proteomic definition of normal human luminal and myoepithelial breast cells purified from reduction mammoplasties. Proc Natl Acad Sci USA 96:12589–12594

Pavy FW (1894) Br Med J 23:1349–1350

Perluigi M, Poon HF, Maragos W, Pierce WM, Klein JB, Calabrese V, Cini C, De Marco C, Butterfield DA (2005) Proteomic analysis of protein expression and oxidative modification in R6/2 transgenic mice – a model of Huntington's disease. Mol Cell Proteomics 4:1849–1861

Pimenta W, Korytkowski M, Mitrakou A, Jenssen T, Yki-Jarvinen H, Evron W, Dailey G, Gerich J (1995) Pancreatic beta-cell dysfunction as the primary genetic lesion in NIDDM. Evidence from studies in normal glucose-tolerant individuals with a first-degree NIDDM relative. JAMA 273:1855–1861

Puchades M, Hansson SF, Nilsson CL, Andreasen N, Blennow K, Davidsson P (2003) Proteomic studies of potential cerebrospinal fluid protein markers for Alzheimer's disease. Brain Res Mol Brain Res 118:140–146

Riddle M (2000) Combining sulfonylureas and other oral agents. Am J Med 108(Suppl 6):15S–22S

Sanchez JC, Converset V, Nolan A, Schmid G, Wang S, Heller M, Sennitt MV, Hochstrasser DF, Cawthorne MA (2002) Effect of rosiglitazone on the differential expression of diabetes-associated proteins in pancreatic islets of C57Bl/6 lep/lep mice. Mol Cell Proteomics 1:509–516

Sanchez JC, Converset V, Nolan A, Schmid G, Wang S, Heller M, Sennitt MV, Hochstrasser DF, Cawthorne MA (2003) Effect of rosiglitazone on the differential expression of obesity and

insulin resistance associated proteins in lep/lep mice. Proteomics 3:1500–1520
Scherl A, Coute Y, Deon C, Calle A, Kindbeiter K, Sanchez JC, Greco A, Hochstrasser DF, Diaz JJ (2002) Functional proteomic analysis of human nucleolus. Mol Biol Cell 13:4100–4109
Schrattenholz A, Wozny W, Klemm M, Schroer K, Stegmann W, Cahill MA (2005) Differential and quantitative molecular analysis of ischemia complexity reduction by isotopic labeling of proteins using a neural embryonic stem cell model. J Neurol Sci 229:261–267
Schrimpf SP, Meskenaite V, Brunner E, Rutishauser D, Walther P, Eng J, Aebersold R, Sonderegger P (2005) Proteomic analysis of synaptosomes using isotope-coded affinity tags and mass spectrometry. Proteomics 5:2531–2541
Steinacker P, Mollenhauer B, Bibl M, Cepek L, Esselmann H, Brechlin P, Lewczuk P, Poser S, Kretzschmar HA, Wiltfang J, Trenkwalder C, Otto M (2004) Heart fatty acid binding protein as a potential diagnostic marker for neurodegenerative diseases. Neurosci Lett 370:36–39
Stewart BW, Kleihues P (eds) (2003) World cancer report. IARC, Lyons, pp 1–352
Suzuyama K, Shiraishi T, Oishi T, Ueda S, Okamoto H, Furuta M, Mineta T, Tabuchi K (2004) Combined proteomic approach with SELDI-TOF-MS and peptide mass fingerprinting identified the rapid increase of monomeric transthyretin in rat cerebrospinal fluid after transient focal cerebral ischemia. Brain Res Mol Brain Res 129:44–53
Villanueva J, Philip J, Entenberg D, Chaparro CA, Tanwar MK, Holland EC, Tempst P (2004) Serum peptide profiling by magnetic particle-assisted, automated sample processing and MALDI-TOF mass spectrometry. Anal Chem 76:1560–1570
Wang Q, Woltjer RL, Cimino PJ, Pan C, Montine KS, Zhang J, Montine TJ (2005) Proteomic analysis of neurofibrillary tangles in Alzheimer disease identifies GAPDH as a detergent-insoluble paired helical filament tau binding protein. FASEB J 19:869–871
Weir GC (1982) Non-insulin-dependent diabetes mellitus: interplay between B-cell inadequacy and insulin resistance [editorial]. Am J Med 73:461–464
Xiao Z, Prieto D, Conrads TP, Veenstra TD, Issaq HJ (2005) Proteomic patterns: their potential for disease diagnosis. Mol Cell Endocrinol 230:95–106
You SA, Archacki SR, Angheloiu G, Moravec CS, Rao S, Kinter M, Topol EJ, Wang Q (2003) Proteomic approach to coronary atherosclerosis shows ferritin light chain as a significant marker: evidence consistent with iron hypothesis in atherosclerosis. Physiol Genomics 13:25–30
Zabel C, Chamrad DC, Priller J, Woodman B, Meyer HE, Bates GP, Klose J (2002) Alterations in the mouse and human proteome caused by Huntington's disease. Mol Cell Proteomics 1:366–375
Zerr I, Bodemer M, Otto M, Poser S, Windl O, Kretzschmar HA, Gefeller O, Weber T (1996) Diagnosis of Creutzfeldt-Jakob disease by two-dimensional gel electrophoresis of cerebrospinal fluid. Lancet 348:846–849
Zhang J, Goodlett DR, Peskind ER, Quinn JF, Zhou Y, Wang Q, Pan C, Yi E, Eng J, Aebersold R, Montine TJ (2005a) Quantitative proteomic analysis of age-related changes in human cerebrospinal fluid. Neurobiol Aging 26:207–227
Zhang J, Goodlett DR, Quinn JF, Peskind E, Kaye JA, Zhou Y, Pan C, Yi E, Eng J, Wang Q, Aebersold R, Montine TJ (2005b) Quantitative proteomics of cerebrospinal fluid from patients with Alzheimer disease. J Alzheimers Dis 7:125–133
Zhao Y, Zhang W, Kho Y (2004) Proteomic analysis of integral plasma membrane proteins. Anal Chem 76:1817–1823
Zimmermann-Ivol CG, Burkhard PR, Le Floch-Rohr J, Allard L, Hochstrasser DF, Sanchez JC (2004) Fatty acid binding protein as a serum marker for the early diagnosis of stroke: a pilot study. Mol Cell Proteomics 3:66–72
Zimmet P, McCarthy D (1995) The NIDDM epidemic – global estimates and projections. IDF Bull 40:8–16
Zimmet PZ (1995) The pathogenesis and prevention of diabetes in adults: genes, autoimmunity, and demography. Diabetes Care 18:1050–1064

第 10 章　蛋白质组学：下一步在哪里？

Keith L. Williams, Denis F. Hochstrasser

摘要

这一章中，我们将综述过去 10 年中蛋白质组学的变化，并对未来 10 年该领域的发展方向提出一些建议。蛋白质组学的早期研究主要集中于对整个生物体或者组织中蛋白质的大规模鉴定，并将蛋白质表达的改变与疾病的产生等进行比较。现今，基础研究的重心正转向蛋白质的表征（强调翻译后修饰分析）和蛋白质-蛋白质相互作用图谱。而这些都需要发展新的信息学方法。从而帮助功能研究以及新的发现能够被尽快用于实际应用中。我们认为，现在蛋白质组学研究将会逐渐为诊断和预警提供新一代的标记物。同时，也将为发现新一代药物奠定基础。

10.1　引言

当我们写关于蛋白质组学的第一本书时（Wilkins et al. 1997），尽管基因组学革命正趋于成熟，但是人类基因组的完整序列仍然是个遥远的梦。当人们还没有完全认识到基因组学的重要性时，蛋白质组学已经若隐若现，而且人们并没有认识到它的复杂性。

2006 年，随着人类基因组测序的基本完成，人们可以公开地获得成百上千的基因组序列（Ensembl 2007）。采用微阵列技术分析基因表达变得日益可靠，且开始被应用于临床诊断。人（SymAtlas 2007）和逐渐增加的其他有机体正常和病变组织、不同发育进程等数据库也都变得唾手可得。

转录组学的研究提供了大量的人体组织的表达数据。大规模平行测序技术（Jongeneel et al. 2005）等新技术正在不断涌现。正如预期那样，在早期阶段应用不同的研究方法导致了一些数据的含糊不清。提供高质量的基因组数据，并使之系统化就成为迫切需要解决的问题。

通过 RNA 干涉的基因沉默技术已经成为研究从单一基因产物中了解大量蛋白质功能的一个有力工具。Craig Venter's（2004）探索海洋生物基因组的结果表明：我们对地球上的微生物知之甚少。上述研究对我们阐释获得的海量数据提出了更大的挑战。的确可以认为，无法弄清楚这些信息使我们变得比以前更加困惑。

因为通过蛋白质组学，研究人员可以看到基因表达的结果，即翻译成的蛋白质产物，因此蛋白质组学作为一项技术，可帮助将来自 DNA 微阵列的数据剖析为有用的信息。因此，这是更接近于功能分析的一个步骤。

20 世纪 90 年代后期，不仅涌现了大量的基因组学公司，并且各公司都在申请大量的人类基因的专利。在一段时期里，Incyte 公司拥有超过 1000 个基因专利。人们筹集数亿美元建立了这些基因公司，使得大量的DNA测序工作得以完成，基因家族变得丰富，并且也尝试进行了知识产权保护。然而，维持没有产品的公司是很困难的。因此所有的基因组学公司已经将它们的焦点转移到药物的开发上。蛋白质组学也按着相同的路线行进，即筹集数亿美元成立了几个公司，以期解析人类蛋白质组。在基因组学革命中，人们以人类基因组测序为一个明确的目标，而Craig Venter和Celera公司的加入促进了该目标的实现。然而，人类蛋白质组的揭示是一个更难实现的目标。事实上，蛋白质组学是一种有可能实现的技术，而不是以自身为目标。截止到2006年，一些高调的蛋白质组学公司，包括Oxford GlycoSciences、GeneProt、Myriad Proteomics、MDS Proteomics、Proteome Systems和Large Scale Biology Corporation不是倒闭了，就是转移到药物开发的方向。基因组学可以实现一个明确的目标，并且有待于转化为成功的商业活动，而蛋白质组学在执行和复杂性方面存在更大挑战。尽管人们越来越意识到蛋白质组学在解决问题时非常有用，但是我们仍然需要学习怎样才能更好地研究蛋白质组。

10.2　组学与生物学的相关性

回顾过去的10年，人们看待生物学，尤其是研究生物学的方式，发生了一些转变。基因组学和蛋白质组学的定义对于如何研究生物学有很大的影响。现在普遍接受的观点是，基因组和蛋白质组技术打破了以前横亘整个生物学（从医学到微生物学再到农业研究）的障碍。研究机构现在期待以前小的研究团体能够合作，并决定如何最好地利用宝贵的资源。出资实体要求彼此合作，以便基金能够发挥更有效的作用。在支持“大科学”计划的同时，也应该将部分基金用于支持小型创新性研究小组，以打破现有的观念。

在某些方面，基因组学和蛋白质组学作为名词传递了生物学中解决复杂问题的新方法。它们导致了许多包含在“系统生物学”中的新“组学”术语的产生（如代谢组学、表型组学、糖组学）。当然，与所有流行的东西一样，任何事物都有盛有衰。现在很多蛋白质组学研究都被归入“生物标记物发现”的名下。基因组学（初级信息）、转录组学（次级信息）、蛋白质组学（功能分子）和代谢组学（影响蛋白质信号通路的小分子化合物）的未来发展非常漫长。这是因为它们研究的生物学核心问题，对于现代研究和生物学的发展至关重要。

更重要的是，蛋白质组学已从研究蛋白质的表达，发展到理解蛋白质的产生及其相互作用。这一点非常重要，因为了解蛋白质产物的形态对其细胞定位和功能极为关键。形态和功能并不仅仅来自产生的蛋白质，还来自它是怎么产生的。在制造蛋白质时基因是如何拼接的？蛋白质是翻译中修饰还是翻译后修饰？如果是这样，那么又是哪一类修饰（糖基化、磷酸化或者其他）？

10.3　蛋白质组学技术的发展

当蛋白质翻译后修饰的重要性逐渐被理解的时候，通常意义上人们关注的焦点主要还是蛋白质鉴定，而不是研究蛋白质是如何修饰的（见第 3 章）。这部分反映了蛋白质组学技术的成熟。20 世纪 90 年代，人们关注的焦点是使用质谱技术进行蛋白质的鉴定。我们已在第一本蛋白质组学书中阐述了这个问题。的确，许多分析技术已解决了蛋白质的鉴定问题，特别是基于肽段和蛋白质碎片的串联质谱技术和基于抗体阵列的蛋白质芯片技术。虽然通过将一个蛋白质归属于一个特定基因的产物，这两种技术都能在基因水平上产生大量的鉴定结果，然而它们提供的蛋白质的真实形态信息却很少，包括基因是如何拼接的或蛋白质是如何修饰的。

10.3.1　修饰表征

现今研究的焦点转向了蛋白质和相关修饰的高灵敏度鉴定技术方面（见第 5 章）。有几种途径可以实现这一点。首先，可以对特异性修饰采用相应的捕获技术，如凝集素对糖基化修饰或金属亲和树脂对磷酸化修饰。这些技术有助于把问题简单化，但它的限制是你必须知道你需要寻找的是什么。

一个被称为 top-down 的蛋白质组学新兴领域涉及全蛋白质的研究（见第 3 章）。尽管该技术可使得大蛋白质分子质量的精确测量成为可能，但问题是以单个质量测量为基础的详细表征是否成为可能。假定一个蛋白质有多种可能的修饰，在一段时间内，仅仅根据完整质量来全面表征一个蛋白质是非常困难的。

另一种方法是纯化蛋白质异构体，并尽可能地充分表征每个异构体。在这个研究方面，现有的二维凝胶技术较为有用。因为采用该技术可以极好地分离蛋白质异构体。若与固相分析联用，如化学打印技术（Cooley et al. 2005），则有可能进行详细表征。该领域需要发展的是不仅仅基于等电点进行蛋白质的分离（见第 2 章）。

还有一种方法是研究在一个指定生物样品中许多相关蛋白质产生的特异性肽段，并用特异性的或多重的反应监测技术来对其进行高灵敏度和高特异性的定量监测。这种技术是在 20 世纪 70 年代末发展起来的，并随着新仪器的出现已得以进一步发展（Anderson and Hunter 2006）。这样研究的关键就成为发展肽段数据的系统化方法（Deutsch et al. 2005）。

10.3.2　全组织分析

基因组学和蛋白质组学的最初目的是了解整个生物体或其器官。现已有采用不同组织的微阵列构建的数据库。人类蛋白质组织也协调实施了多个蛋白质组计划（包括人血浆、肝脏和脑，Human Proteome Organisation 2007）。这些是一些粗略的分类计划，依然主要侧重于蛋白质鉴定，而不是研究蛋白质的折叠形式或者修饰。

最近，通过将组织切片原位杂交与大规模基因组学分析相结合，人们已经开始着眼于研究组织内部基因表达的特异性组织。例如，艾伦脑科学研究所计划将整个鼠脑的基因表达进行分类。在该项研究中，研究人员以生长了 56 天的成年雄性小鼠（C57BL/6J）为实验对象。将脑组织切片后，再将其和基因库结合起来进行研究，以揭示脑不同区域的特定基因的表达。当这项工作完成后，下一步将研究不同的突变体。该计划的结果可通过在线数据库获得（Allen Brain Atlas 2007）。

下一步工作就是为类似的研究发展相应的蛋白质组方法。人类蛋白质图谱就是这样的研究（见第 7 章)。该工作面临诸多挑战。其中之一就是在发展高灵敏度的技术，以便在消除组织切片中细胞水平的少量高丰度蛋白质干扰的基础上，检测感兴趣的稀有蛋白质。正在发展一些有趣的新技术——能够处理组织切片，使解吸的蛋白质或肽段能通过质谱进行分析，并出现了第 6 章中讨论的分子扫描仪（Bienvenut et al. 1999）和化学喷墨印迹技术（Sloane et al. 2002)。这是一个新的视角，要发展不仅能进行蛋白质粗略定位分析并且足够灵敏的技术，至少需要花费 10 年时间。

总之，尽管在名字上蛋白质组学已经有差不多 10 年的历史了，我们仍然处于蛋白质组学革命的初期阶段。显然，人们已能够根据质量筛选和鉴定蛋白质，也在构建更完善的蛋白质相互作用图谱。然而，我们才刚刚开始对蛋白质的修饰进行分类。蛋白质的相互作用研究在很大程度上仍采用酵母双杂交法，仍缺乏可信蛋白质的相互作用研究手段。在接下来的 10 年内，会有很多科研人员致力于技术的发展和完善。只有这样，才能完成对正常蛋白质组的表达谱研究。那时候，也只有在那时候，才有可能开始发展（与基于基因产物的相反）结构蛋白质组的相互作用谱。

10.4　蛋白质组学的下一个阶段：诊断学和药学

在理解其能做什么之前必须知道那里有些什么，因此全谱分析仍然是生物学基础研究的一个主要焦点。然而，生物学研究的最终目的是为医学、农业和工业带来有益的影响。蛋白质组学技术正在获得一些有用的发现。最明显的方法是：①利用蛋白质组学来进一步发展诊断和预警技术，以识别和监测疾病治疗过程；②以蛋白质组学为基础发展新药。

10.4.1　诊断

疾病，无论是环境（传染或者中毒）还是遗传引起的，都会导致生物体的变化。如果发现了这些变化的证据，就会提高早期治疗的效果。此外，如果有能力去监测治疗的效果，就可以对治疗方法进行微调。

与疾病相关的变化可分为两类。出现与疾病相关的特异性分子，但是量往往很少。以肺结核为例，可应用蛋白质组学来鉴定源自患者血液或者唾液的结核分枝杆菌的蛋白质。这些蛋白质可用于抗原的检测，以量化感染程度并监测治疗过程。对于癌症而言，很多研究都在寻找能反映癌症的少数特异性标志物或一种变化模式。在需要对疾病进行监测的情况下，人们可能使用丰度更高一些的蛋白质来实现个体疾病进程的监测。如患有患囊肿性纤维症，可能需要对某种炎症蛋白质进行监测。这在个体治疗方面具有较大优势。

尽管应用蛋白质组学技术发现重要的生物标记物较为复杂，但诊断学的目标应该简化。理想情况下，我们需要使用快速、简单、便宜的仪器，在特定的区域（家庭、办公室、床边）进行测定，并通过信息手段来收集结果，并作出判断。

10.4.2　药物

蛋白质组学一个明确的目的是发现新一代药物的靶点。几乎所有药物的靶点都是蛋白质，因此蛋白质组学的研究结果是发展药物的关键。人们曾一度希望药物的开发能够通过基因组学和计算机模拟的重组蛋白质来实现。现在人们清楚地意识到事情并非如此简单。在大多数情况下，需要通过蛋白质的研究来开发药物。虽然在利用 NMR 和 X 射线晶体学分析蛋白质结构方面取得了重大进展，但这些领域在很大程度上仍然只能分析没有修饰的蛋白质。弄清经过糖基和其他基团修饰的蛋白质的真实结构仍然是一个挑战。因为对于许多蛋白质来说，修饰占据了分子的很大一部分，因此在发展针对靶点蛋白质的药物分子时，必须考虑到相关的蛋白质修饰。由于蛋白质在不同的组织中以不同的形态存在，了解靶蛋白质的修饰形式可能会减少一些因药物副作用带来的问题。此外，在药物的研发初期，通过分析潜在药物治疗前后蛋白质组学的变化，可以实现药物开发过程中的早期疗效监测，并为研究其毒副作用提供证据（见第 9 章）。

传统的药物开发主要涉及寻找目的蛋白质靶标的小分子。然而，在过去的 5 年里这种情况已经发生了很大变化，即正在研制的大量药物是蛋白质而不是小分子。例如，众所周知，抗体可以作为有效的治疗试剂。制药工业是否将在较长的时期内成为使用蛋白质作为药物的工业？或者我们是否正处在回到小分子药物之前的过渡期？这些问题有待于在下一个 10 年内得到解答。

10.5　结语

与本书的第一版相比，在这里我们用更丰富的内容对蛋白质组学进行了评述。挑战依然存在。无论是从基础研究的观点把其视为一种技术趋势，还是从解决医学和农学实际问题的观点出发，蛋白质组学对于步入生命科学的年轻人来说都是一个令人兴奋的领域。

参考文献

Allen Brain Atlas (2007) Neuroscience gateway. Allen Institute for Brain Science, Seattle, and Nature Publishing Group, New York. http://www.brainatlas.org/aba/. Cited 14 Mar 2007

Anderson L, Hunter CL (2006) Quantitative mass spectrometric multiple reaction monitoring assays for major plasma proteins. Mol Cell Proteomics 5:573–588

Bienvenut W, Sanchez JC, Karmime A, Rouge V, Rose K, Binz PA, Hochstrasser DF (1999) Toward a clinical molecular scanner for proteome research: parallel protein chemical processing before and during western blot. Anal Chem 71:4800–4807

Cooley PW, Joss JL, Hopwood FG, Wilson NL, Gooley AA (2005) The *in situ* characterisation of membrane-immobilized 2-D PAGE-separated proteins using ink-jet technology. In: Walker JM (ed) The Proteomics protocols handbook. Humana, Totowa, pp 341–354

Deutsch EW, Eng JK, Zhang H, King NL, Nesvizhskii AI, Lin B, Lee H, Yi EC, Ossola R, Aebersold R (2005) Human Plasma PeptideAtlas. Proteomics 5:3497–3500

Ensembl (2007) EMBL-EBI and The Sanger Institute, Cambridge. http://www.ensembl.org. Cited 14 Mar 2007

Human Proteome Organisation (2007) HUPO Website. http://www.hupo.org. Cited 14 Mar 2007

Jongeneel CV, Delorenzi M, Iseli C, Zhou D, Haudenschild CD, Khrebtukova I, Kuznetsov D, Stevenson BJ, Strausberg RL, Simpson AJG, Vasicek TJ (2005) An atlas of human gene expression from massively parallel signature sequencing (MPSS). Genome Res 15:1007–1014

Sloane AJ, Duff JL, Wilson NL, Gandhi PS, Hill CJ, Hopwood FG, Smith PE, Thomas ML, Cole RA, Packer NH, Breen EJ, Cooley PW, Wallace DB, Williams KL, Gooley AA (2002) High throughput peptide mass fingerprinting and protein macroarray analysis using chemical printing strategies. Mol Cell Proteomics 1:490–499

SymAtlas (2007) Genomics Institute of the Novartis Research Foundation, San Diego. http://symatlas.gnf.org/SymAtlas/. Cited 14 Mar 2007

Venter JC, Remington K, Heidelberg JF, Halpern AL, Rusch D, Eisen JA, Wu D, Paulsen I, Nelson KE, Nelson W, Fouts DE, Levy S, Knap AH, Lomas MW, Nealson K, White O, Peterson J, Hoffman J, Parsons R, Baden-Tillson H, Pfannkoch C, Rogers YH, Smith HO (2004) Environmental genome shotgun sequencing of the Sargasso Sea. Science 304:66–74

Wilkins MR, Williams KL, Appel RD, Hochstrasser DF (eds) (1997) Proteome research: new frontiers in functional genomics. Springer, Berlin, pp 1–243